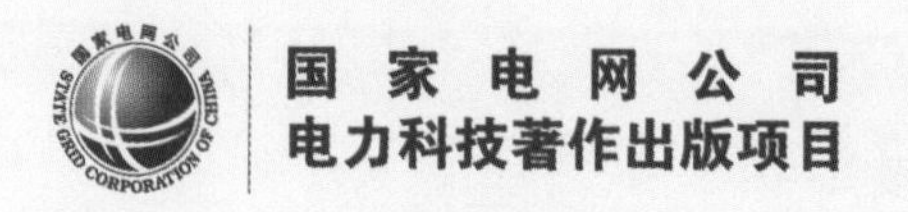

中国电力科学研究院科技专著出版基金资助

天然酯绝缘油
电力变压器技术

蔡胜伟　著

中国电力出版社
CHINA ELECTRIC POWER PRESS

内 容 提 要

天然酯绝缘油电力变压器具有优异的环保和防火安全性能，是先进环保变压器重要发展方向，符合我国绿色电网和生态文明建设要求。本专著详细介绍了天然酯绝缘油的性能特点以及天然酯绝缘油电力变压器设计、制造、试验、故障诊断、防火性能、运行维护和应用案例等应用技术知识。

本专著可供天然酯绝缘油生产企业、变压器制造企业、供电企业和高校等从事电力变压器相关工作的技术人员学习和参考。

图书在版编目（CIP）数据

天然酯绝缘油电力变压器技术 / 蔡胜伟著. —北京：中国电力出版社，2020.12
ISBN 978-7-5198-5027-2

Ⅰ. ①天… Ⅱ. ①蔡… Ⅲ. ①液体绝缘材料–电力变压器–研究 Ⅳ. ①TM413

中国版本图书馆 CIP 数据核字（2020）第 255715 号

出版发行：中国电力出版社
地　　址：北京市东城区北京站西街 19 号（邮政编码 100005）
网　　址：http://www.cepp.sgcc.com.cn
责任编辑：高　芬（010-63412717）
责任校对：黄　蓓　于　维
装帧设计：张俊霞
责任印制：石　雷

印　　刷：三河市万龙印装有限公司
版　　次：2020 年 12 月第一版
印　　次：2020 年 12 月北京第一次印刷
开　　本：710 毫米×980 毫米　16 开本
印　　张：16.75
字　　数：297 千字
印　　数：0001—1000 册
定　　价：98.00 元

前　言

绝缘油在油浸式电力变压器中主要起到绝缘、冷却散热、熄灭电弧等作用，绝缘油的性能决定了变压器的环保性、防火能力及绝缘寿命。自油浸式变压器问世以来的一个多世纪里，矿物绝缘油在油浸式变压器中的应用占据了绝对统治地位。矿物绝缘油源于石油，具有良好的电气绝缘性能、冷却性能且价格低廉，但矿物绝缘油存在燃点低、易燃易爆，防火安全性差，不可再生、难以生物降解，泄漏污染环境等不足。人们一直在寻找可替代矿物绝缘油的绝缘介质，先后发明了聚氯联苯（PCB）、硅油、合成碳氢化合物、合成酯、α 油、β 油等，但由于在环保、安全、技术和经济等方面存在不足而未得到广泛应用。天然酯绝缘油环保性和防火安全性能优异，随着天然酯绝缘油电力变压器（简称天然酯绝缘油变压器）技术日益成熟、成本逐渐降低，天然酯绝缘油变压器正得到越来越多的应用。

目前，天然酯绝缘油变压器广泛应用于电网、发电厂、新能源、石化、轨道交通、工矿企业和商业建筑等诸多领域，在全球已有超过两百万台，在配电变压器领域已有非常广泛且成熟的应用，并逐渐向 220kV 及以上大型电力变压器延伸。中国天然酯绝缘油变压器技术研究及应用起步较晚，但近年来发展迅速，在天然酯绝缘油基础理论研究及批量产业化方面取得明显进步；在天然酯绝缘油变压器技术研发及应用方面也取得明显突破，相继开发了适用于多种应用场合的天然酯绝缘油配电变压器和 110kV 及以上电压等级大型电力变压器，并在众多领域得到示范应用，取得了良好的生态、经济和社会效益。天然酯绝缘油替代矿物绝缘油应用于油浸式电力变压器，可显著提高变压器的环保性、防火安全性，并可延长变压器绝缘寿命、提高变压器负载能力，代表先进环保变压器的发展方向，符合中国绿色电网和生态文明建设要求。

目前，国内介绍矿物绝缘油变压器和干式变压器技术的专业书籍较多，而关于天然酯绝缘油变压器相关专业书籍匮乏，不利于天然酯绝缘油变压器技术发展。由于天然酯绝缘油和矿物绝缘油存在性能差异，导致天然酯绝缘油变压器和矿物绝缘油变压器性能也不完全相同，有必要对天然酯绝缘油变压器技术特点进行总结阐述。本专著在总结作者多年天然酯绝缘油变压器技术研究成果和国内外应用经验的基础上，较为详细地介绍了天然酯绝缘油变压器所用天然酯绝缘油性能及变压器设计、制造、试验、故障诊断、运行维护等应用技术。

本专著共分为 8 章：第 1 章介绍了天然酯绝缘油变压器技术发展历程及国内外应用概况；第 2 章介绍了天然酯绝缘油的性能特点；第 3 章～第 5 章分别介绍了天然酯绝缘油变压器设计、制造、试验技术；第 6 章介绍了天然酯绝缘油变压器油中溶解气体分析技术；第 7 章介绍了天然酯绝缘油变压器防火性能；第 8 章介绍了天然酯绝缘油变压器运维及应用案例。

本专著参考了国内外研究人员的试验数据和研究成果，并得到了邵苠峰、杨涛、胡小博、朱孟兆、陈江波、李辉、吴先威、黄芝强、伍志荣、张淑珍、郭慧浩、冯宇、尹晶、陈程、杜砚、陈少兵、黄青丹、李华强、王锐锋、李松江、周月梅、周赞东、郑含博、张忠学、刘新颜、吴贵和、王吉、王大玮、王铂钊、谢成、高焕成、钱艺华、宋浩永、任常兴、罗运柏、王飞鹏、张凌宇等专家的大力支持，在此谨向他们致以诚挚谢意。

由于天然酯绝缘油变压器技术发展更新迅速，加之编写时间仓促，书中不妥之处在所难免，恳请读者批评指正！

著　者

2020 年 11 月

目　录

第1章 概 述

电力变压器自发明以来，经历了近两个世纪的发展历程。1831 年，法拉第发明了法拉第感应线圈，这是世界上第一台干式变压器雏形。法拉第是电磁感应现象的发现者，被认为是变压器的发明人。1835 年，美国物理学家佩奇发明了世界上第一台自耦变压器。1885 年布拉什发明了变压器单词（transformer）。1868 年，英国物理学家格罗夫发明了格罗夫感应线圈，成为交流变压器雏形。1891 年西屋公司制造出第一台 10kV 充油变压器。1892 年 Elihu Thomson 获得把矿物绝缘油应用到油浸式变压器中的专利，开启了矿物绝缘油变压器时代，在后续一个多世纪中，矿物绝缘油在油浸式变压器中的应用占据了绝对统治地位。

绝缘油在油浸式变压器中主要起到绝缘、冷却散热、熄灭电弧等作用，绝缘油的性能决定了变压器的环保性、防火性及绝缘寿命。目前，油浸式变压器广泛采用的矿物绝缘油是特定馏分的石油产品，主要化学成分是碳氢化合物，即烃类化合物，矿物绝缘油具有良好的电气绝缘性能、冷却性能以及低廉的成本，在油浸式变压器设备中有超过百年的应用历史。但矿物绝缘油也存在不足，矿物绝缘油防火性能差，不能满足矿山、矿井、厂房、军事设施及高层建筑等更高的消防安全要求；矿物绝缘油难以生物降解，是一种非环保型液体绝缘材料，发生泄漏会对环境造成严重污染；此外，矿物绝缘油是从石油中提炼而来，具有不可再生性。

人们始终在努力寻找替代矿物绝缘油的环保、可持续的绝缘介质。20 世纪 30 年代英国发明的聚氯联苯（PCB）具有很高的化学稳定性和电气绝缘强度，但由于 PCB 有毒而引发了严重环保问题，促使世界各国在 20 世纪 60 年代开始禁止使用 PCB。20 世纪 50 年代美国发明了硅油，由于其具有很好的热稳定性、绝缘性能和防火性能，美国首先于 1972 年将硅油应用于变压器，目前有数万台硅油变压器投入运行。但由于硅油价格昂贵，且不易与其他油类混合，生物降解性差，应用受到很大限制。后来相继使用过四氯化二碳和一些人工合成的碳氢化合物及酯类来替代矿物绝缘油，但四氯化二碳有毒，且合成成本较高而难以广泛应用。1977 年英国 GEC 公司用难燃的 Midel 7131 合成酯制造了第一台合成酯变压器，20 世纪 80 年代初英国开发了 Formel 不燃油；20 世纪 90 年代美国 DSI 公司陆续开发了石油类难燃油，有 α 油、β 油、聚 α 烯烃等系列产品。高燃点变压器要求绝缘油燃点不低于 300℃，这个指标比矿物绝缘油的燃点高一倍以上。目前已开发出的合成油的燃点可超过 300℃，各项性能指标与矿物绝缘油相当，但由于成本太高而限制了其推广使用。

由于矿物绝缘油存在污染环境、燃爆危险、化石能源消耗等不足，随着石油资源的日益枯竭、石油价格居高不下，并伴随气候变化、环境污染等全球性挑战，在环境保护、能源安全双重压力之下，人们开始研究电气性能良好、无毒无害且可再生、可生物降解的环保天然酯（植物）绝缘油替代矿物绝缘油应用于变压器。天然酯绝缘油替代矿物绝缘油用于变压器，具有以下优点：

（1）安全性高。天然酯绝缘油是一种高燃点绝缘油，其燃点远高于矿物绝缘油燃点，且其沸点、饱和蒸汽气压、自熄性能、流动扩散速度等指标均优于矿物绝缘油。美国 UL340 标准将其火灾风险性列为 4～5 级，远低于矿物绝缘油（10～20 级）。天然酯绝缘油具有优异的防火特性，可有效防止变压器因过载、短路等故障引起的着火事故，减少损失。天然酯绝缘油变压器的应用目前已超过二十年，尚未有火灾事故出现，而矿物绝缘油变压器、干式变压器均发生过着火甚至燃爆事件。

（2）环境友好。在目前所有的绝缘油类产品中，天然酯绝缘油具备最优良的环保特性，其 28 天生物降解率约 97%，对水生动物无危害且经口无毒。因此，即使天然酯绝缘油变压器发生泄漏也不对环境造成污染危害。天然酯绝缘油来源于天然植物作物，可循环种植，不依赖于化石资源，是目前唯一可再生循环利用的绝缘油。

（3）可延长变压器绝缘寿命。天然酯绝缘油分子极性较矿物绝缘油大，亲水性强，在相同的温度下，天然酯绝缘油的相对含水饱和度为矿物绝缘油的 4～30 倍（温度越高，差异越小），老化过程中，为维持油纸绝缘中水分的动态平衡，天然酯绝缘油比矿物绝缘油更能吸收绝缘纸中的水分，从而延缓绝缘纸的老化。其次，天然酯绝缘油的水解反应能消耗绝缘纸中的水分，从而抑制水分对绝缘纸降解的影响。此外，天然酯绝缘油会抑制绝缘纸的纤维素水解，从而使绝缘纸老化速度减缓。

（4）耐热等级高。天然酯绝缘油属于 130（B）级耐热等级的绝缘介质，高于 105（A）级耐热等级的矿物绝缘油，采用天然酯绝缘油和耐热等级较高的绝缘纸组成的耐高温绝缘系统变压器，可降低变压器的重量和体积，具有更好的耐高温、过载能力，可提高变压器的安全性和抵御过载工况能力。

当然，与矿物绝缘油相比，天然酯绝缘油也存在不足之处。天然酯绝缘油的运动黏度较大，散热能力较矿物绝缘油差，在变压器结构保持不变的情况下，采用天然酯绝缘油替代矿物绝缘油后，变压器的温升将变大，在实际应用中，一般采取优化变压器散热结构或采用更高耐热等级的固体绝缘系统来解决温升增大问题。此外，天然酯绝缘油的氧化安定性较差。天然酯绝缘油因其分子中存在不饱和键，抗氧化能力较矿物绝缘油差，一般可通过天然酯绝缘油工艺改性优化、添加抗氧化剂、采用密封结构等措施提高其抗氧化能力。

天然酯绝缘油用作电气设备的绝缘材料，最早可追溯到 1858 年亚麻籽油在电缆中的应用。1880 年西屋公司使用蓖麻油和亚麻籽油作为绝缘浸渍液。1962 年 Clark 提出了蓖麻油和棉花籽油用于电容器，两种液体电介质的介电常数比矿物绝缘油高。1971 年，印度研究人员开展了椰子油和氢化蓖麻、花生油用作绝缘液体的试验研究，认为蓖麻油是电力电容器的更佳选择。1985 年，美国专利局授权了用于电容器的大豆油天然酯绝缘油专利。早期的研究结果表明，天然酯绝缘油闪点高、抗氧化性能差、黏度大，其用途仅仅局限于电力电容器。

美国于 1990 年颁布环保法令，严禁矿物绝缘油泄漏对环境造成污染。美国 Copper 公司于 1995 年开发了基于大豆油的 FR3 型天然酯绝缘油（2012 年出售给 Cargill 公司）。美国于 1996 年完成了第一台 225kVA 天然酯绝缘油美式箱式变压器样机。ABB 公司于 1999 年推出了 BIOTEMP®型天然酯绝缘油，并在一些 ABB 公司变压器上配套应用。2000 年之后，FR3 型天然酯绝缘油在全球得到越来越多的应用。21 世纪初，英国 M&I MATERIALS 研制出 MIDEL® eN 系列天然酯绝缘油。2002 年日本富士电机公司也开发出小型、轻便、环保性优异的天然酯绝缘油配电变压器。2008 年西门子能源（Siemens Energy）为德国电力公司 EnBW 开发出 107/21kV、40MVA 天然酯绝缘油变压器。2009 年日本 AE 帕瓦株式会通过对棕榈油进行酯交换改性，研制出低运动黏度的棕榈酯类油 Plam Fatty Acid Ester（PFAE），开发了世界第一台使用棕榈油的环保型变压器并上市销售。2008 年，Alstom Grid 采用 FR3 绝缘油研制出的 245kV 天然酯绝缘油电抗器在巴西挂网运行。2001～2007 年，美国 Alliant Energy 公司陆续将 14 台运行时间不同的矿物绝缘油变压器中的矿物绝缘油更换为 FR3 天然酯绝缘油。法国 AREA 集团开发的 220kV 天然酯绝缘油变压器于 2008 年在巴西电力公司投入运行。2005～2013 年，美国 Wankeeha Electric Systems 公司生产的 110～220kV 天然酯绝缘油变压器在全球挂网运行超过百台。2014 年，德国西门子公司研制出 420kV/300MVA 天然酯绝缘油变压器（见图 1－1），在 Bruchsal-Kändelweg 变电站调试成功并投入运营。2017 年，意大利 TAMINI 公司生产的 420kV/375MVA 天然酯绝缘油变压器在 Tavazzano 变电站投入运行。

图 1–1　德国西门子公司 420kV 天然酯绝缘油变压器

据统计，天然酯绝缘油变压器在国外已有超过二十年的应用历史，应用数量超过两百万台，绝大部分是配电变压器，最高电压等级达 420kV，国外天然酯绝缘油变压器应用情况如表 1–1 所示。

表 1–1　　国外天然酯绝缘油变压器应用情况

变压器类型	电压/容量	估计数量（台）
大型电力变压器	≥115kV/≥100MVA	50
中型电力变压器	≤115kV/10～100MVA	800
小型电力变压器	33～99kV/2～10MVA	50 000
配电变压器	1～33kV/<2MVA	2 050 000

我国天然酯绝缘油变压器技术研究及应用起步较晚。虽然早就有用大豆油当作变压器绝缘油的历史，但那时使用的大豆油是没有经过精炼改性的毛油，其理化和电气性能无法达到当前绝缘油的标准。自 21 世纪以来，重庆大学、武汉大学、中国电力科学研究院有限公司（简称中国电科院）、国网河南省电力公司电力科学研究院（简称国网河南电科院）等单位相继开展了大量天然酯绝缘油研制及性能研究工作，并研制了 10～35kV 天然酯绝缘油变压器样机。广东卓原新材料科技有限公司、武汉泽电新材料有限公司等先后建成了批量化天然酯绝缘油生

产线，并已批量化应用于 110kV 及以下电压等级电力变压器。自 2007 年以来，国内开始了天然酯绝缘油变压器的研制及应用。华城电机（武汉）有限公司采用 FR3 油生产了天然酯绝缘油浸非晶合金配电变压器出口美国；西安西电变压器有限责任公司采用 FR3 油生产了整流变压器用于工矿企业等；2010 年重庆大学研制了 10kV 山茶籽绝缘油配电变压器；2014 年，国网电力科学研究院武汉南瑞有限责任公司研制的 PD2000 环保型天然酯绝缘油配电变压器通过了产品鉴定；2014 年，国网河南电科院、沈阳变压器研究院股份有限公司及江苏华鹏变压器有限公司联合研制了 35kV 天然酯绝缘油变压器。2015 年，中国电科院研制了国内首台基于混合绝缘系统的 35kV 天然酯绝缘油变压器。2016 年，西门子变压器（武汉）有限公司研制的 2 台 66kV 天然酯绝缘油变压器在新加坡地铁投运。2017 年，广州供电局有限公司、广东能建电力设备厂有限公司、重庆大学联合研制的国内首台 110kV/40MVA 天然酯绝缘油变压器在广州供电局投运。2018 年，国内多个变压器制造企业相继研制了 110kV 天然酯绝缘油变压器。其中，正泰电气股份有限公司研制了 2 台 132kV/40MVA 天然酯绝缘油变压器并在澳大利亚挂网运行；西门子变压器（武汉）有限公司研制的 110kV/40MVA 天然酯绝缘油变压器应用于车载移动式变电站；山东电力设备有限公司研制了 110kV/63MVA 天然酯绝缘油变压器；西安西变中特电气有限责任公司研制了 110kV/16MVA 天然酯绝缘油牵引变压器；云南变压器电气股份有限公司研制了 132kV/20MVA 天然酯绝缘油牵引变压器。2019 年 7 月，西安西变中特电气有限责任公司研制的 110kV/50MVA 天然酯绝缘油变压器在山东菏泽挂网运行；2019 年 8 月，正泰电气股份有限公司研制的国内首台 220kV/60MVA 变压器在矿物绝缘油换天然酯绝缘油后通过型式试验考核，并通过荷兰 KEMA 认证。2020 年，江苏华鹏变压器有限公司研制的 330kV/230MVA 天然酯绝缘油变压器出口到海外。

据初步统计，国内天然酯绝缘油变压器已有超过 10 年的应用历史，应用数量超过 3000 台，主要为配电变压器，应用电压等级最高达到 110kV，国内天然酯绝缘油变压器应用情况如表 1-2 所示。

表 1-2 国内天然酯绝缘油变压器应用情况

变压器类型	电压/容量	估计数量（台）
大型电力变压器	≥110（66）kV/≥16MVA	20
小型电力变压器	35kV/≥2MVA	150
配电变压器	≤35kV/＜2MVA	4000

国外在天然酯绝缘油及天然酯绝缘油变压器标准制定方面早于国内。2003年，美国材料与试验协会制定了 ASTM D6871—2003，对天然酯绝缘油的主要理化性能、电气性能参数提出明确要求，但该标准未对天然酯绝缘油最重要性能参数之一的氧化安定性做出规定。2008 年，电气和电子工程师协会发布了 IEEE Std C57.147—2008，该标准对未使用的天然酯绝缘油的性能参数要求跟 ASTM D6871—2003 一致，对天然酯绝缘油的验收要求、灌装、保存及维护、注入变压器后的天然酯绝缘油性能要求及运行的变压器中天然酯绝缘油的维护、安全环境保护等方面做出规定。2013 年，国际电工委员会发布了 IEC 62770—2013，该标准分别介绍了天然酯绝缘油的物理、电气、化学、运行、健康、安全和环境等性能、含义、试验方法，对天然酯绝缘油的分类、鉴别、一般验货要求和抽样等方面做出明确规定。

随着天然酯绝缘油变压器在我国的应用案例越来越多，无论是天然酯绝缘油的制造方还是使用方，均需要相关标准作为依据。自 2014 年以来，我国先后发布了天然酯绝缘油相关标准。其中，DL/T 1360—2014 参照 ASTM D6871—2003 制定，只对大豆类天然酯绝缘油的质量标准和试验方法进行了规定。但是，DL/T 1360—2014 具有明显的商业排他性，无法满足天然酯绝缘油的推广应用需求，需制定客观公正的行业或国家标准。2014～2016 年，由中国电科院牵头制定了 DL/T 1811—2018。DL/T 1811—2018 是在参考 IEC 62770—2013 和 IEEE Std C57.147—2008 基础上，结合我国研究成果及应用经验制定，该标准对天然酯绝缘油性能进行了明确规定，对天然酯绝缘油的现场验收、注油、维护处理、安全和环境等方面做出了规定，该标准为天然酯绝缘油的选用提供了依据，为天然酯绝缘油变压器的推广应用奠定基础。此外，NB/T 10199—2019 参考 IEC 62770—2013，规定了变压器及类似油浸式电气设备中作为绝缘和散热介质的未使用过的天然酯的性能要求及试验方法。

天然酯绝缘油变压器与矿物绝缘油变压器相比，在变压器选型、设计制造、试验、运行维护、防火性、技术经济性和故障诊断等方面存在差异，无法按照现行矿物绝缘油变压器的相关标准执行。因此，根据天然酯绝缘油变压器的特点及应用经验，参考 IEC 60076.14—2013、IEEE Std C57.147—2018 等国际标准，笔者牵头制定了 T/CEC 291.1—2020、T/CEC 291.2—2020、T/CEC 291.3—2020、T/CEC 291.4—2020、T/CEC 291.5—2020 和 T/CEC 291.6—2020，分别从天然酯绝缘油变压器的通用要求、技术参数要求、油中溶解气体分析方法、运行维护要求、防火应用及技术经济评价等方面进行了系统规定。JB/T 13749—2020 规定了天然酯绝缘油变压器的使用条件、产品型号、性能参数、技术要求、试验、铭牌、标志、起吊、包装、运输和储存等。该标准适用于三相、额定频率为 50Hz、额定容量为 30～31 500kVA、电压等级为 6、10kV 和 35kV 的天然酯绝缘油变压器。该标准以 IEC 60076.14—2013 为依据，选取常用的常规绝缘系统、固体绝缘材料耐热等级为 120（E）级的混合绝缘系统和固体绝缘材料耐热等级为 130（B）级的高温绝缘系统三种绝缘系统的天然酯绝缘油变压器，分别对变压器的性能参数、技术要求、试验、铭牌、标志等进行了规定。以上标准的制定为天然酯绝缘油变压器推广应用提供了标准依据。

天然酯绝缘油变压器国际标准制修订情况见表 1–3，天然酯绝缘油变压器国内标准制修订情况见表 1–4。

表 1–3　　天然酯绝缘油变压器国际标准制修订情况

标准号	英文名称	中文名称
ASTM D6871—2003	*Standard Specification for Natural (Vegetable Oil) Ester Fluids Used in Electrical Apparatus*	电气设备用天然酯（植物油）液体标准规范
ASTM D6871—2017	*Standard Specification for Natural (Vegetable Oil) Ester Fluids Used in Electrical Apparatus*	电气设备用天然酯（植物油）液体标准规范
IEEE Std C57.147—2008	*Guide For Acceptance And Maintenance Of Natural Ester Fluids In Transformers*	变压器用天然酯液体验收和维护导则
IEEE Std C57.147—2018	*Guide For Acceptance And Maintenance Of Natural Ester Insulating Liquid In Transformers*	变压器用天然酯绝缘液验收和维护导则
IEEE Std C57.155—2014	*Guide For Interpretation of Gases Generated in Natural Ester and Synthetic Ester-Immersed Transformers*	天然酯和合成酯变压器油中溶解气体分析导则
IEC 62770—2013	*Fluids for electrotechnical applications — Unused natural esters for transformers and similar electrical equipment*	电工用液体　变压器和类似电气设备用未使用过的天然酯绝缘油
IEC 60076.14—2013	*Power transformers—Part 14: Liquid-immersed power transformers using high-temperature insulation materials*	电力变压器　第 14 部分：采用高温绝缘材料的液浸式电力变压器

表 1–4　　天然酯绝缘油变压器国内标准制修订情况

标准号	标准名称	引用国际标准号
DL/T 1360—2014	大豆植物变压器油质量标准	ASTM D6871—2003
DL/T 1811—2018	电力变压器用天然酯绝缘油选用导则	IEC 62770—2013、IEEE Std C57.147—2008
NB/T 10199—2019	电工流体　变压器及类似电气设备用未使用过的天然酯	IEC 62770—2013
JB/T 13749—2020①	天然酯绝缘油电力变压器	IEC 60076-14—2013

续表

标准号	标准名称	引用国际标准号
GB/Z 1094.14—2011②	电力变压器　第 14 部分：采用高温绝缘材料的液浸式电力变压器	IEC 60076－14—2013
T/CEC 291.1—2020	天然酯绝缘油电力变压器　第 1 部分：通用要求	IEC 60076－14—2013
T/CEC 291.2—2020	天然酯绝缘油电力变压器　第 2 部分：技术参数	—
T/CEC 291.3—2020	天然酯绝缘油电力变压器　第 3 部分：油中溶解气体分析导则	IEEE Std C57.155—2014
T/CEC 291.4—2020	天然酯绝缘油电力变压器　第 4 部分：运行和维护导则	—
T/CEC 291.5—2020	天然酯绝缘油电力变压器　第 5 部分：防火应用导则	—
T/CEC 291.6—2020	天然酯绝缘油电力变压器　第 6 部分：技术经济评价导则	—

注　根据国内天然酯绝缘油变压器应用经验并参考国际标准，国内制定了电力行业《天然酯绝缘油电力变压器选用导则》（报批稿）。

① 标准于 2020 年 4 月 16 日发布，2021 年 1 月 1 日实施。

② 国内已根据 IEC 60076－14—2013 完成了 GB/Z 1094.14—2011 的修订工作。

第2章 天然酯绝缘油性能

2.1 绝缘油类型

绝缘油是电力系统中重要的液体绝缘介质，广泛应用于变压器、断路器、互感器、套管等设备，通过油浸和填充以消除设备内绝缘中的气隙，起到绝缘、散热冷却和熄灭电弧的作用。常见的绝缘油有矿物绝缘油、合成绝缘油（如硅油、α油、β油、合成酯等）、天然酯绝缘油等。

2.1.1 矿物绝缘油

目前在各国电力系统中广泛使用的绝缘油是矿物绝缘油（也称变压器油），是从石油中提炼精制的液体绝缘材料，石油是黏稠状的可燃液体，化学组成复杂，主要成分是碳氢化合物，即烃类。烃类的组分对石油产品的物理、化学性质有很大影响，是炼制绝缘油的关键。石油产品中的烃类主要是烷烃、环烷烃和芳香烃，一般不含不饱和烃类。根据烃类成分的不同，原油可分为石蜡基石油、环烷基石油和中间基石油三类。石蜡基石油含烷烃较多，环烷基石油含环烷烃、芳香烃较多，中间基石油介于二者之间。

烷烃又称石蜡烃，分子通式为 C_nH_{2n+2}，包括直链烷烃和异构烷烃。直链烷烃的凝点高，高压作用下易分解产生氢气，因此很少使用。异构烷烃则有许多优良的理化性质，如闪点较高（＞170℃）、凝点低（＜－45℃）、酸值低（＜0.01mgKOH/g）、氧化安定性好及界面张力高等，是变压器油的理想组分。

环烷烃的分子通式为 C_nH_{2n}、C_nH_{2n-2}、C_nH_{2n-4} 等，结构较复杂，有单环、双环和多环，并带有烷基侧链。环烷烃的抗爆性、热稳定性和氧化安定性好，凝点低，析气性适中，但是闪点低。环烷烃也是炼制绝缘油的理想组分。

芳香烃的分子通式为 C_nH_{2n-6}、C_nH_{2n-12} 等，按结构可分为单环、多环和稠环，后两种芳香烃氧化安定性较差，是生成渣滓的主要物质，是精炼过程中应去除的成分。单环芳香烃具有良好析气性，可用于超高压变压器油，芳香烃的最大缺点是对人体健康有一定的影响。

矿物绝缘油是取原油中250～400℃的轻质润滑油馏分，经酸碱精制、水洗、干燥、白土吸附、加抗氧剂等工序制得。用石蜡基原油时还应脱蜡。为降低绝缘油的凝点，可加入适量的降凝剂。取原油中不同馏分油，并控制精制中硫酸的浓度、用量、作用时间及其他有关工艺，可得到用途不同的变压器油、电容器油、电缆油、开关油等。

矿物绝缘油的理想组分为异构烷烃、环烷烃和少量单环芳香烃。任何一种油品无法完全达到理想组分，通常石蜡基原油中直链烷烃较多，环烷基原油中环烷烃较多，而合成异构烷烃中异构烷烃为72%，环烷烃为28%，基本没有芳香烃。用传统方式加工的环烷基变压器油中芳香烃含量一般为8%～9%。由于芳香烃有机溶剂对孕妇和新生儿有危害，因此，英国规定变压器油中的芳香烃含量应小于3%；美国1991年规定，在8.16MPa加氢压力、427℃下生产出的环烷基油才可以在美国销售，否则需加注“含有致癌物质”。目前，我国的国家标准对多环芳香烃含量尚无明确规定。

矿物绝缘油具有良好的电气绝缘和冷却性能，在变压器故障情况时可能会引起火灾或爆炸事故。矿物绝缘油的生物降解率约30%，不易生物降解，是一种非环保型液体绝缘材料，泄漏后极易对周边环境造成污染。电力变压器，尤其是配电变压器，广泛分布在农村、水源附近、城市街道等地方，如果发生泄漏将会严重污染环境，发生火灾将会造成人员伤亡和财产损失。如2009年俄罗斯萨扬—舒申斯克水电站发生重大事故，近百吨矿物绝缘油泄漏，造成叶尼赛河流域严重污染。

此外，矿物绝缘油的介电常数较低，约为绝缘纸介电常数的1/2，在电场的作用下，油隙就成为油纸绝缘的薄弱环节。在变压器负载波动较大或是过载情况下，电场强度最大处的油隙容易发生局部放电，降低油纸绝缘的电气性能，导致变压器发生故障。

2.1.2 合成绝缘油

合成绝缘油是指利用化学合成方法生产的液体绝缘介质，包括聚氯联苯（PCB）、聚丁烯、烷基苯、硅油、二芳基乙烷、烷基萘、丁基氯代二苯醚、异丙基联苯、α油、β油、合成有机酯（合成酯）、含氟绝缘油等。

随着《巴黎协议》的正式签署实施，环境保护已成为全世界的共识，开发满足环保要求的绝缘油已成为新的课题。从使用安全和环保性能考虑，要求绝缘油的燃点和闪点高，耐火性能好，易在自然界中生物降解，发生泄漏时不会对生态环境造成危害。

世界各国对燃点 300℃以上的高燃点绝缘油进行了长期不懈的研究，1929 年英国斯旺公司发明了 Askarel 不燃油，其主要成分是聚氯联苯（PCB）。PCB 具有很高的化学稳定性和电气绝缘强度，但由于 PCB 有毒而引发的严重环保问题促使世界各国在 20 世纪 60 年代开始禁止使用和销售应用 PCB 的各种设备。20 世纪 50 年代美国发明了硅油，硅油通常指的是在室温下保持液体状态的线型聚硅氧烷产品。一般分为甲基硅油和改性硅油两类。最常用的硅油为甲基硅油，也称为普通硅油，其有机基团全部为甲基。甲基硅油具有良好的化学稳定性、绝缘性，疏水性能好。甲基硅油是由二甲基二氯硅烷加水进行水解反应制得初缩聚环体，环体经裂解、精馏制得低环体，然后把环体、封头剂、催化剂放在一起调聚得到各种不同聚合度的混合物，经减压蒸馏除去低沸物制得硅油。硅油为有机硅液体，电气性能比矿物绝缘油略高，且与变压器材料相容，其热稳定性高于矿物绝缘油，但很难生物降解。硅油燃点高达 300℃，且具有自熄灭的性能，防火性能较好。硅油密度和运动黏度比变压器油大，因此其流动性差，从而影响了变压器散热效果。此外，硅油价格比石油类难燃油高。1977 年英国 M&I 材料公司研发出难燃的 Midel 7131 合成酯，符合 IEC 61099—2010 *Insulating Liquids — Specification For Unused Synthetic Organic Esters For Electrical Purposes*（《绝缘液体　电气设备未使用过的合成有机酯标准》）要求，被归为 T1 类型，即一种无卤素季戊四醇酯，是一种透明液体，无毒、可生物降解、密度大、黏度较大，电气性能接近矿物绝缘油，但其比热和导热性比矿物绝缘油大，合成酯与变压器所用材料相容。合成酯的燃点为 257℃，约为变压器油的 1.7 倍。因 Midel 7131 价格比其他合成油高，所以应用总量较少。20 世纪 80 年代初英国开发了 Formel 难燃油，美国 DSI 公司陆续开发了难燃油，包括 α 油、β 油等系列产品，绝缘油的燃点都大于 300℃，各项性能指标与变压器油相当，但是成本普遍太高，如 β 油的成本是矿物绝缘油的 5 倍以上，因此未能得到广泛使用。

各合成绝缘油在性能上具有较多优点，但由于合成装置复杂，受主要原材料成本和成品转化率制约，成本较高，售价昂贵，同时在合成过程中对环境也会造成污染。因此，合成绝缘油主要应用在特殊需求场合，还没有得到广泛应用。

2.1.3　天然酯绝缘油

天然酯绝缘油是从种子或其他生物材料中提取，用于变压器或其他电气设备的绝缘液体，其主要成分是甘油三酯，具有良好的生物降解性和环境相容性。

国内外商业化应用的天然酯绝缘油一般以大豆油、菜籽油、葵花籽油、棕榈油等植物油为原材料，通过精炼工艺方法制备出精炼天然酯绝缘油，并针对天然酯绝缘油固有的易氧化、凝点高、黏度大、酸值高等不足，通过添加抗氧化剂、降凝剂以及酯交换反应改性等研制出满足标准要求的天然酯绝缘油。

天然酯绝缘油和矿物绝缘油属于不同种类的有机物。矿物绝缘油是烃类化合物，其主要成分为饱和烃类，如烷烃（C_nH_{2n+2}）、环烷烃（C_nH_{2n}、C_nH_{2n-2}、C_nH_{2n-4}），其分子中只有碳、氢两种原子，丁烷烃分子结构式如图 2-1 所示。天然酯绝缘油属于酯类混合物（天然酯），是由一系列脂肪酸的甘油三酯组成，甘油三酯分子则由甘油基团和脂肪酸基团（RCOO—）构成，不仅含有碳、氢两种原子，还含有氧原子。

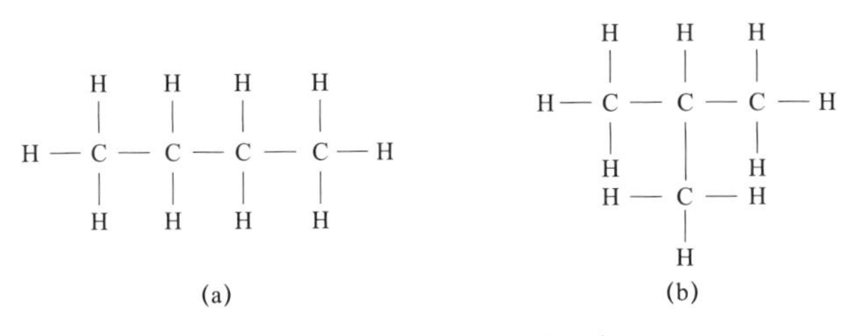

图 2-1 丁烷烃分子结构式

（a）正丁烷；（b）异丁烷

从结构上看，甘油三酯由一个甘油分子与三个脂肪酸分子缩合而成，甘油三酯结构如图 2-2 所示，其中，R_1、R_2、R_3 表示不同的脂肪酸基团。在甘油三酯分子中，甘油基部分的相对分子质量是 41，其余部分为脂肪酸基团（RCOO—），随油脂种类不同，脂肪酸基变化很大，总相对分子质量为 650～970。

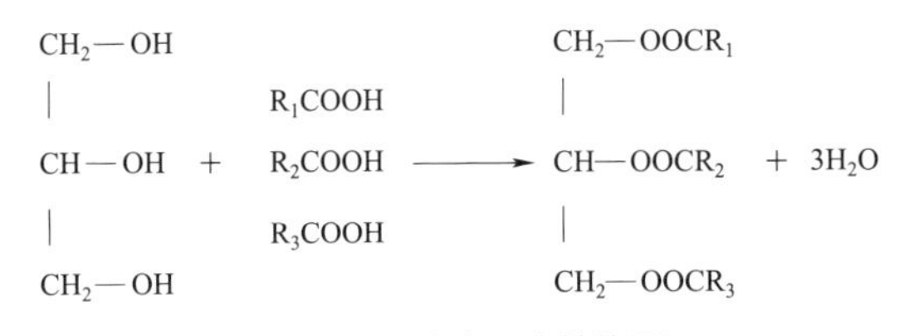

图 2-2 甘油三酯结构图

烃类和酯类在分子构成和结构特征上既有相似性，也有差异性。相似性表现在：都具有长碳链、大分子结构，主要构成元素为碳原子和氢原子。差异性表现为：酯类的每个脂肪酸基团含有两个氧原子，组成甘油三酯的各个脂肪酸基团未必相同，酯类的分子结构一般不对称，因此具有一定极性；而饱和烃类不含氧原子，分子结构是对称的，没有极性。

天然酯绝缘油的定义是参考国际标准及我国绝缘油使用习惯来确定的。酯

（Ester）是指酸（可以是羧酸，也可以是无机含氧酸）与醇发生反应而生成的一类有机物。酯类除了羧酸酯外，也有硝酸、硫酸等无机含氧酸酯。脂，即脂肪（Fat），是室温下呈固态的油脂（室温下呈液态的油脂称作油），多来源于人和动物体内的脂肪组织，成分是三酸甘油酯。因此，脂是产生于生物体的磷酸甘油酯，一般指油脂。酯是酸和醇生成的产物。脂是酯中的一类，故酯的概念中包含了脂。

2003 年，美国最先对天然酯进行了定义，美国材料与试验协会制定了 ASTM D6871—2003，该标准对天然酯的定义为“Vegetable oil natural ester：vegetable oil containing ester linkages，typically triglycerides.Most often obtained from seed crops（a“natural”source of esters，as opposed to synthesized esters）”[植物油天然酯：含有酯键的植物油，通常为甘油三酯。通常从种子作物中获得（一种“天然”来源的酯，相对于合成酯）]。2008 年，电气和电子工程师协会（Institute of Electrical and Electronics Engineers，IEEE）发布了 IEEE Std C57.147—2008，修订版为 IEEE Std C57.147—2018，修订版把“天然酯液体”改为“天然酯绝缘液”。2013 年，国际电工委员会（International Electrotechnical Commision，IEC）发布了 IEC 62770—2013，该标准对天然酯的定义为“natural esters：vegetable oils obtained from seeds and oils obtained from other suitable biological materials and comprised of triglycerides”（天然酯：从种子中提取的植物油和从其他合适的生物材料中提取的成分为甘油三酯的油）。

综上所述，国际标准把植物绝缘油定义为“Natural Ester”（天然酯），它是跟“Synthetic Ester”（合成酯）相对应的，都是酯类绝缘液体。

此外，根据国内使用习惯，一般电工用绝缘液体习惯称绝缘油，所以我国标准对天然酯的定义是在 IEC 62770 定义的“Natural Ester”（天然酯）基础上加上“绝缘油”，即天然酯绝缘油。DL/T 1811—2018 对天然酯绝缘油进行了如下定义：“从种子或其他生物材料中提取、用于变压器或类似电气设备的绝缘液体，其主要成分是甘油三酯，具有良好的生物降解性和环境相容性。”

研究表明，天然酯绝缘油在防火性、耐热和生物降解性能方面优于矿物绝缘油，其电气强度与矿物绝缘油相当。但在抗氧化、低温性能和运动黏度方面不如矿物绝缘油。表 2-1 是常见绝缘油主要性能参数典型值。

与矿物绝缘油和硅油相比，天然酯绝缘油具有可再生、可生物降解、燃点（闪点）高、防火安全性好的优点；与合成酯、β 油相比，天然酯绝缘油具有成本低、燃点（闪点）更高、生物降解率更高的特点。因此天然酯绝缘油的闪点、燃点、体积电阻率、击穿电压和介电常数等性能参数达到或超过矿物绝缘油的参数指标，但是在运动黏度、倾点等方面仍有改进的空间。

表 2-1　　常见绝缘油主要性能参数典型值

性能		单位	矿物绝缘油	硅油	天然酯绝缘油	合成酯	β 油
物理性能	密度（20℃）	kg/m^3	0.88	0.96	0.92	0.97	0.87
	比热（20℃）	J/（kg·K）	1860	1510	1848	1880	3055
	导热率（20℃）	W/（m·K）	0.126	0.151	0.177	0.144	0.130
	运动黏度（20℃）	mm^2/s	22	50	85	70	380
	运动黏度（100℃）	mm^2/s	2.6	15	8.4	5.3	12.1
	倾点	℃	−50	−50	−20	−60	−21
	膨胀系数	℃	0.75×10^{-3}	1.04×10^{-3}	0.74×10^{-3}	0.75×10^{-3}	0.7×10^{-3}
	闪点	℃	150	260	316	260	272
	燃点	℃	170	350	360	316	308
	28 天降解率（OECD 301 F）	%	N/A	N/A	97	89	N/A
	火灾危险等级（IEC 61100）	—	O1	K3	K2	K3	K3
化学性能	腐蚀性硫	—	非腐蚀性				
	酸值	以 KOH 计，mg/g	≤0.01	≤0.01	≤0.03	≤0.03	≤0.01
	净热值	MJ/kg	46.0	28.0	37.5	31.6	—
	PCB 含量（mg/L）	—	检测不出				
电气性能	击穿电压	kV	70	50	75	75	61
	介质损耗因数 $\tan\delta$（90℃）	%	0.2	0.1	0.3	0.8	0.1
	介电常数	—	2.2	2.7	3.1	3.2	2.3

2.2 天然酯绝缘油制备技术

天然酯绝缘油的典型制备工艺流程通常包括碱炼、吸附脱色、脱臭处理等步骤，同时通过添加抗氧化剂、降凝剂等添加剂，提高其电气及理化性能，得到能够满足变压器用油要求的绝缘油。天然酯绝缘油制备流程见图 2-3。

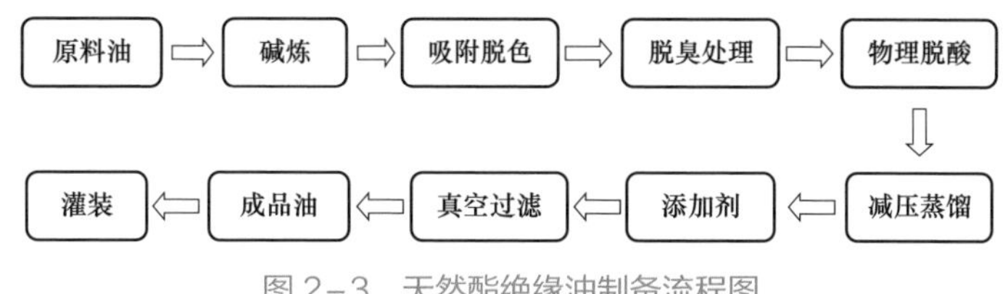

图 2-3　天然酯绝缘油制备流程图

2.2.1　原料油

1. 天然酯绝缘油的化学组分及结构

天然酯绝缘油的组成中 95%以上为脂肪酸甘油三酯（也称三酰基甘油或甘三酯），此外还有含量极少而成分又非常复杂的类脂物，其中可皂化的类脂物包括游离脂肪酸、甘一酯、甘二酯、蜡、甾醇酯类、磷脂、醚脂等，不可皂化的类脂物包括甾醇、维生素、色素、脂肪醇烃类及棉酚、芝麻酚等。

天然酯绝缘油是混脂肪酸甘油三酯的混合物，构成甘油三酯的脂肪酸种类、碳链长度、不饱和度（双键的数量）以及甘油三酯分子的几何构型对油脂的性质起着重要的作用。此外，脂肪酰基和甘油三个羟基的结合位置，即脂肪酸在甘油三酯中的分布情况对油脂的性质也有很大影响。随油脂种类不同，脂肪酸基团变化很大，总相对分子质量为 650～970。脂肪酸在甘油三酯分子中所占的比重很大（约占总分子量的 95%），它们对甘油三酯的物理和化学性质起主导性的影响。因此分析甘油三酯中脂肪酸的分布具有重要意义。

脂肪酸属于脂肪族的一元羧酸，只有一个羧基和一个烃基。天然油脂所含的脂肪酸绝大部分为偶碳直链的，极少数为奇数碳链和具有支链的酸。天然脂肪酸的碳链长度范围很广（C2～C30），但是常见的只有 C12、C14、C16、C18、C20 和 C22，其他的脂肪酸含量很少。脂肪酸分为饱和脂肪酸和不饱和脂肪酸，不饱和脂肪酸根据所含双键的多少，分为一烯酸、二烯酸、三烯酸和三烯以上的酸，天然存在的不饱和脂肪酸大部分是顺式结构，只有少数为反式结构。

碳链长度、饱和程度以及顺反结构有差异的脂肪酸，其物理和化学性质也不相同，组成的三脂肪甘油酯的性质也不相同。因此，油脂的性质和用途很大程度上由脂肪酸来决定。天然油脂中，软脂酸（C16:0）和硬脂酸（C18:0）两种饱和脂肪酸的分布最广，存在于所有天然酯绝缘油脂中，天然酯绝缘油中最主要的饱和脂肪酸是硬脂酸，结构式为 $CH_3(CH_2)_{16}COOH$。一烯酸也称为单不饱和脂肪酸，具有一个双键，比相应的饱和脂肪酸少两个氢原子，其通式为 $C_nH_{2n-2}O_2$。一烯酸中油酸（C18:1）分布最广，存在于各种天然酯绝缘油中，其结构式为

$CH_3(CH_2)_7CH{=\!=}CH(CH_2)_7COOH$。二烯酸也称为双不饱和脂肪酸，具有两个双键，比相应的饱和脂肪酸少四个氢原子，其通式为 $C_nH_{2n-4}O_2$。二烯酸中最常见的是亚油酸（C18:2），存在于多种天然酯绝缘油中，其结构式为 $CH_3(CH_2)_4CH{=\!=}CHCH_2CH{=\!=}CH(CH_2)_7COOH$。具有三个或三个以上双键的脂肪酸称为多烯酸，也称为多不饱和脂肪酸。天然酯绝缘油中的多烯酸以非共轭三烯酸为主，三烯酸（C18:3）比相应的饱和脂肪酸少六个氢原子，其通式为 $C_nH_{2n-6}O_2$。非共轭三烯酸中，最常见的是α－亚麻酸，其结构式为 $CH_3CH_2CH{=\!=}CHCH_2CH{=\!=}CHCH_2CH{=\!=}CH(CH_2)_7COOH$。

天然酯绝缘油脂中以油酸和亚油酸酯最为丰富，饱和脂肪酸低于20%，主要的油脂有大豆油、菜籽油、山茶籽油、花生油、棉籽油、葵花籽油、玉米油等。

2. 原料油的选择

天然酯绝缘油用作液体绝缘介质的研究与矿物绝缘油的研究是同期开始的。在早期的研究中，因为天然酯绝缘油存在凝点高、抗氧化性能差、运动黏度大等问题，始终未能推广使用，其主要用途是用来作为电容器浸渍剂。

天然酯绝缘油来源于天然的油料作物，在自然界几乎可以完全降解，满足可再生能源对可生物降解和原料来源广泛的要求。因此，稳定性、电气及理化性能是选择原料油考虑的重点。天然酯绝缘油是混脂肪酸甘油三酯的混合物，其理化性能与脂肪酸的组成成分有直接关系。脂肪酸又分为饱和脂肪酸、单不饱和脂肪酸、双不饱和脂肪酸和多不饱和脂肪酸。饱和脂肪酸含量高的天然酯绝缘油化学性能稳定，但是凝点高；多不饱和脂肪酸含量高的天然酯绝缘油凝点低，但是化学性能不稳定，易在空气中氧化。综合考虑天然酯绝缘油的理化及电气性能，单不饱和脂肪酸含量高的基础油是最佳选择。

自然界中存在最广泛、最多的单不饱和脂肪酸是油酸（C18:1）和芥酸（C22:1），由于芥酸存在对人体健康不利的因素，因此近年来芥酸含量高的油料作物大都通过转基因处理来降低芥酸含量，提高其油酸含量。由此可见，油酸含量高的天然酯绝缘油是最佳的选择。表2－2列出了常见天然酯绝缘油的脂肪酸组分含量。

表2－2　常见天然酯绝缘油的脂肪酸组分含量　%

天然酯绝缘油种类	饱和脂肪酸	单不饱和脂肪酸	多不饱和脂肪酸
山茶籽油	11	75.1	10.9
转基因菜籽油	7.3	63.8	28.9
葵花籽油	10.5	19.6	69.9

续表

天然酯绝缘油种类	饱和脂肪酸	单不饱和脂肪酸	多不饱和脂肪酸
红花油	8.5	12.1	79.4
橄榄油	14	76	10
转基因大豆油	13.9	25.3	60.8
棉籽油	24.4	16	59.6
棕榈油	35	15	50

从表 2–2 中可以看出，山茶籽油和橄榄油中单不饱和脂肪酸含量最高，均达到了 70%以上，但是由于种植较少，成本昂贵，限制其推广使用。除此之外，转基因菜籽油和转基因大豆油中所含的单不饱和脂肪酸相对也比较高，而且种植范围广，易采购，生产成本低。综合考虑天然酯绝缘油的成分组成及生产成本，应用较广泛的是以大豆油和菜籽油作为原料油制备而成的天然酯绝缘油。

2.2.2　碱炼

酸值是油脂类有机物中含有游离脂肪酸的一种指标，能够真实反映油脂中游离脂肪酸的含量，天然酯绝缘油中有机酸主要是游离脂肪酸。同时，酸值也是评定绝缘油老化程度的重要指标。绝缘油老化越严重酸值越大，会导致绝缘油的绝缘强度降低；高温运行时，老化形成的酸性物质会加速固体绝缘纤维老化，进一步降低电气设备绝缘性能，缩短设备的使用寿命。

碱炼是用来中和油脂中存在的游离脂肪酸，使得游离脂肪酸从油脂中脱离出来的方法，可以有效降低油脂中的酸值，生成的脂肪酸钠盐（皂脚）形成絮状物而沉降；此外，皂脚是一种表面活性物质，吸附能力较强，可将相当数量的其他杂质，如蛋白质、黏液物质、色素、磷脂及带有羟基或酚基的物质也带入沉降物中，甚至悬浮的固体杂质也可以被絮状皂脚团挟带下来。因此，碱中和本身具有脱酸、脱胶、脱杂质和脱色等综合作用。

一般情况下，游离脂肪酸与碱的反应比甘油酯快。同时，皂化游离脂肪酸所需要的碱液浓度也比皂化甘油酯的小，因此可利用游离脂肪酸与甘油酯在皂化反应上的这种差别来中和油脂，达到去除游离脂肪酸的目的。碱炼过程中的化学反应主要有中和反应、不完全中和反应、水解反应及皂化反应四种类型。

在碱炼过程中，为了保证反应迅速进行并使反应平衡移向生成皂脚的方向，理论上用于游离脂肪酸的中和必须有一定量的超量碱。因此，碱的添加量和碱液浓度对碱炼的效果起着决定性的作用。加碱量不足会导致生成的皂脚水解，形成酸性皂，而且酸性皂在油脂中有足够的溶解性，使得皂脚从油脂中很难分离，碱炼中和效果变差，使天然酯绝缘油酸值偏高，天然酯绝缘油介质损耗偏大。若加碱量过多，中和完游离脂肪酸后，多余的碱液会与油脂中的甘油三酯发生皂化反应，降低精炼效率，而且油脂中极性金属离子含量增加，进而导致天然酯绝缘油介质损耗变大。

2.2.3 吸附脱色

天然酯绝缘油中含有使其染上专门色泽的色素，天然酯绝缘油中的类胡萝卜素使其呈黄色（叶黄素）和红色（胡萝卜素），叶绿素使其呈绿色。类胡萝卜素对碱性物质足够稳定，碱炼中和时仅被皂脚通过吸附方式去除一部分，大部分保留在中和后的油脂中；叶绿素可与碱作用，皂化生成碱性盐，但是仅通过碱炼中和也不能使之完全去除。

天然酯绝缘油的吸附脱色就是利用某些对油脂具有较强选择性吸附作用的物质（如漂白土、活性白土、活性炭等），在一定条件下吸附油脂中的色素、胶质、残留的皂脚、微量金属离子及其他极性杂质，一定程度上改善了天然酯绝缘油的介质损耗因数和击穿电压等电气性能。

吸附脱色工艺通常在真空条件下进行。一方面因为氧气的存在使天然酯绝缘油的色度变化过程复杂，可能同时出现现存色素变深、由无色前体形成色素、其他色素破坏、色素吸附性能降低等变化；另一方面，在有氧气存在以及脱色温度较高、脱色时间较长时，活性白土可能使天然酯绝缘油的脂肪酸甘油三酯发生部分异构化，生成一定量含有共轭酸的甘油三酯，导致脱色油保存时的质量和稳定性下降。因此，在脱色过程中应采取真空条件，并通过控制脱色温度和脱色时间来抑制共轭酸的形成。

2.2.4 脱臭处理

脱臭是利用油脂内的臭味物质和甘油三酯的挥发度存在很大差异的特点，在高温、高真空条件下借助水蒸气蒸馏脱除臭味物质的工艺。脱臭不仅可以去除油中的臭味物质，提高天然酯绝缘油的燃点，还能除去过氧化物及其分解产物，除去霉烂油料中蛋白质挥发性分解物、小分子量的多环芳烃及双对氯苯基三氯乙烷（Dichlorodipheny ltrichloroethane，DDT）残留农药等。此外还可以破坏一些色素，进一步降低油品的色度。

尽管臭味物质与油脂的挥发度相差很大，但若在常压下则需要很高的温度才能大量挥发，此时油脂会发生氧化分解和热聚合，降低油脂的品质，所以不可在常压下脱除臭味组分。真空条件不仅可以降低臭味物质的沸点，易于臭味组分的脱除，而且可以防止油脂的氧化。为了进一步降低臭味物质的沸点，降低脱臭温度，需采用某种气体作为载体。载体的用量与其分子量成正比，水蒸气具有较小的分子量，而且水蒸气易得、便宜，与油反应慢，且易于冷凝，因此一般采用水蒸气蒸馏。油脂脱臭就是在高真空条件下，水蒸气通过臭味组分的高温油脂，汽液表面接触，油中的臭味组分挥发到水蒸气中，并按其分压的比率随水蒸气一起溢出，达到脱臭的目的。

2.2.5　物理脱酸

物理脱酸又称蒸馏脱酸，即天然酯绝缘油中的游离脂肪酸不是用碱类进行中和反应，而是借助甘油三酯和游离脂肪酸相对挥发度的不同，在高温、高真空下进行水蒸气蒸馏，直接蒸馏出游离脂肪酸，从而降低油脂中游离脂肪酸的工艺。在相同条件下，游离脂肪酸的蒸汽压远远大于甘油三酯的蒸汽压，根据这一物理性质，利用它们在同温下相对挥发性的不同进行分离。天然油脂多属于热敏性物质，在常压高温下稳定性差，往往当达到游离脂肪酸的沸点时，即已开始氧化分解。但是，当油脂中通入与油脂不相溶的惰性组分时，游离脂肪酸的沸点会大幅度地降低。

在真空状态下用水蒸气蒸馏，可以有效地降低脂肪酸的沸点。物理脱酸不仅可以借助甘油三酯和游离脂肪酸相对挥发度的不同，在高温、高真空下进行水蒸气蒸馏，直接蒸馏出游离脂肪酸，降低油脂中游离脂肪酸的含量，而且还可以以水蒸气为载体，除去油中的臭味物质、过氧化物及其分解产物、蛋白质挥发性分解物、小分子量的多环芳烃等杂质，提高天然酯绝缘油的燃点，大幅度提高天然酯绝缘油的介电性能。

2.2.6　改性添加

为了改进天然酯绝缘油的氧化安定性、降低其凝点和运动黏度等理化性能，一般在精炼后的绝缘油中添加抗氧化剂、金属钝化剂、降凝剂、微生物抑制剂（杀菌剂）等添加剂。

（1）抗氧化剂和金属钝化剂。氧化安定性是绝缘油稳定性的一项重要指标。天然酯绝缘油的氧化反应首先是在易活化的不饱和双键 α−亚甲基上取走氢原子，而被氧化成脂肪自由基，进一步被氧化成过氧化自由基，后者再与未被氧化的脂肪酸形成氢过氧化物和脂肪自由基，如此反应下去直到油脂完全氧化。此外，金属离子（特别是铜和铁）在天然酯绝缘油的氧化过程中起催化剂的作用。由于普通食用级的天然酯绝缘油氧化安定性差，需要添加抗氧化剂和金属钝化剂来提高其氧化安定性。抗氧化剂可以延缓天然酯绝缘油的氧化速度，延长其寿命以满足变压器对绝缘用油要求。此外，为了抑制绝缘油中金属离子的催化作用，采用金属离子钝化剂与多价金属离子络合后形成稳定的可溶性金属结合物，从而使金属离子失去氧化催化能力。

目前抗氧化剂的选材较广，从环保和生物降解性考虑，可选择食品级的合成或天然抗氧化剂，如 BHA、BHT、PG、TBHQ 等。通常，抗氧化剂在高温下稳定性会降低，挥发性增加。因此，在实际应用中可通过复配技术来提高抗氧化剂的性能。此外，通过采用纳米技术、微胶囊包覆技术也可提高抗氧化剂的溶解性和稳定性，延长抗氧化剂的作用时效。

（2）降凝剂。与矿物绝缘油相比，天然酯绝缘油的凝点较高。绝缘油的凝点（倾点）决定了变压器的最低冷态投运温度，天然酯绝缘油凝点（倾点）偏高，其对应最低冷态投运温度也偏高，限制了其在寒冷地区的使用。为降低天然酯绝缘油的凝点，可以通过添加降凝剂来降低天然酯绝缘油的凝点。

（3）微生物抑制剂。绝缘油的微生物感染通常发生在绝缘油生产、变压器安装和大修过程中，由昆虫、细菌等侵入造成，一般过滤法无法滤除。被微生物污染的变压器油如果一次净化处理不彻底，油中残留的微生物在合适的条件下会繁衍增多。向绝缘油中添加微生物抑制剂能有效降低油中微生物含量，抑制微生物的进一步生长。目前的微生物抑制剂包括化学类抑制剂和生物类抑制剂，不同种类微生物抑制剂在绝缘油变压器中的稳定性及其对绝缘油的绝缘性能影响有待研究。

2.3 储运及油务处理

2.3.1 储运要求

由于各制造商的设计、工艺可能存在差异，天然酯绝缘油变压器的现场准备、注油、投运等指导说明宜由用户和制造商协商确定。所有处理设备（如软管、管道、油罐、滤油设备）应保持清洁，应为天然酯绝缘油专用。有残余天然酯绝缘油的设备应密封，与空气和污染物隔绝。油桶、油罐、储油罐等容器储存天然酯绝缘油时，油面宜采用干燥氮气或干燥惰性气体进行密封覆盖，储油容器外部应带有明显区分标识。

天然酯绝缘油通常采用油桶、油罐等容器储运，所有容器应清洁、干燥、密封，且储运的容器包括管线所采用的材质与天然酯绝缘油的相容性必须符合要求，必须和其他油的容器严格分开，防止混油。

受条件限制不能把运输油罐中的油直接注入变压器时，可把天然酯绝缘油注入储油罐中。天然酯绝缘油宜优先采用桶装方式储运，宜采用户内型储油罐存储天然酯绝缘油，如果存放在室外，应避免阳光直射。储存时，天然酯绝缘油面宜采用干燥氮气或其他干燥惰性气体进行油面气体密封覆盖。

天然酯绝缘油不宜储存在环境温度高或湿度大的地方（除非有干燥剂维护），储存环境温度宜为 – 10～40℃。通常，天然酯绝缘油可从储油罐中直接泵出。当气温接近绝缘油倾点时，需要对绝缘油进行加热处理，再从储油罐中泵出，且储油罐应配有法兰接口，罐内涂层应与天然酯绝缘油相容，不应采用带呼吸器的储油罐。

将现有变压器油储油罐用于存储天然酯绝缘油时应满足以下条件：

（1）传输泵和管线应能够输送运动黏度更大的天然酯绝缘油。在寒冷的环境中输送天然酯绝缘油时，输油管线采取电或蒸汽跟踪加热措施，储油罐采用加热装置。

（2）储油罐应彻底清洁并对生锈、泄漏情况进行检查处理。

（3）储油罐中的变压器油应彻底排净，并用 60～80℃的天然酯绝缘油冲洗后才能灌注天然酯绝缘油，以免造成污染。

由于天然酯绝缘油的运动黏度一般高于矿物绝缘油，在选择油泵时应考虑天然酯绝缘油运动黏度影响。

2.3.2　油务处理

当天然酯绝缘油中的水分是游离水时，采用过滤纸滤芯可以有效除水。推荐采用带干燥剂的滤芯以确保干燥效果。目前用于变压器油的大多数类型的过滤器可用于天然酯绝缘油。可以采用吸附型过滤器（如活性白土），但是在高真空条件下，有些降凝剂和抗氧化添加剂可能也被过滤掉，具体应咨询绝缘油制造商。如果油中的水分是溶解水时，需要采用高真空脱水系统。真空脱水系统可以把天然酯绝缘油中气体和水分含量降到非常低的水平。除脱水外，真空脱水机还可以除去绝缘油中的气体和部分挥发性酸。报废处理后的废旧天然酯绝缘油可以用来作为肥皂、生物柴油等的原料。

2.4 天然酯绝缘油理化性能

2.4.1 物理性能

天然酯绝缘油的物理性能是其固有物理属性，主要有外观、密度、运动黏度、倾点和凝点、界面张力等。

（1）外观。外观可通过肉眼检查，未使用过的天然酯绝缘油应透明，无可见污染物、游离水和悬浮物；运行中的天然酯绝缘油随着运行年限的增长，在电场、温度场、氧气、水等因素的作用下，会逐渐劣化，颜色渐深。

（2）密度。密度是指在规定温度下，单位体积内所含物质的质量数，用 g/cm^3 或 g/mL 表示。由于油的密度受温度影响较大，标准规定的密度是指 20℃时的值。油品的密度与其化学组分有关，为了使油中水分和生成的沉淀物尽快下沉到油箱底部，要求绝缘油的密度尽量小。天然酯绝缘油密度略大于矿物绝缘油。

（3）运动黏度。运动黏度是指液体流动时内摩擦力的量度，运动黏度随温度的升高而降低。运动黏度可用来评价绝缘油的流动性能，单位为 mm^2/s。随着温度升高，绝缘油运动黏度下降，下降速率取决于绝缘油的化学组分。天然酯绝缘油运动黏度较矿物绝缘油大，在 40℃时运动黏度约为 $33mm^2/s$，同温度下矿物绝缘油的运动黏度仅为 $9.2mm^2/s$。随着温度的升高，天然酯绝缘油与矿物绝缘油运动黏度的差距缩小。由于天然酯绝缘油运动黏度的大小影响变压器的散热冷却效果，天然酯绝缘油变压器散热设计时应重点考虑天然酯绝缘油与矿物绝缘油运动黏度的差异。

（4）倾点和凝点。倾点是指在规定条件下，被冷却的试样能流动的最低温度，单位为℃。凝点是指绝缘油在规定条件下冷却至停止流动的最高温度，单位为℃。由于测定方法、条件以及油品的组分和性能不同，两者有一定的差别。倾点和凝点可用来表征绝缘油低温流动性能。与矿物绝缘油相比，天然酯绝缘油倾点偏高，如在寒冷地区应用，需考虑天然酯绝缘油的冷启动和低温特性。

（5）界面张力。绝缘油的界面张力是指绝缘油和纯水之间界面分子力的作用，表现为反抗其本身的表面积增大的力，用来表征绝缘油中含有极性组分的量，单位为 mN/m。

由于天然酯绝缘油和矿物绝缘油固有分子结构不同，天然酯绝缘油的界面张力比矿物绝缘油低，天然酯绝缘油的界面张力典型值为 25～30mN/m。随着变压器运行年限的增长，天然酯绝缘油中会出现一些极性物质，界面张力会逐渐下降，一般认为当运行中的天然酯绝缘油界面张力比初始值降低 40%以上时应对绝缘油做进一步的检查。

天然酯绝缘油与其他常见绝缘油的物理性能参数对比见表 2–3。

表 2–3　　天然酯绝缘油与其他常见绝缘油的物理性能参数对比

性能	单位	天然酯绝缘油	矿物绝缘油	硅油	合成酯
外观	—	清澈透明	清澈透明	清澈透明	清澈透明
密度（20℃）	kg/m^3	0.92	0.88	0.96	0.97
运动黏度（40℃）	mm^2/s	33	9	39	29
运动黏度（100℃）	mm^2/s	8.4	2.6	15	5.3
倾点	℃	–20	–50	–50	–60
界面张力	mN/m	26	40	42	30
比热（20℃）	J/（kg·K）	1848	1860	1510	1880
导热率（20℃）	W/（m·K）	0.177	0.126	0.151	0.144

2.4.2　化学性能

天然酯绝缘油的化学性能主要有酸值、水含量、腐蚀性硫、2–糠醛、氧化安定性等。

（1）酸值。酸值是指在规定条件下，中和 1g 试油中的酸性组分所消耗的氢氧化钾毫克数。除非受到污染，新油的酸值可以达到非常低的水平。绝缘油经过氧化试验后，酸值是作为评定该油氧化安定性的重要指标之一，它既是反映绝缘油早期劣化阶段的主要指标，也是运行性能指标，酸值越高则绝缘油老化的程度越深，同时对设备的危害性也越大。酸值的升高除了腐蚀设备外，还会提高绝缘油的导电性，降低绝缘油的绝缘强度。在高温下绝缘油老化形成的酸性物质会促使固体绝缘纤维加速老化，进一步降低电气设备的绝缘水平，缩短电气设备的使用寿命，因此，必须严格控制绝缘油的酸值。

矿物绝缘油中所含的有机酸主要是环烷酸，是环烷烃的衍生物，此外还有氧化产生的酸性物质和酸性杂质。根据天然酯绝缘油种类的不同，天然酯绝缘油中有机酸（游离脂肪酸）可能是油酸、亚油酸、芥酸等。由于天然的天然酯绝缘油主要成分为脂肪酸甘油三酯，还含有少量种类繁多的、能溶于油脂的类脂物油，酸值很高，远大于矿物绝缘油酸值。所以，用于生产天然酯绝缘油的天然酯绝缘油需要采取降酸工艺，把酸值降低到 0.06mgKOH/g 以下。一般地，天然酯绝缘油的酸值大于矿物绝缘油。

（2）水含量。绝缘油中水分主要以三种形态存在：溶解水、乳化水和游离水。溶解水是呈分子状态的水，借分子间存在的诱导力与分散力溶解于油中；乳化水指呈微球的乳浊水滴，高度分散在油中而不易分离；游离水与油有明显分界面，大都受重力作用沉积在容器的底部或者附着在器壁上。水在绝缘油中的溶解度随温度的升高而增大。绝缘油中游离水的存在或在有溶解水的同时遇到纤维杂质时，将会降低绝缘油的电气强度。将绝缘油中水含量控制在较低水平，一方面可防止温度降低时油中游离水的形成；另一方面也有利于控制纤维绝缘中的水含量，还可以降低油纸绝缘的老化速率。

天然酯绝缘油与矿物绝缘油分子结构差异大，矿物绝缘油中含有一定量的不饱和烃、烷烃、芳香烃等烃类物质，属于憎水基团。而天然酯绝缘油的主要成分是甘油三酸酯，含有羟基和羰基等亲水基团，在相同温度下天然酯绝缘油的相对含水饱和度远大于矿物绝缘油，其水含量达到100mg/L（20℃）时，水分仍然为溶解水，介电强度可保持在60kV以上，仍然具有良好的电气性能。当水含量超过天然酯绝缘油的相对饱和值时，微水从溶解水转变成游离水，在电场作用下发生极化，沿着电场分布形成电场小桥，使得介电强度降低。

根据DL/T 1811—2018附录C可知，典型矿物绝缘油与天然酯绝缘油的相对含水饱和度计算值见表2–4。

表2–4　典型矿物绝缘油与天然酯绝缘油的相对含水饱和度计算值　mg/kg

温度（℃）	典型矿物绝缘油	天然酯绝缘油（三种油平均值）
0	22	658
10	36	814
20	55	994
30	83	1198
40	121	1427
50	173	1681
60	242	1962
70	332	2269
80	447	2604
90	593	2965
100	773	3354

水含量对天然酯绝缘油工频击穿电压的影响见图2–4。天然酯绝缘油的工频击穿电压随着油中水含量的增加而缓慢降低，当水含量超过300μL/L时，天然酯

绝缘油的工频击穿电压下降明显。

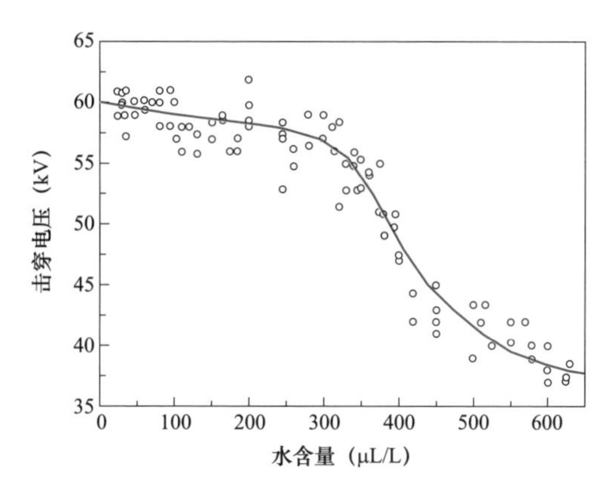

图 2-4　水含量对天然酯绝缘油工频击穿电压的影响

此外，在相同的条件下，天然酯绝缘油吸收固体绝缘材料中水分的能力强于矿物绝缘油，使得绝缘纸板中的水含量保持在较低水平，有利于延长固体绝缘材料的使用寿命。

（3）腐蚀性硫。腐蚀性硫是指存在于油品中的腐蚀性硫化物（含游离硫）。某些活性硫化物对铜、银等金属表面有很强的腐蚀性，特别是在温度作用下，能与铜导体化合形成硫化铜侵蚀绝缘纸，从而降低绝缘强度。因此，绝缘油中不允许存在腐蚀性硫。

天然酯绝缘油均来源于天然的油料作物，在整个精炼工艺中都不会引入硫及硫化物，所以不会存在腐蚀性硫。用天然酯绝缘油替代矿物绝缘油，可以有效地避免由腐蚀性硫引起的变压器故障，进一步确保变压器的安全稳定运行。

（4）2-糠醛。目前测到绝缘油中呋喃化合物中的主要成分为 2-糠醛（通常称为糠醛），在新矿物绝缘油中表征某些绝缘油在炼制过程中经糠醛精制后的残留量，与绝缘油的性能无关。可通过运行的绝缘油中 2-糠醛含量了解变压器中固体绝缘材料的老化程度。限制新油中的 2-糠醛含量是为了尽量避免对运行中变压器固体绝缘老化程度判断的干扰。未使用过的天然酯绝缘油中应不含 2-糠醛。

（5）氧化安定性。氧化安定性用于表征绝缘油抵抗氧气、温度等作用而保持其性能不发生永久变化的能力，是天然酯绝缘油的一项重要性能指标，通常作为绝缘油选择的主要依据之一。绝缘油在使用和储存过程中，不可避免地会与空气中的氧气接触。氧气使得油品较易分解产生自由基，发生自由基链式反应，进而产生氧化产物，而这些氧化产物在油中又会继续促使油质劣化，这个过程称为油品的氧化。绝缘油抵抗氧化作用的能力即为氧化安定性。除自身绝缘问题外，运行中的变压器发生故障还与绝缘油的氧化安定性能较差有直接关系。变压器内绝缘油在运行温度条件下，因受溶解在油中的氧气、电场、电弧及水分、杂质和金属催化剂等作用发生氧化、裂解等化学反应而不断变质，生成过氧化物及醇、醛、酮、酸等氧化产物，这些氧化产物将降低绝缘油的绝缘性能，对变压器的绝缘结构和散热性能造成致命影响，甚至可能造成重大的设备和人身事故。因此，绝缘油的氧化安定性越好，绝缘油的使用寿命就越长，对变压器长期稳定运行就越有利。

矿物绝缘油属于碳氢化合物，而天然酯绝缘油是酯类混合物，两种不同类型绝缘油的分子结构、组分不同，导致其氧化安定性存在较大差异。因此，不能完全采用矿物绝缘油的氧化安定性评价方法考核天然酯绝缘油的氧化安定性。

无论是矿物绝缘油还是天然酯绝缘油，其氧化机理都是自由基反应。反应过程包括三个阶段：链引发、链传递和链终止。其中链引发反应为自由基反应中能垒最高的一步，决定着整个氧化反应的速率。绝缘油的链引发反应越容易发生，意味着活性自由基越容易产生，其氧化安定性也就越差。

矿物绝缘油的主要成分为饱和烷烃、环烷烃和芳香烃，用 RH 表示，其氧化反应的链引发过程如图 2-5 所示。

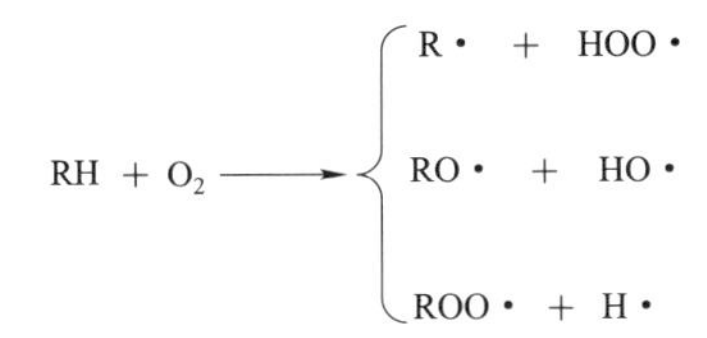

图 2-5　矿物绝缘油氧化反应的链引发过程

而对于天然酯绝缘油及其衍生物而言，由于其中含有大量的不饱和脂肪酸链，碳碳双键 α 位的氢原子很容易被氧气进攻，生成类似于丙烯基自由基的稳定的三电子、三中心共轭结构。天然酯绝缘油及其衍生物的链引发反应见式（2-1）

$$RCH_2CH=CHR+O_2 \longrightarrow RCH \overset{\cdot}{=\!=} CH \overset{\cdot}{=\!=} CHR+HOO\cdot \qquad (2-1)$$

由于自由基电子与双键形成的共轭稳定结构降低了链引发反应的活化能，使得天然酯绝缘油氧化的链引发反应比矿物绝缘油容易发生。因此，含有不饱和脂肪酸的天然酯绝缘油的氧化安定性要显著地弱于矿物绝缘油。而不饱和脂肪酸中的双键越多，对自由基电子的共轭效应就越强，碳碳双键 α 位的氢原子就越容易脱离。因此，对天然酯绝缘油而言，高不饱和度的脂肪酸含量越多，其氧化安定性就越差。

目前国内外矿物绝缘油标准普遍采用的评价矿物绝缘油氧化安定性的试验

方法主要有氧化试验法和旋转氧弹法。国内外矿物绝缘油的氧化安定性试验标准对应关系见表2-5。

表2-5 国内外矿物绝缘油的氧化安定性试验标准对应关系

国际标准		国内对应标准
旧标准	新标准	
IEC 74《未加抑制剂的矿物绝缘油氧化安定性测定法》	IEC 61125 方法 A	SH/T 0206《变压器油氧化安定性测定法》
IEC 474《加抑制剂的矿物绝缘油氧化安定性测定法》	IEC 61125 方法 B	GB/T 12580《加抑制剂矿物绝缘油氧化安定性测定法》
IEC 61125《未使用烃类绝缘油氧化安定性评价法》方法 C		NB/SH/T 0811《未使用过的烃类绝缘油氧化安定性测定法》
ASTM D2112－01《含抑制剂的矿物绝缘油氧化安定性测定法（旋转氧弹法）》		SH/T 0193《润滑油氧化安定性的测定旋转氧弹法》

GB 2536—2011《电工流体变压器和开关用的未使用过的矿物绝缘油》规定采用NB/SH/T 0811评定变压器油的氧化安定性。IEC 60296—2012《电工用液体变压器和开关用的未使用过的矿物绝缘油》规定采用IEC 61125方法C评定矿物绝缘油的氧化安定性，而NB/SH/T 0811是修改采用IEC 61125方法C而制定的矿物绝缘油氧化安定性试验方法。该类试验方法是将规定量的未使用过的绝缘油样品在一定长度的铜线催化剂存在的条件下，保持在100、110、120℃温度下，恒速通入空气或氧气进行加速氧化一定周期（164h或168h的倍数），通过测定氧化后油品的挥发性酸值、油溶性酸值和沉淀物含量来评价抗氧化能力。SH/T 0193规定的旋转氧弹法是将试样、蒸馏水和铜丝线圈放入玻璃容器内，整体放入氧弹中，氧弹内初始氧气压力为620kPa，在140℃的油浴中以100r/min的速率轴向旋转，当压力下降到比最高压力低172kPa时，结束试验，记录绝缘油与氧气的反应时间。总之，以上绝缘油氧化安定性测试方法均适用于矿物绝缘油，并不适用于天然酯绝缘油，如按照SH/T 0206规定，在铜催化剂存在的条件下，将25g天然酯绝缘油样品置于110℃的油浴中，通入流速为1L/h的氧气，连续氧化164h，测定生成的沉淀物的质量和绝缘油的酸值。实际试验发现，氧化进行到72h时，天然酯绝缘油已氧化成胶状固体（见图2-6），绝缘油已被深度氧化，无法继续试验。其他试验方法也存在同样的问题，即矿物绝缘油氧化安定性试验标准不适用于天然酯绝缘油。

2010年发布的NB/SH/T 0811—2010与1992年发布的SH/T 0206—1992规定的氧化安定性试验方法对比见表2-6所示。

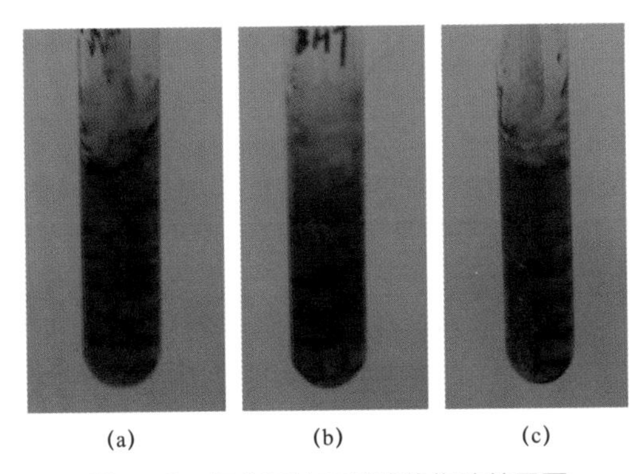

(a) (b) (c)

图 2-6 氧化后的天然酯绝缘油效果图

（a）大豆油；（b）加抗氧化剂的大豆油；（c）棉籽油

表 2-6 两种氧化安定性试验方法对比

项目	NB/SH/T 0811—2010	SH/T 0206—1992
试验原理	加速氧化	加速氧化
试样量	25g±0.1g	25g±0.1g
催化剂	铜丝，表面积 $28.6cm^2 \pm 0.3cm^2$	铜丝，直径 1mm，长 30.5cm±0.1cm（$9.58cm^2$）
试验温度	120℃±0.5℃	100℃±0.5℃*
		110℃±0.5℃**
氧化气体	空气 0.15L/h±0.015L/h	氧气 17mL/min±0.1mL/min
试验时间	164h*	164h
	168h 倍数**	
判定依据	沉淀物含量和酸值	沉淀物含量和酸值

* 未加抑制剂绝缘油。

** 含抑制剂绝缘油。

由表 2-6 可知，NB/SH/T 0811—2010 和 SH/T 0206—1992 虽然都是加速氧化试验，但除试样量相同外，其他试验参数均不同。铜丝为催化剂，前者试验温度要求严于后者，但氧化气体要求比后者宽松；在试验时间方面，NB/SH/T 0811—2010 根据绝缘油中是否含抑制剂进行区分，更加合理。

DL/T 1811—2018《电力变压器用天然酯绝缘油选用导则》参考 IEC 62770—2013《电工用液体　变压器和类似电气设备用未使用过的天然酯绝缘油》，规定了天然酯绝缘油氧化安定性评价试验方法："天然酯绝缘油采用 IEC 61125—1992 方法 C 相似的加速老化试验方法进行氧化安定性评价。在待测天然酯绝缘油样品中放入固体铜催化剂，向油中通入恒定体积的干燥空气，在 120℃温度下保持 48h，通过测定氧化后油品的挥发性酸值、油溶性酸值、运动黏度增加值和介质损耗因数来评价绝缘油的抗氧化能力。”该方法与 NB/SH/T 0811—2010 相比，除试验持续时间由 164h（或 168h 的倍数）缩短为 48h 外，试验结果的判据也不同，不仅对加速氧化试验前后绝缘油的酸值和介质损耗因数做出明确规定，还对运动黏度的增加量提出明确要求。为了验证 IEC 62770—2013 规定的天然酯绝缘油氧化安定性试验方法的可行性，进行了以下验证试验。

（1）试品和仪器。

绝缘油试品：FR3 天然酯绝缘油。

试验仪器：HY206 型绝缘油氧化安定性测试仪、AEJ220－4M 型分析天平（精度 0.1mg）、SZH－1 型全自动油品酸值测定仪、AI－6000 型油介质损耗电阻率测量仪、DRT1102A 型运动黏度测定仪等。

（2）试验方法。根据 NB/SH/T 0811—2010 的规定，先将氧化管清洗后烘干备用；选取直径 1mm 长 91cm 的铜丝，表面打磨处理后绕成螺旋状放入氧化管中；每个氧化管中注入 25g±0.1g 绝缘油试品，恒速通入干燥空气（2.5mL/min±0.25mL/min），在 120℃温度下持续氧化 48h，测定氧化后油品的总酸值、运动黏度增加值和介质损耗因数来评价其抗氧化能力，氧化安定性试验仪器见图 2－7。

（3）实验结果与分析。经过连续 48h 氧化后的天然酯绝缘油外观由清澈透明变成暗黄色，底部出现少量氧化物沉淀，氧化安定性试验前后对比如图 2－8 所示。

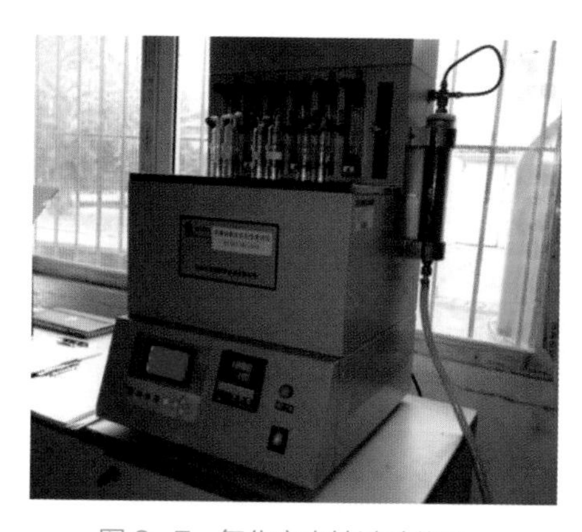

图 2－7　氧化安定性试验仪器

图 2－8　天然酯绝缘油氧化安定性试验前后对比图

对氧化后的天然酯绝缘油样品分别进行酸值、运动黏度和介质损耗因数测量，并与氧化前的测量值进行对比，试验数据见表 2－7。

表 2-7　　天然酯绝缘油氧化安定性试验数据

测试项目	氧化前	氧化后			实测平均值	标准要求值	参考标准
		1号	2号	3号			
酸值（以KOH计，mg/g）	0.03	0.412	0.426	0.407	0.415	≤0.6	IEC 62021-3—2014
运动黏度（40℃，mm^2/s）	30.14	35.36	35.33	35.16	比初始值增加17.2%	比初始值增加量≤30%	GB/T 265—1988
介质损耗因数（90℃）	0.041	0.385	0.413	0.408	0.402	≤0.5	GB/T 5654—2007

由表2-7中的试验数据可知，氧化后的天然酯绝缘油酸值为0.415mg KOH/g、运动黏度比初始值增加17.2%、介质损耗因数为0.402，均满足标准要求。

天然酯绝缘油的分子结构及组分不同于矿物绝缘油，现有的矿物绝缘油氧化安定性试验方法不能直接用于天然酯绝缘油氧化安定性试验考核。天然酯绝缘油氧化安定性比矿物绝缘油差，采用基于NB/SH/T 0811—2010标准修改后的氧化安定性试验方法对天然酯绝缘油进行氧化安定性评价可行且较合理。天然酯绝缘油氧化安定性是由其分子结构决定的固有属性，一般采用添加抗氧剂及金属钝化剂复配的方式提高天然酯绝缘油的氧化安定性。

综上所述，与矿物绝缘油相比，天然酯绝缘油具有酸值较大、水含量较大（相对含水饱和度大）、氧化安定性差等特点，天然酯绝缘油与其他常见绝缘油主要化学性能典型参数对比见表2-8。

表 2-8　　天然酯绝缘油与其他常见绝缘油主要化学性能典型参数对比

性能	单位	矿物绝缘油	天然酯绝缘油	合成酯	硅油
酸值	以KOH计，mg/g	≤0.01	≤0.03	≤0.03	≤0.01
水含量	mg/kg	≤40	≤200	≤200	≤100
腐蚀性硫	—	非腐蚀性	非腐蚀性	非腐蚀性	非腐蚀性
2-糠醛	mg/kg	≤0.1	0	0	≤0.1
氧化安定性	—	好	差	差	较好

2.5　天然酯绝缘油电气性能

绝缘油在各种油浸绝缘电气设备中得到广泛使用，其作用是通过浸渍和填充消除设备内绝缘中的气隙，提高绝缘的电气强度，并改善设备的散热性能，因此要求绝缘油必须具备优良的电气性能。表示绝缘油电气性能的参数较多，常用的主要是工频击穿电压和介质损耗因数。随着电气设备电压等级的提高、容量的增大，电气设备绝缘状态在线检测及故障诊断技术的不断提高，以及电力系统对供电可靠性要求的提高，对绝缘油的电气性能又提出了更高的要求，并且根据需要来增加绝缘油性能的电气参数。如 GB 2536—2011《电工流体　变压器和开关用的未使用过的矿物绝缘油》规定了工频击穿电压和介质损耗因数的技术要求；而 DL/T 596—1996《电力设备预防性试验规程》中变压器油的试验项目增加了体积电阻率的测量。矿物绝缘油兼具良好的绝缘和冷却性能以及低廉的成本，目前在油浸绝缘设备中广泛使用。但是，绝缘纸的介电常数约为矿物绝缘油介电常数的 2 倍左右，在外电场作用下，油纸绝缘结构内的电场强度分布不均匀，使油间隙成为油纸绝缘的薄弱环节。研究表明，室温下天然酯绝缘油的介电常数为 3.2，是矿物绝缘油的 1.5 倍左右，可使油纸绝缘中电场分布不均匀的问题得到明显改善。

天然酯绝缘油和绝缘纸组成的油纸绝缘的工频击穿电压、介质损耗因数、相对介电常数、体积电阻率以及局部放电等电气性能对天然酯绝缘油变压器的绝缘设计及运维具有重要意义。

2.5.1　击穿电压

击穿电压是指在规定的试验条件下，试样发生击穿时的电压。通常标准规定的击穿电压均指绝缘油在工频电压作用下的击穿电压值，它是表征绝缘油耐受电应力的能力，容易受绝缘油中杂质和温度的影响。绝缘油经净化处理后，绝缘油的击穿电压值可得到明显提高。由于天然酯绝缘油的饱和含水率约为矿物绝缘油的 10 倍以上，在相对饱和含水率限值以内，即使天然酯绝缘油中水含量较矿物绝缘油大，其工频击穿电压值仍然保持较大的水平。

绝缘油工频下击穿电压试验数据见表 2–9。

表 2–9　　绝缘油工频击穿电压试验数据　　kV

油类别	电极	平行试样值						平均值
矿物绝缘油	球形	59.53	68.46	62.53	55.76	75.16	64.88	64.38
	球盖形	56.14	58.31	59.53	55.29	54.80	60.04	57.35
天然酯绝缘油	球形	66.65	68.46	63.03	70.05	75.11	71.58	69.14
	球盖形	52.76	60.80	60.86	67.32	59.46	59.14	60.06

GB 2536—2011《电工流体　变压器和开关用的未使用过的矿物绝缘油》规

定矿物绝缘油的击穿电压应不小于30kV（未处理），在实验室经过净化处理后的矿物绝缘油的击穿电压应不小于70kV。GB/T 7595—2017《运行中变压器油质量》规定投入运行前的变压器油击穿电压应不小于35kV（35kV及以下电气设备）或不小于40kV（220kV及以下电气设备），以上均为平板电极测量指标。综上所述，在同等条件下天然酯绝缘油的工频击穿电压比矿物绝缘油要高。

由于变压器等电力设备中绝缘油是与绝缘纸和绝缘纸板一起配合使用的，对绝缘纸和绝缘纸板的工频击穿电压也进行了对比测试，试验结果见表2-10。

表2-10　油浸绝缘纸（板）工频击穿电压试验数据　kV

试样	油纸组合	平行试样值					平均值
绝缘纸	矿物绝缘油浸纸	5.70	5.73	5.70	5.53	5.48	5.63
	天然酯绝缘油浸纸	5.71	5.90	5.76	5.60	5.70	5.73
绝缘纸板	矿物绝缘油浸纸板	88.90	87.33	90.73	84.20	89.62	88.16
	天然酯绝缘油浸纸板	83.13	86.60	87.66	86.93	86.10	86.08

在相同的试验条件下，经过同样的处理工艺后，天然酯绝缘油浸纸（纸板）的工频击穿电压与矿物绝缘油浸纸（纸板）基本没有差别。

2.5.2　介质损耗因数

介质损耗因数是指由于介质电导和介质极化的滞后效应，在绝缘油内部引起的能量损耗，它取决于油中可电离的成分和极性分子的数量，同时还受到绝缘油精制程度的影响。介质损耗因数增大，表明绝缘油受到水分、带电颗粒或可溶性极性物质的污染。它对油处理过程中的污染非常敏感，对变压器而言，内部的清洁度至关重要。绝缘油的介质损耗因数与油溶性极性杂质的含量密切相关，极少量极性杂质的存在就会导致绝缘油介质损耗因数的大幅增加。由于天然酯绝缘油是以脂肪酸甘油三酯为主的酯类混合物，其极性分子使得介质损耗比矿物绝缘油大。油的老化产物也会导致介质损耗因数升高。

在90℃下对试样中的绝缘油介质损耗因数进行测量，试验数据见表2-11。

表2-11　介质损耗因数试验数据

油类别	平行试样值			平均值	标准限值
矿物绝缘油	0.003 8	0.003 7	0.003 1	0.003 5	≤0.005
天然酯绝缘油	0.023 5	0.019 2	0.023	0.023	≤0.05

试验表明，在同等条件下，矿物绝缘油和天然酯绝缘油的介质损耗因数为同一数量级，且天然酯绝缘油的介质损耗因数略大于矿物绝缘油。GB 2536—2011《电工流体变压器和开关用的未使用过的矿物绝缘油》中规定矿物绝缘油的介质损耗因数（90℃）不大于 0.005；GB/T 7595—2008《运行中变压器油质量》规定矿物绝缘油投入运行前的介质损耗因数（90℃）不大于 0.010（330kV 及以下电气设备）或不大于 0.005（500kV～1000kV）。IEC 62770—2013《电工用液体　变压器和类似电气设备用未使用过的天然酯》规定使用过的天然酯绝缘油介质损耗因数不大于 0.05。天然酯绝缘油的介质损耗因数比矿物绝缘油几乎大一个数量级。

从分子结构上看，矿物绝缘油为中性或弱极性液体，其组成成分以烷烃、环烷烃为主，分子中的 C—C 键为非极性共价键，由 C—H 键形成的骨架结构则对称或基本对称。天然酯绝缘油的甘油三酯分子中存在 C═O 极性双键，组成甘三酯分子的三个羧基基团未必相同，其空间结构未必对称。因此天然酯绝缘油的极性强于矿物绝缘油，表现为天然酯绝缘油具有较大的相对介电常数 ε_r，而电导率 γ 也较高。在交流电压下，频率 f=50Hz，$\tan\delta$ 与 γ 成正比，与 ε_r 成反比。天然酯绝缘油与矿物绝缘油相比，其 γ 低 5～10 倍，而 ε_r 相差 1.5 倍左右。因此，在相同温度下，天然酯绝缘油的 $\tan\delta$ 比矿物绝缘油高。

1. 温度对天然酯绝缘油的介质损耗特性影响

随着变压器容量的增大、电压等级的提高、新材料的不断应用以及变压器干燥技术的不断进步，变压器的绝缘特性与温度的关系也发生了很大的变化。为了研究温度对天然酯绝缘油的介电性能的影响，在天然酯绝缘油和矿物绝缘油干燥、真空浸油等处理后，对绝缘油在不同温度下的介电性能进行对比试验、分析。介质损耗试验系统主要试验设备包括 QS87 型高精密高压电容电桥、油杯电极、高压电源及测温控温仪，见图 2-9。

图 2-9　不同温度下绝缘油介质损耗与电容量测量图

在30～140℃内对矿物绝缘油和天然酯绝缘油进行介质损耗因数测试，分别进行3次测量取平均值，试验结果见图2-10。

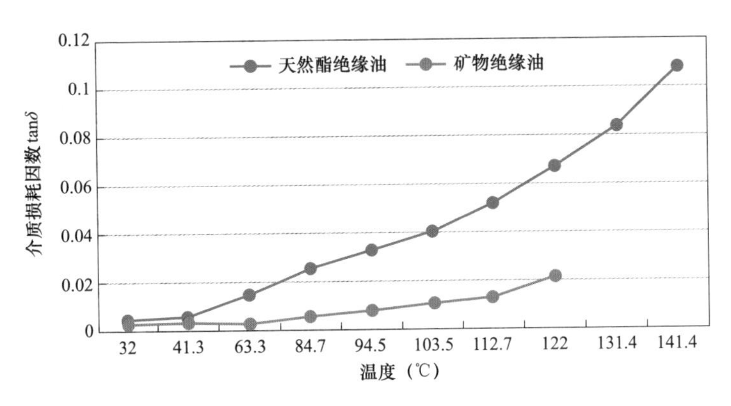

图2-10　绝缘油介质损耗与温度关系图

由图2-10可知，在32～122℃升温过程中，矿物绝缘油的介质损耗因数呈缓慢上升趋势。在32～141℃升温过程中，天然酯绝缘油的介质损耗因数逐渐上升且比相同温度下矿物绝缘油的介质损耗因数大几倍。根据电介质弛豫极化过程原理和德百理论，频率不变、温度升高时，极化粒子的热运动能量增大，弛豫时间减少，可以与外加电场变化周期相比拟，弛豫极化逐渐得以建立，随着温度继续升高，弛豫时间很快降低，弛豫极化进一步建立，伴随着能量损耗，并出现损耗极值；同时，温度升高，介质中的离子增多，电导电流增大，极化过程中分子间阻力增加，从而导致介质损耗增加。

为了研究天然酯绝缘油在低温环境下的介电性能，在室温至－40℃温度范围内，测量天然酯绝缘油（微水含量为53mg/kg）和矿物绝缘油（微水含量为40mg/kg）的介质损耗因数随着温度的变化趋势，分别进行3次测量取平均值，见图2-11。由图2-11可知，在20～－35℃降温过程中，天然酯绝缘油和矿物绝缘油的介质损耗因数均呈先下降后上升的变化趋势，天然酯绝缘油在0～－10℃达到介质损耗因数最小值，之后随着温度的下降而逐渐变大，在整个低温环境下天然酯绝缘油的介质损耗因数稍大于矿物绝缘油。当绝缘油由20℃逐渐降温至0℃时，由于绝缘油中的微水由悬浮水、游离水结冰，导致绝缘油的电导显著减小、介质损耗因数减小；随着温度继续降低，析出的微水因重力因素而沉降，且油在继续降温过程中因运动黏度的增大而使得水分子的平均自由程减小，绝缘油的电导加大，介质损耗因数逐渐增大。

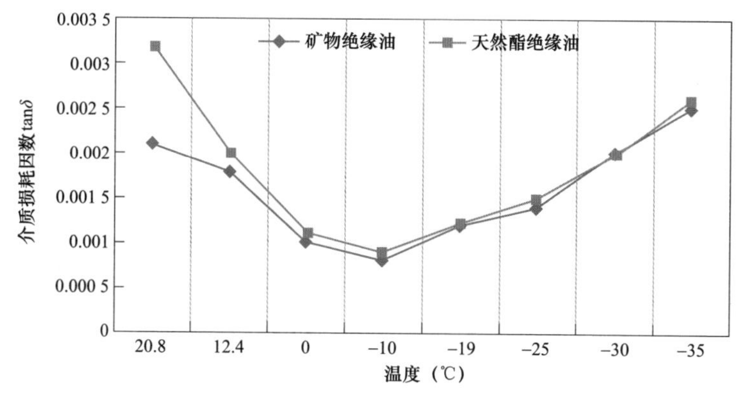

图 2−11　低温下绝缘油介质损耗与温度关系图

2. 微水对天然酯绝缘油介质损耗特性的影响

天然酯绝缘油在变压器中长期运行时，油中微水可能增大，影响天然酯绝缘油变压器的绝缘性能。为了研究微水（受潮）对天然酯绝缘油介电性能的影响，配置不同微水含量的天然酯绝缘油，在相同条件下进行介质损耗因数的测量，分析天然酯绝缘油介质损耗因数与微水的关系。

天然酯绝缘油介质损耗因数与微水含量关系见图 2−12，天然酯绝缘油随着微水含量的增加，介质损耗因数也呈逐渐增大趋势，且当微水含量超过 270mg/kg 以后介质损耗因数增加明显，即微水对天然酯绝缘油的介损影响随着微水的增加而逐渐变大，且微水含量在 300mg/kg 以上时更加明显。

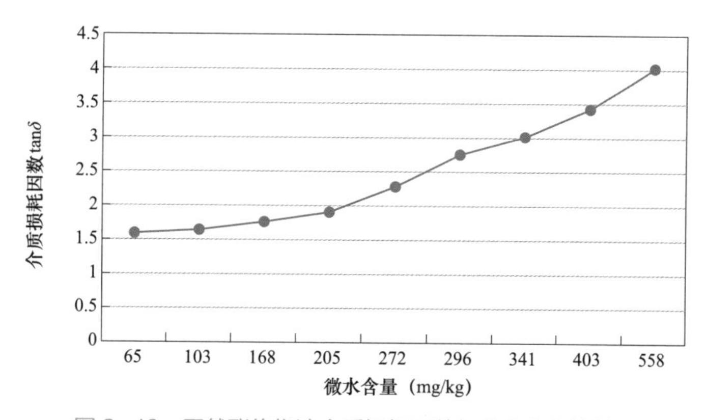

图 2−12　天然酯绝缘油介质损耗因数与微水含量的关系

在 90℃下对试样中的油浸纸（纸板）的介质损耗分别进行测量，其中油浸绝缘纸和油浸绝缘纸板分别在油中和空气进行对比测试，试验结果见表 2−12。

表 2-12　　油浸绝缘纸（纸板）介质损耗因数试验结果

油纸组合		平行试样值			平均值
矿物绝缘油浸纸	油中	3.42×10^{-3}	3.85×10^{-3}	3.29×10^{-3}	3.52×10^{-3}
	空气中	4.28×10^{-3}	4.47×10^{-3}	4.32×10^{-3}	4.36×10^{-3}
天然酯绝缘油浸纸	油中	5.61×10^{-3}	5.25×10^{-3}	5.70×10^{-3}	5.52×10^{-3}
	空气中	4.35×10^{-3}	4.60×10^{-3}	4.19×10^{-3}	4.38×10^{-3}
矿物绝缘油浸纸板	油中	6.12×10^{-3}	5.91×10^{-3}	5.96×10^{-3}	5.99×10^{-3}
	空气中	5.74×10^{-3}	5.61×10^{-3}	5.62×10^{-3}	5.66×10^{-3}
天然酯绝缘油浸纸板	油中	5.61×10^{-3}	5.25×10^{-3}	5.70×10^{-3}	5.52×10^{-3}
	空气中	6.23×10^{-3}	5.00×10^{-3}	6.78×10^{-3}	6.00×10^{-3}

由表 2-12 可知，同样的绝缘纸在天然酯绝缘油中测量的介质损耗因数比矿物绝缘油中测得数值要大 50%以上，但浸渍两种不同绝缘油后的绝缘纸在空气中测得的介质损耗因数差异很小，分析造成差异结果的原因，是因为天然酯绝缘油的介质损耗因数较矿物绝缘油大，同样的绝缘纸浸入天然酯绝缘油中测得介质损耗因数就会比浸渍矿物绝缘油中的大；而浸渍两种绝缘油后的绝缘纸在空气中测量介质损耗因数时，绝缘油对绝缘纸介质损耗因数影响很小，导致两者测量结果接近。

对于油浸纸板，浸渍绝缘纸板无论在绝缘油中还是在空气中测得的介质损耗因数值都差异很小，分析可能是绝缘纸板相比绝缘纸更厚、纤维更致密，绝缘油对绝缘纸板的介质损耗因数影响很小，无论是在油中还是在空气中测得的介质损耗因数结果相近。

2.5.3　相对介电常数

相对介电常数是电容器两电极之间和周围全部由被试绝缘材料充满时的电容量与同样电极形状极板间为真空时的电容量之比。液体绝缘材料的相对介电常数很大程度上取决于试验条件，特别是温度和施加电压的频率。相对介电常数是介质极化和材料电导的度量。天然酯绝缘油的相对介电常数典型值为 2.7～3.3。

在 25℃下，天然酯绝缘油与矿物绝缘油的相对介电常数试验数据见表 2-13。

表 2-13　　　绝缘油相对介电常数试验数据

油类别	测试值			平均值
天然酯绝缘油	3.1	2.9	3.1	3.0
矿物绝缘油	2.1	2.2	2.2	2.2

由实测数据可知，天然酯绝缘油的相对介电常数 ε_r 比矿物绝缘油大，主要有两个方面的原因。一是与甘三脂分子结构有关。液体电介质的极化与液体中原子、分子及离子的偶极子转向极化有关，极性液体的偶极子转向极化率比电子位移极化率大两个数量级。矿物绝缘油为弱极性液体，其分子的固有偶极距小，在电场作用下以电子位移极化为主；而天然酯绝缘油的甘三酯分子中存在羧基、酰基等极性基团，其固有偶极距大，在电场作用下以偶极子转向极化为主，因此，天然酯绝缘油的 ε_r 大于矿物绝缘油。二是天然酯绝缘油密度大于矿物绝缘油。液体电介质的 ε_r 与其单位体积中的极化粒子数 n_0 成正比，因为随着电介质密度 ρ 的增加，单位体积内极化粒子数 n_0 增多，因此 ε_r 增大。

1. 施压电压的频率对天然酯绝缘油介电常数的影响

绝缘油相对介电常数与频率的关系见图 2-13。在 10^{-2}～10^{6}Hz 的试验频率范围内，天然酯绝缘油与矿物绝缘油的相对介电常数均随频率的升高而下降；频率小于 0.03Hz 时，天然酯绝缘油的相对介电常数微小于矿物绝缘油；频率大于 0.03Hz 时，天然酯绝缘油的相对介电常数大于矿物绝缘油。在 0.01～10Hz 之间，矿物绝缘油的相对介电常数随频率的增大急剧下降，在 10～10^{6}Hz 内无明显变化；相比矿物绝缘油，在测试频率范围内，天然酯绝缘油的相对介电常数变化平缓，特别是在频率大于 0.3Hz 以后基本没有变化，在小于 0.3Hz 的低频区，天然酯绝缘油的相对介电常数随着频率增加呈缓慢下降趋势，见图 2-13。

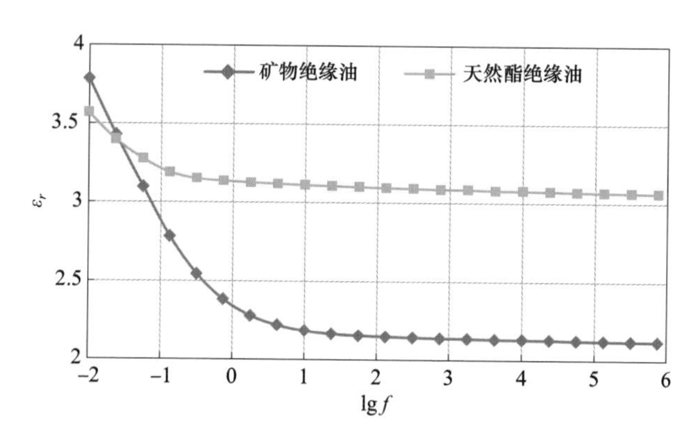

图 2-13　绝缘油相对介电常数与频率的关系

2. 温度对天然酯绝缘油介电常数的影响

在－20～90℃温度范围内，一般来说，天然酯绝缘油及矿物绝缘油的相对介电常数都随着温度的升高而降低，矿物绝缘油温谱的变化趋势更加平稳，见图2－14，导致油品相对介电常数降低的机理并不相同。对于矿物绝缘油，随着温度升高，体积膨胀，导致单位体积内极化粒子数减少，因此相对介电常数降低。而对于天然酯绝缘油，除了上述原因之外，还有导致相对介电常数降低另一原因：随着温度升高，分子热运动的解取向作用加强，削弱了偶极子的转向极化，使相对介电常数降低。与矿物绝缘油相比，天然酯绝缘油的相对介电常数较高。

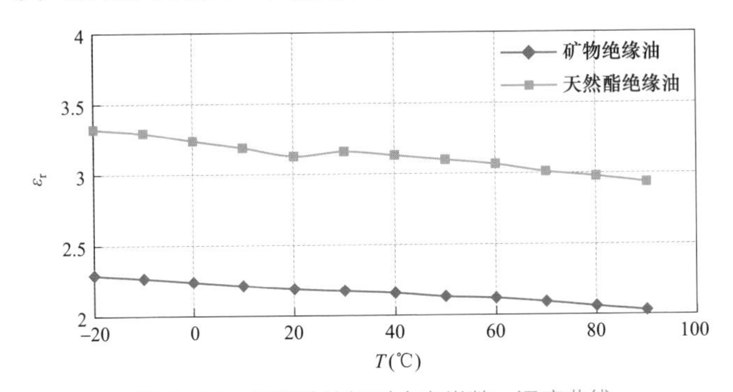

图2－14　绝缘油的相对介电常数—温度曲线

2.5.4　体积电阻率

在90℃下对矿物绝缘油和天然酯绝缘油及其油浸纸（纸板）的体积电阻率分别进行测量，试验结果见表2－14。

表2－14　体积电阻率试验数据　Ω·cm

油类别		平行试样值			中值
矿物绝缘油		1.5×10^{12}	1.9×10^{12}	1.8×10^{12}	1.8×10^{12}
天然酯绝缘油		1.3×10^{12}	1.5×10^{12}	1.5×10^{12}	1.5×10^{12}
矿物绝缘油浸纸	油中	1.0×10^{14}	2.2×10^{14}	1.1×10^{14}	1.1×10^{14}
	空气中	7.9×10^{13}	8.0×10^{13}	8.4×10^{13}	8.0×10^{13}
天然酯绝缘油浸纸	油中	2.3×10^{13}	2.2×10^{13}	2.0×10^{13}	2.2×10^{13}
	空气中	7.6×10^{12}	9.0×10^{12}	1.0×10^{13}	9.0×10^{12}
矿物绝缘油浸纸板	油中	1.3×10^{14}	1.8×10^{14}	1.9×10^{14}	1.8×10^{14}
	空气中	1.3×10^{14}	2.2×10^{14}	2.6×10^{14}	2.2×10^{14}
天然酯绝缘油浸纸板	油中	1.2×10^{13}	1.1×10^{13}	1.0×10^{13}	1.1×10^{13}
	空气中	2.0×10^{13}	2.5×10^{13}	2.6×10^{13}	2.5×10^{13}

GB/T 7595—2017《运行中变压器油质量》规定，投入运行前的变压器油体积电阻率（90℃）不小于 $6\times10^{10}\Omega\cdot cm$。同等条件下天然酯绝缘油的体积电阻率比矿物绝缘油略低。矿物绝缘油浸纸和天然酯绝缘油浸纸，在油中测得体积电阻率比空气中测得的数值要大；相反，矿物绝缘油浸纸板和天然酯绝缘油浸纸板，在油中测得体积电阻率比空气中测得的数值要小。此外，天然酯绝缘油浸纸（纸板）的体积电阻率约为矿物绝缘油浸纸（纸板）的体积电阻率的十分之一。

2.5.5　局部放电

在环境温度 15℃、大气压下对矿物绝缘油和天然酯绝缘油及其油浸纸（纸板）分别进行局部放电起始电压（partial discharge inception voltage，PDIV）（以局部放电量达到 100pC/10pC 时所加的电压作为局部放电起始电压）及对应的局部放电量、局部放电熄灭电压及局部放电量测量，试验结果见表 2–15。

表 2–15　　　　局部放电试验数据

油类别	局部放电	平行试样值（kV/pC）			平均值（kV/pC）
矿物绝缘油	起始电压/局部放电量	68.56/101.74	70.01/101.42	69.17/103.48	69.25/102.21
	熄灭电压/局部放电量	54.46/100.27	55.19/99.78	58.41/98.40	56.02/99.48
天然酯绝缘油	起始电压/局部放电量	59.27/100.48	62.51/101.60	59.38/102.41	60.39/101.50
	熄灭电压/局部放电量	51.02/90.42	52.05/98.77	50.11/99.46	51.06/96.22
矿物绝缘油浸纸	起始电压/局部放电量	4.59/10.42	4.60/11.02	4.56/10.48	4.58/10.64
天然酯绝缘油浸纸	起始电压/局部放电量	4.21/10.48	4.06/11.36	4.26/10.53	4.18/10.79
矿物绝缘油浸纸板	起始电压/局部放电量	29.07/10.12	29.25/11.72	28.89/10.42	29.07/10.75
	熄灭电压/局部放电量	25.13/1.02	24.70/2.11	23.98/1.27	24.60/1.47
天然酯绝缘油浸纸板	起始电压/局部放电量	28.10/10.82	27.80/11.46	25.10/12.06	27.00/11.45
	熄灭电压/局部放电量	12.01/1.42	10.53/2.59	11.78/1.97	11.44/1.99

由表 2–15 的试验数据可知，矿物绝缘油的 PDIV 约为 69.25kV，而天然酯绝缘油的 PDIV 约为 60.39kV，矿物绝缘油的 PDIV 比天然酯绝缘油高 15%；矿物绝缘油的局部放电熄灭电压约为 56.02kV，而天然酯绝缘油的局部放电熄灭电压约为 51.06kV，矿物绝缘油的局部放电熄灭电压比天然酯绝缘油高 10%左右。

同样规格的绝缘纸在矿物绝缘油和天然酯绝缘油中经过相同程序处理后，矿物绝缘油浸纸的 PDIV 为 4.58kV，天然酯绝缘油浸纸的 PDIV 为 4.18kV，前者比后者高 10%。同样规格的绝缘纸板在矿物绝缘油和天然酯绝缘油中经过相同程序处理后，矿物绝缘油浸纸板的 PDIV 为 29.07kV，天然酯绝缘油浸纸板的 PDIV 为 27.00kV，前者比后者高 7.6%。

由以上试验数据分析可知，矿物绝缘油及其油浸绝缘纸、绝缘纸板的局部起始电压和熄灭电压均比天然酯绝缘油及其油浸绝缘纸、绝缘纸板的局部起始电压和熄灭电压高。说明天然酯绝缘油的油纸复合绝缘在常态下的局部放电性能比矿物绝缘油的油纸绝缘要稍差，在进行天然酯绝缘油变压器绝缘结构设计时，不能完全按照传统矿物绝缘油的油纸复合绝缘的经验，需要考虑更大的绝缘裕度，尤其是对大型天然酯绝缘油变压器。

由以上天然酯绝缘油和油纸绝缘系统的电气性能对比分析可知：

（1）经过同样的处理工艺后，在相同的试验条件下，天然酯绝缘油的工频击穿电压比矿物绝缘油的工频击穿电压要高，两种绝缘油均满足标准要求。天然酯绝缘油浸纸（纸板）的工频击穿电压与矿物绝缘油浸纸（纸板）性能基本没有差别。

（2）同等条件下天然酯绝缘油的介质损耗因数比矿物绝缘油要高，天然酯绝缘油浸纸（纸板）的介质损耗因数与矿物绝缘油浸纸（纸板）的介质损耗因数差别很小。

（3）试验表明，90℃时天然酯绝缘油的相对介电常数约为 3.1，矿物绝缘油约为 2.2，天然酯绝缘油的相对介电常数约为矿物绝缘油的 1.4 倍。

（4）同等条件下天然酯绝缘油的体积电阻率比矿物绝缘油要低；矿物绝缘油浸纸和天然酯绝缘油浸纸，在油中测得体积电阻率比空气中测得的数值要大。

（5）天然酯绝缘油及其油浸纸绝缘的局部放电起始电压和熄灭电压要稍低于矿物绝缘油及其油浸纸绝缘。

2.6 天然酯绝缘油老化特性

2.6.1 天然酯绝缘油老化试验

运行中变压器油纸绝缘受到多种应力的联合作用，老化机理异常复杂，老化的动力学原理尚不清楚。目前，还不能在运行状态下对其内绝缘老化状态进行准确评估以及对变压器寿命进行有效预测。国内外关于变压器油纸绝缘老化的研究通常是基于矿物绝缘油得到的结论，对于天然酯绝缘油这种新型变压器液体绝缘材料，当其与纤维素绝缘（硫酸盐木浆纸）组成油纸绝缘时，油纸绝缘老化特性、老化产物的差异、热老化后的绝缘特性等还缺乏系统的研究。因此，在实验室条件下，通过密闭容器中天然酯绝缘油的油纸绝缘模型加速老化试验，分析各老化特征产物的变化趋势，研究油纸绝缘的老化机理及绝缘特性，对天然酯绝缘油变压器的应用有重要的理论和实际意义。

参照 GB/T 22578.1—2017《电气绝缘系统（EIS）液体和固体组件热评定　第 1 部分：通用要求》的方法，绝缘纸（纸板）经过干燥、浸油等前期处理后，各试样装入独立的密封容器中，在 110℃（老化周期为 500/1000/1500/3000h）和 130℃（老化周期为 250/500/750/1000h）下进行加速老化试验，测量绝缘油的酸值、闪点、界面张力、溶解气体、工频击穿电压、介质损耗因数和局部放电等；测量绝缘纸及纸板的聚合度、糠醛、抗张强度（纵向）等；测量油纸绝缘的击穿电压、介质损耗等绝缘性能并与矿物绝缘油的油纸绝缘进行对比试验分析。

2.6.2　天然酯绝缘油老化下理化性能

1. 酸值

GB 2536—2011《电工流体变压器和开关用的未使用过的矿物绝缘油》规定，新油的酸值不大于 0.03mgKOH/g；GB/T 7595—2017《运行中变压器油质量》规定投入运行前的油，其酸值也必须小于或等于 0.03mgKOH/g，运行中的油酸值小于或等于 0.1mgKOH/g。

老化过程中，油纸绝缘试品酸值测试结果见表 2–16，酸值随老化时间的变化关系如图 2–15 所示，从图 2–15 中可以看出：

表 2–16　油纸绝缘酸值测试结果　mgKOH/g

试验温度（℃）	油纸组合	初始值	试验时间（h）			
			500	1000	1500	3000
110	25 号矿物绝缘油浸纸	0.001 7	0.002 7	0.004 4	0.004 1	0.004 8
	FR3 天然酯绝缘油浸纸	0.023	0.034 7	0.053 1	0.088 6	0.189 3
试验温度（℃）	油纸组合	初始值	试验时间（h）			
			250	500	750	1000
130	25 号矿物绝缘油浸纸	0.001 7	0.001 9	0.003 1	0.003 6	0.004 5
	FR3 天然酯绝缘油浸纸	0.023	0.053 5	0.078 4	0.092 0	0.222 0

注　油纸绝缘中的绝缘纸为硫酸盐木浆纸。

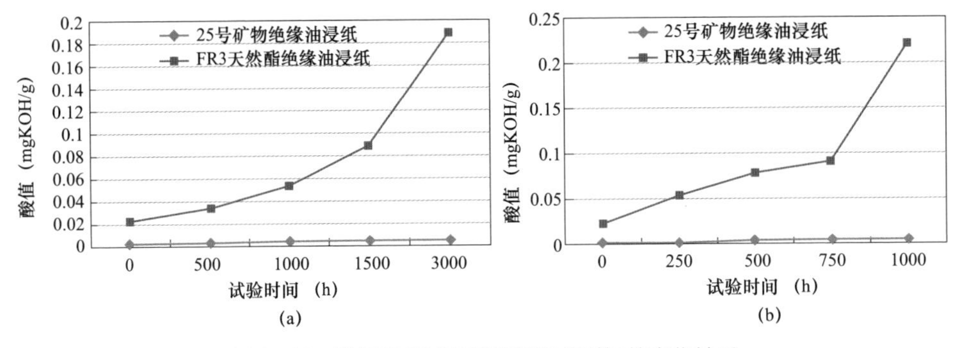

图 2–15　油纸绝缘试品酸值随老化时间的变化关系

（a）110℃下的老化试验；（b）130℃下的老化试验

（1）天然酯绝缘油的酸值在老化过程中呈显著增加趋势。随老化试验温度的升高，油纸绝缘老化加剧，130℃试品酸值上升速率远高于 110℃的试品。

（2）由于天然酯绝缘油的油纸绝缘试品中水分含量较高，绝缘油的降解非常迅速，其酸值较高，约为矿物绝缘油试品酸值的数十倍甚至数百倍，这可能会对变压器内部金属部件造成腐蚀。

2. 绝缘油中糠醛

变压器绝缘油中糠醛可作为运行变压器内绝缘纸老化的特征产物，检测绝缘油中的糠醛含量，可以判断绝缘材料劣化程度。

大量的理论分析和实验室研究结果均表明，变压器油中糠醛的产生仅仅来自绝缘纸的老化分解。当变压器绝缘发生老化时，油纸绝缘就会包含一定量的糠醛，由于糠醛在油分子中的运动与扩散遵循菲克定律，其在运行中的变压器油中近似为均匀分布。因而，利用高效液相色谱法对糠醛进行定量检测，其含量的多少就间接反映了变压器油纸绝缘的老化程度，对诊断油纸绝缘老化状态有重要意义。由表 2–17 可知，试验温度越高，油纸绝缘老化越剧烈，油中糠醛含量越大；两种试验温度下，25 号矿物绝缘油和常规硫酸盐木浆纸组合的油中糠醛含量比 FR3 天然酯绝缘油和常规硫酸盐木浆纸组合的要大，这是由于天然酯绝缘油较高的饱和含水率，导致天然酯绝缘油的油纸绝缘试品中绝缘纸水分含量较低，从而降低了绝缘纸的降解速率。

表 2-17　　油纸绝缘的油中糠醛测试结果　　mg/L

试验温度（℃）	油纸组合	初始值	试验时间（h）			
			500	1000	1500	3000
110	25 号矿物绝缘油浸纸	0.028	0.152	0.243	0.298	0.385
	FR3 天然酯绝缘油浸纸	0.022	0.119	0.166	0.203	0.236
试验温度（℃）	油纸组合	初始值	试验时间（h）			
			250	500	750	1000
130	25 号矿物绝缘油浸纸	0.028	0.174	0.231	0.290	0.395
	FR3 天然酯绝缘油浸纸	0.022	0.122	0.148	0.186	0.257

注　油纸绝缘中的绝缘纸为硫酸盐木浆纸。

3. 绝缘油闪点

绝缘油被加热时，其蒸发作用加速，加热温度越高，蒸发出来的油汽量越多，当油蒸汽和空气混合达到一定比例时，便形成一种爆炸性的混合气体，如果有火焰接近，则发出闪光，但火焰不久就熄灭，这种现象称为油的闪火。如果继续将油加热至更高温度，不但油蒸汽发生燃烧，而且会引起油的燃烧。通常来说，油的闪点与油的分子量以及化学结构相关，油的分子量越大，化学结构越稳定，它的闪点就越高。老化过程中油纸绝缘中绝缘油的闪点试验结果见表 2-18，闪点与老化时间的关系见图 2-16。

表 2-18　　油纸绝缘中绝缘油的闪点测试结果　　℃

试验温度（℃）	油纸组合	初始值	试验时间（h）			
			500	1000	1500	3000
110	25 号矿物绝缘油浸纸	178	175	170	172	169
	FR3 天然酯绝缘油浸纸	316	308	306	303	304
试验温度（℃）	油纸组合	初始值	试验时间（h）			
			250	500	750	1000
130	25 号矿物绝缘油浸纸	178	176	174	171	170
	FR3 天然酯绝缘油浸纸	316	316	312	309	305

注　油纸绝缘中的绝缘纸为硫酸盐木浆纸。

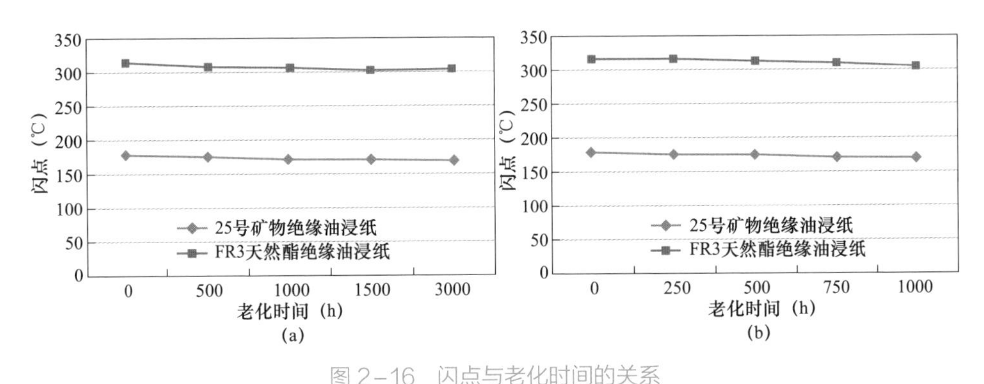

图 2-16　闪点与老化时间的关系

（a）110℃下的老化试验；（b）130℃下的老化试验

由表 2-18 可知，天然酯绝缘油的闪点约为矿物绝缘油闪点的 1.8 倍，在相同老化时间下，温度越高绝缘油的闪点下降越快；在相同的老化温度下，两种绝缘油的闪点均随着老化时间的增加而下降；无论是天然酯绝缘油还是矿物绝缘油，在经过 110℃/3000h、130℃/1000h 长时间老化试验后下降幅值均在 5%以内，仍具有很高的闪点。

4. 绝缘油界面张力

界面张力的大小可以反映绝缘油中亲水性极性分子的含量。极性分子中含有亲水性的极性基团，能够降低液体表面的张力，如脂肪酸（RCOOH）、醇（ROH）中的亲水性极性基团（—COOH、—OH）。能够降低表面张力的物质称为表面活性物质，其结构中，一方面会有亲水性极性基；另一方面含有憎水的（或亲油的）非极性基碳氢链（—R）。当表面活性物质在油水两相极性不同的界面上时，极性基（如—COOH）向极性相同的水转移，而非极性基（—R）向非极性相的油转移，正是由于这种定向排列的结果，改变了油水两相界面上原有的分子排列状态而促使界面张力降低。

矿物绝缘油是多种烃类的混合物，在精制过程中一些非理想组分，包括含氧化合物等极性分子基本被去除。因此纯净的矿物绝缘油具有较高的界面张力，一般可达 40～50mN/m，甚至 55mN/m 以上。界面张力是绝缘油的重要质量指标之一，GB 2536—2011《电工流体　变压器和开关用的未使用过的矿物绝缘油》规定新油的界面张力不低于 40mN/m；GB/T 7595—2017《运行中变压器油质量》规定投入运行前的油界面张力不低于 35mN/m，运行中油的界面张力不低于 19mN/m。

油纸绝缘中绝缘油的界面张力见表 2-19，界面张力与老化时间的关系见

图 2–17。由表 2–19 和图 2–17 可知，老化试验前天然酯绝缘油的界面张力约为矿物绝缘油的二分之一，随着老化时间的增长，两种绝缘油的界面张力均逐渐下降，在 130℃温度下老化 1000h 后，矿物绝缘油界面张力下降 13%，仍满足 GB/T 7595—2017《运行中变压器油质量》对运行中绝缘油界面张力的要求，而天然酯绝缘油的界面张力下降 17%，现有标准不适用于天然酯绝缘油。

表 2–19 油纸绝缘中绝缘油的界面张力测试结果 mN/m

试验温度（℃）	油纸组合	初始值	试验时间（h）			
			500	1000	1500	3000
110	25 号矿物绝缘油浸纸	47.2	46.4	42.2	40.8	38.5
	FR3 天然酯绝缘油浸纸	48.5	34.1	18.9	18.6	16.4
试验温度（℃）	油纸组合	初始值	试验时间（h）			
			250	500	750	1000
130	25 号矿物绝缘油浸纸	47.2	45.2	44.6	41.1	43.2
	FR3 天然酯绝缘油浸纸	48.5	36.8	27.9	21.1	19.1

注 油纸绝缘中绝缘纸为硫酸盐木浆纸。

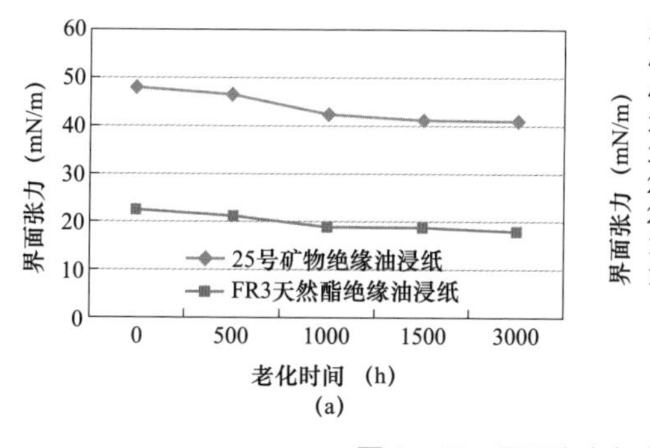

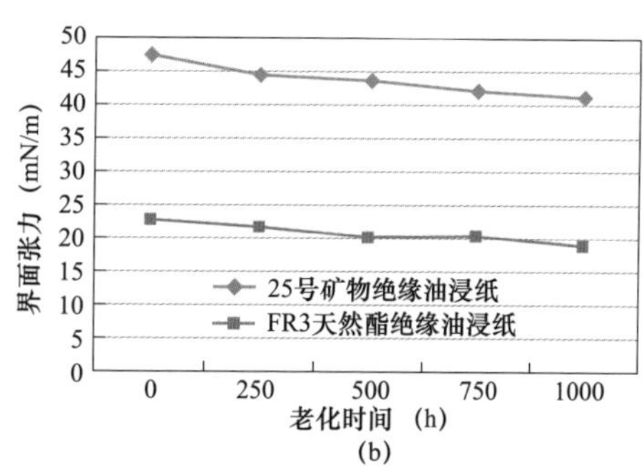

图 2–17 界面张力与老化时间的关系

（a）110℃下的老化试验；（b）130℃下的老化试验

5. 油中溶解气体

变压器在运行中因受温度、电场、氧气和水分的影响以铜、铁等材料的催化作用，油纸绝缘发生氧化、裂解和碳化等反应，生成某些氧化产物及其缩合物（油泥)、氢及低分子烃类气体等。当变压器油受高电场能量的作用时，即使温度较低，也会分解产气；固体绝缘的老化也是变压器油中溶解气体的主要来源。油纸绝缘包括绝缘纸、绝缘纸板等，主要成分是纤维素。纸、层压板或木块等固体绝缘材料分子内含有大量的无水左旋糖环和弱的 C—O 键及葡萄糖苷键，它们的热稳定性比油中的碳氢键要弱，并能在较低的温度下重新化合。聚合物裂解的有效温度高于 105℃，完全裂解和碳化的有效温度高于 300℃，在生成水的同时，生成大量的 CO、CO_2、少量烃类气体和呋喃化合物，同时油被氧化。纤维素热分解的气体组分主要是 CO、CO_2、CH_4、C_2H_4 等。

天然酯绝缘油的主要成分是三甘油脂肪酸酯，其结构为三个长直链相连，在热或其他外界能量的作用下比环状的饱和结构更易裂解，并且酯结构比烷烃吸湿性强，即便是密封保存，在试验、运输过程中仍不可避免的吸入水分，这将会加速天然酯绝缘油在受热时的分解。天然酯绝缘油与矿物绝缘油在受热时的产气机理相似，都是由于油分子受到外界能量的作用，发生断链、氧化等一系列化学反应。由于分子结构不同，在相同温度下，天然酯绝缘油的产气特点与矿物绝缘油有所不同。

通过热老化对比试验，测量天然酯绝缘油的油纸绝缘和矿物绝缘油的油纸绝缘分别在 110、130℃温度和不同的老化时间下的油中溶解气体，试验结果见表 2–20 和表 2–21。

表 2–20　110℃热老化时油中溶解气体　μL/L

老化时间(h)	油类别	H_2	CO	CO_2	CH_4	C_2H_6	C_2H_4	C_2H_2
0	矿物绝缘油	<5	7	504	0.2	0.3	4	0
	天然酯绝缘油	<5	10	507	2	0.4	0.7	0
500	矿物绝缘油	<5	6	949	10	27	13	0
	天然酯绝缘油	<5	164	1815	35.5	9.7	11	0
1000	矿物绝缘油	<5	12	750	14	27	13	0
	天然酯绝缘油	<5	482.5	3481	27.3	134	15	0
1500	矿物绝缘油	<5	10	712	4	11	6	0
	天然酯绝缘油	<5	301	4041	39.4	261	12	0
3000	矿物绝缘油	<5	15	849	22	23	9	0
	天然酯绝缘油	<5	458	4583	54.2	327	61	0

表 2-21　　130℃热老化时油中溶解气体　　μL/L

老化时间（h）	油类别	H_2	CO	CO_2	CH_4	C_2H_6	C_2H_4	C_2H_2
0	矿物绝缘油	<5	7	504	0.2	0.3	4	0
	天然酯绝缘油	<5	10	507	2	0.4	0.7	0
250	矿物绝缘油	<5	26	965	2	5	3	0
	天然酯绝缘油	<5	88	2072	13	939	23	0
500	矿物绝缘油	<5	32	1146	4	8	7	0
	天然酯绝缘油	<5	214	2205	11	421	12	0
750	矿物绝缘油	<5	14	1415	6	20	8	0
	天然酯绝缘油	<5	317	2825	7	168	15	0
1000	矿物绝缘油	<5	13	775	3	8	3	0
	天然酯绝缘油	<5	497	3614	16	453	24	0

由表 2-20 和表 2-21 可得以下结论：① 在同样老化条件下，天然酯绝缘油产气量比矿物绝缘油要大；② 从溶解气体的种类来看，无论矿物绝缘油还是天然酯绝缘油，在老化过程中产生的气体均以 CO、CO_2、C_2H_6 和 CH_4 为主，无 C_2H_2 生产；③ 天然酯绝缘油中 CO_2、C_2H_6 产气量远大于矿物绝缘油，在 110℃试验温度下，天然酯绝缘油 CO_2 含量在试验初期迅速上升，当达到 1000h 后随着油纸绝缘的逐渐老化继续增加；④ 在 110℃和 130℃老化试验温度下，矿物绝缘油纸中溶解的 CO_2 气体在老化 500h 后趋于稳定，而天然酯绝缘油纸中溶解的 CO_2 气体随老化时间增加而逐渐增长；⑤ 油中溶解烃类气体如 CH_4、C_2H_4、C_2H_6 均在试验初期迅速增加，而后随着老化的深入，上升趋势趋于平缓。由此可见，两种绝缘油在老化过程中产生的特征气体含量和产气速率均存在差异，因此，矿物绝缘油中溶解气体分析判断方法不能直接用于天然酯绝缘油。

6. 绝缘纸（纸板）聚合度

变压器在运行过程中，受温度、电场、水分、氧气、酸等因素的影响，绝缘纸纤维素发生热降解、水解降解、氧化降解等反应，导致连接葡萄糖分子间的糖苷键发生断裂，纤维素分子链长度逐渐缩短，机械及电气性能劣化，绝缘纸聚合度降低，成为威胁电网稳定运行的重大隐患。多年的运行经验表明：变压器绝缘故障的主要原因是由于绝缘纸机械故障导致的电击穿。老化对绝缘纸机械性能的影响远大于其对电气性能的作用，即使在严重老化的情况下，绝缘纸电气性能也不会发生显著变化。绝缘纸的机械强度取决于纤维素的强度以及纤维间化学键结合的强度。通常，拉伸强度是绝缘纸机械性能最为直观的反映，但是由于其在测试过程中分散性过大，需要样品数量多，而使测试绝缘聚合度成为反映绝缘机械性能的更为合理的选择。新绝缘纸的聚合度约为 1200，当其降为初始值的 25% 时，其拉伸强度约为初始值的 50%，这意味着绝缘纸机械性能的完全丧失。绝缘纸板纸浆处理效果见图 2-18。

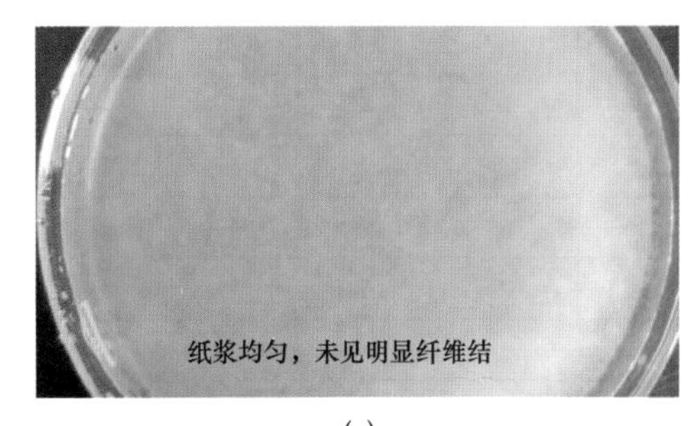

(a)

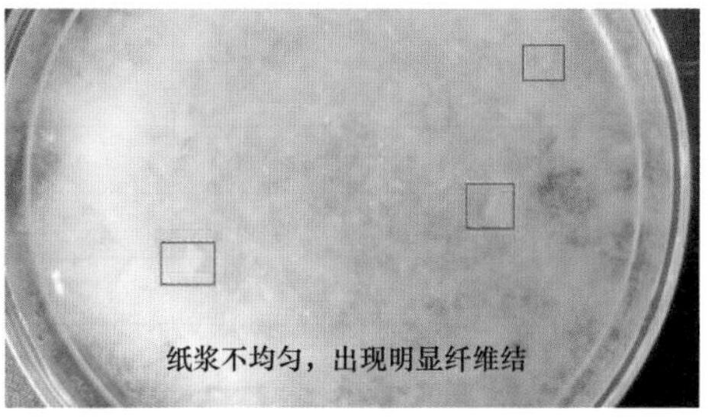

(b)

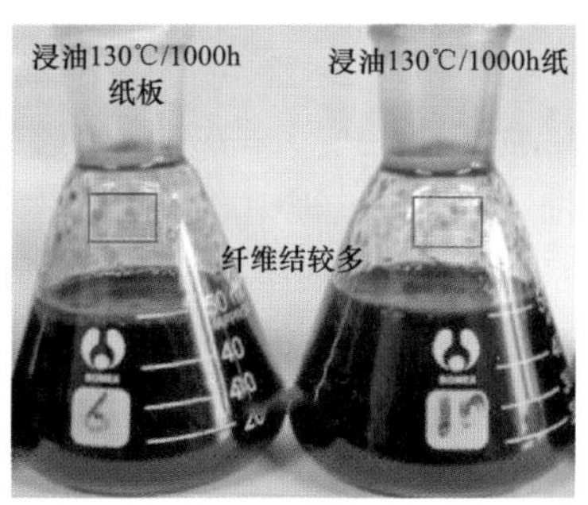

(c)

图 2-18　绝缘纸板纸浆处理效果

（a）未浸油纸板纸浆；（b）浸油 130℃/500h 处理后纸板纸浆；（c）纸浆（加入铜乙二胺溶液后）外观

绝缘纸的聚合度测试结果见表 2-22，绝缘纸板的聚合度测试结果见表 2-23。聚合度变化曲线见图 2-19。

表 2-22　绝缘纸聚合度测试结果

试验温度（℃）	油纸组合	初始值	试验时间（h）			
			500	1000	1500	3000
110	矿物绝缘油浸纸	1115	832	631	582	465
	天然酯绝缘油浸纸	1149	882	846	732	589

续表

试验温度（℃）	油纸组合	初始值	试验时间（h）			
			250	500	750	1000
130	矿物绝缘油浸纸	1115	835	648	625	525
	天然酯绝缘油浸纸	1149	851	792	657	669

表 2-23　　绝缘纸板聚合度测试结果

试验温度（℃）	油纸组合	初始值	试验时间（h）			
			500	1000	1500	3000
110	矿物绝缘油浸纸板	1450	1186	869	829	724
	天然酯绝缘油浸纸板	1403	1166	1073	1014	943
试验温度（℃）	油纸组合	初始值	试验时间（h）			
			250	500	750	1000
130	矿物绝缘油浸纸板	1450	1061	879	698	734
	天然酯绝缘油浸纸板	1403	1018	1010	846	751

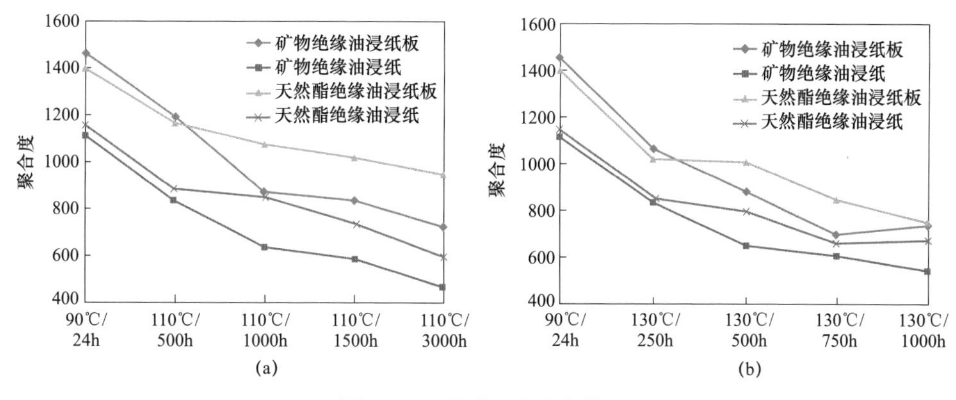

图 2-19　聚合度变化曲线图

（a）110℃下的老化试验；（b）130℃下的老化试验

由图 2-19 可知，试验温度越高，油纸绝缘老化越迅速，聚合度下降越快。天然酯绝缘油浸纸试品在经历约 130℃/1000h 的老化后已达到其寿命中期，而

110℃下的试品仍处于寿命中前期。在油纸绝缘寿命的中前期，绝缘纸聚合度下降比较迅速；但随老化时间的增加，当油纸绝缘进入寿命中后期时，绝缘纸的聚合度下降缓慢，因而，油纸绝缘寿命终点阶段聚合度值的微小变化，都将对其寿命造成重大的影响。

7. 绝缘纸（纸板）拉伸强度

老化过程中绝缘纸及绝缘纸板的拉伸强度试验结果见表 2-24 和表 2-25，拉伸强度与老化时间关系见图 2-20 和图 2-21。

表 2-24　绝缘纸拉伸强度试验结果　MPa

试验温度（℃）	油纸组合	初始值	试验时间（h）			
			500	1000	1500	3000
110	矿物绝缘油浸纸	95.6	88.6	87.2	82.7	76.4
	天然酯绝缘油浸纸	96.9	85.3	81.6	81.5	75.8
试验温度（℃）	油纸组合	初始值	试验时间（h）			
			250	500	750	1000
130	矿物绝缘油浸纸	95.6	93.0	87.5	86.2	84.6
	天然酯绝缘油浸纸	96.9	95.4	88.7	87.0	86.3

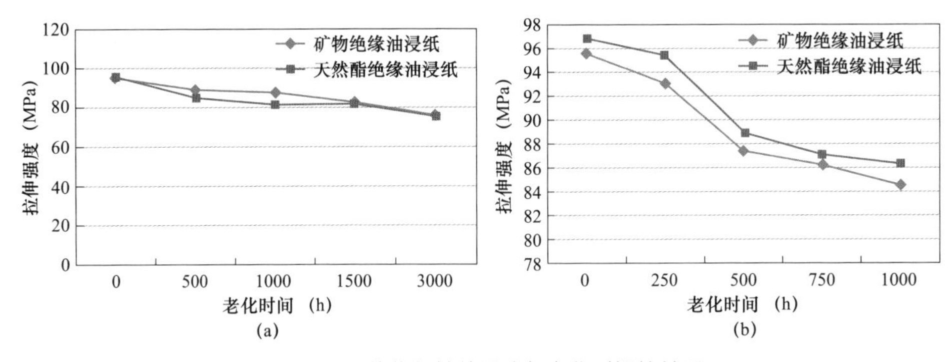

图 2-20　绝缘纸拉伸强度与老化时间的关系

（a）110℃下的老化试验；（b）130℃下的老化试验

表 2-25　缘纸板拉伸强度测试结果　MPa

试验温度（℃）	油纸组合	初始值	试验时间（h）			
			500	1000	1500	3000
110	矿物绝缘油浸纸	132	132	126	126	123
	天然酯绝缘油浸纸	127	125	121	126	122
试验温度（℃）	油纸组合	初始值	试验时间（h）			
			250	500	750	1000
130	矿物绝缘油浸纸	132	128	124	123	121
	天然酯绝缘油浸纸	127	126	122	117	111

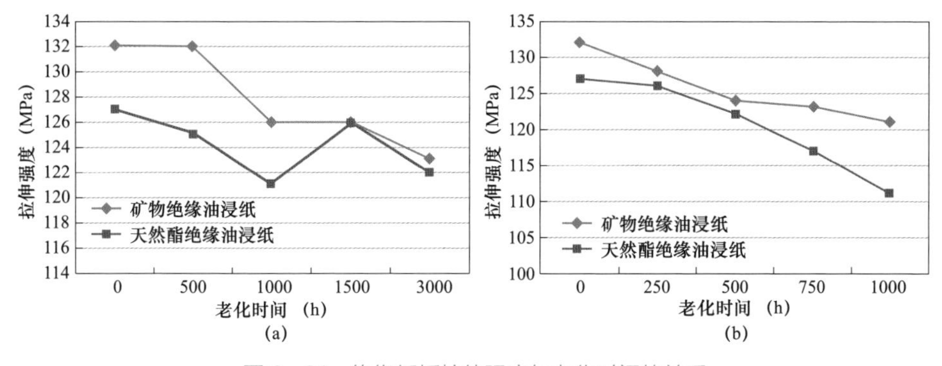

图 2-21　绝缘纸板拉伸强度与老化时间的关系

（a）110℃下的老化试验；（b）130℃下的老化试验

由图 2-20 和图 2-21 可知，天然酯绝缘油浸纸与矿物绝缘油浸纸老化过程中的拉伸强度变化非常接近，与绝缘油的种类没有明显关系；对于油浸绝缘纸板，老化后的天然酯绝缘油浸纸板比矿物绝缘油浸纸板的拉伸强度要低。

2.6.3　天然酯绝缘油老化下电气性能

1. 工频击穿电压

对各老化周期的绝缘油试品分别在球形电极和球盖形电极下各测 6 个平行值取平均值，绝缘油的工频击穿电压值随老化时间、老化温度的试验数据见表 2-26。

老化试验后的矿物绝缘油和天然酯绝缘油的击穿电压值仍满足 GB 2536—

2011《电工流体　变压器和开关用的未使用过的矿物绝缘油》要求，且同等条件下天然酯绝缘油的工频击穿电压比矿物绝缘油要稍高。无论是天然酯绝缘油还是矿物绝缘油，其工频击穿电压随老化时间增大下降趋势平缓，如图 2-22 所示。

表 2-26　　绝缘油老化工频击穿电压试验数据　　kV

试验温度（℃）	油类别	电极	初始值	试验时间（h）			
				500	1000	1500	3000
110	矿物绝缘油	球形	64.4	60.9	58.0	52.0	53.4
		球盖形	57.4	52.3	56.7	42.3	43.6
	天然酯绝缘油	球形	69.1	60.7	58.2	59.6	55.8
		球盖形	60.1	53.5	63.2	55.3	52.7
试验温度（℃）	油纸组合	电极	初始值	试验时间（h）			
				250	500	750	1000
130	矿物绝缘油	球形	64.4	53.9	56.12	58.3	52.3
		球盖形	57.4	44.6	54.67	60.1	48.2
	天然酯绝缘油	球形	69.1	57.9	57.34	58.0	56.7
		球盖形	60.1	49.9	55.62	59.0	46.9

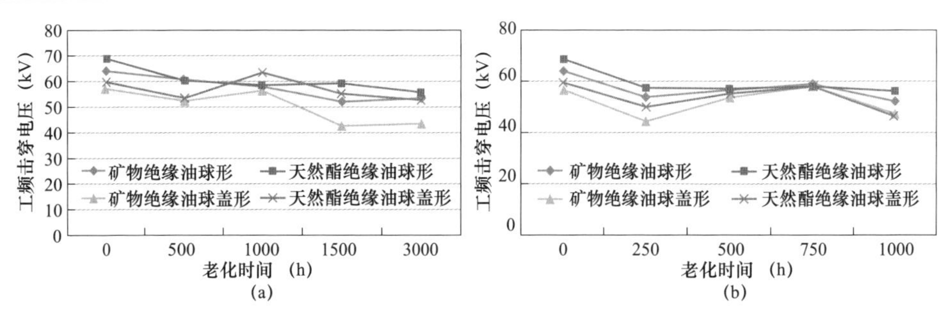

图 2-22　绝缘油击穿电压和老化时间的关系

（a）110℃下的老化试验；（b）130℃下的老化试验

对各老化周期的绝缘纸试品在棒—板电极下各测 5 个平行值取平均值，油浸绝缘纸的工频击穿电压值随老化时间、老化温度的试验数据见表 2-27，从表 2-27 中可知，110℃下，天然酯绝缘油浸纸在经过 3000h 长时老化后的工频击穿电压和矿物绝缘油浸纸的工频击穿电压比较接近，但在 130℃下，天然酯绝缘油在经过 1000h 长时老化后的工频击穿电压比矿物绝缘油浸纸的工频击穿电压要低。

表 2-27　　油浸纸老化工频击穿电压试验数据　　kV

试验温度（℃）	油纸组合	初始值	试验时间（h）			
			500	1000	1500	3000
110	矿物绝缘油浸纸	5.70	6.83	5.98	5.65	5.54
	天然酯绝缘油浸纸	5.71	5.69	5.97	5.91	5.43
试验温度（℃）	油纸组合	初始值	试验时间（h）			
			250	500	750	1000
130	矿物绝缘油浸纸	5.70	6.16	6.02	5.82	5.75
	天然酯绝缘油浸纸	5.71	5.37	5.49	5.42	5.10

对各老化周期的绝缘纸板试品在棒—板电极下各测 5 个平行值取平均值，油浸绝缘纸板的工频击穿电压值随老化时间、老化温度的试验数据见表 2-28，油浸纸、油浸纸板击穿电压和老化时间的关系见图 2-26 和图 2-27。从图 2-23 和图 2-24 可知，天然酯绝缘油浸纸（纸板）长时老化后的工频击穿电压和矿物绝缘油浸纸板的工频击穿电压非常接近，经过长时老化后天然酯绝缘油纸绝缘仍然具有非常好的电气强度。

表 2-28　　油浸纸板老化工频击穿电压试验数据　　kV

试验温度（℃）	油纸组合	初始值	试验时间（h）			
			500	1000	1500	3000
110	矿物绝缘油浸纸板	89.9	88.5	88.2	88.3	87.6
	天然酯绝缘油浸纸板	88.9	87.5	87.6	87.3	87.1
试验温度（℃）	油纸组合	初始值	试验时间（h）			
			250	500	750	1000
130	矿物绝缘油浸纸板	89.9	89.9	89.1	88.5	86.9
	天然酯绝缘油浸纸板	88.9	88.8	87.8	87.3	86.6

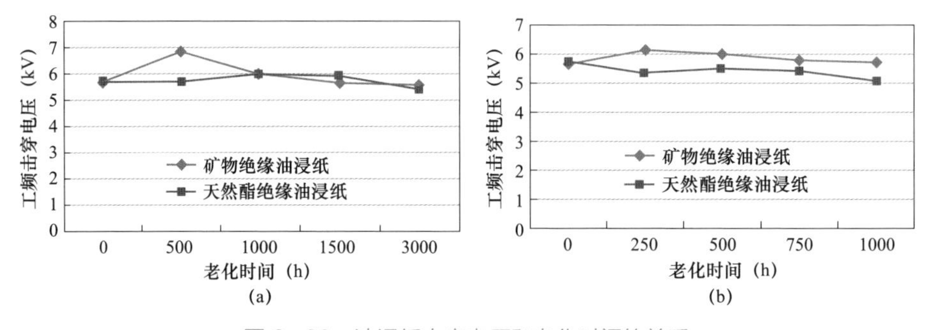

图 2–23　油浸纸击穿电压和老化时间的关系

（a）110℃下的老化试验；（b）130℃下的老化试验

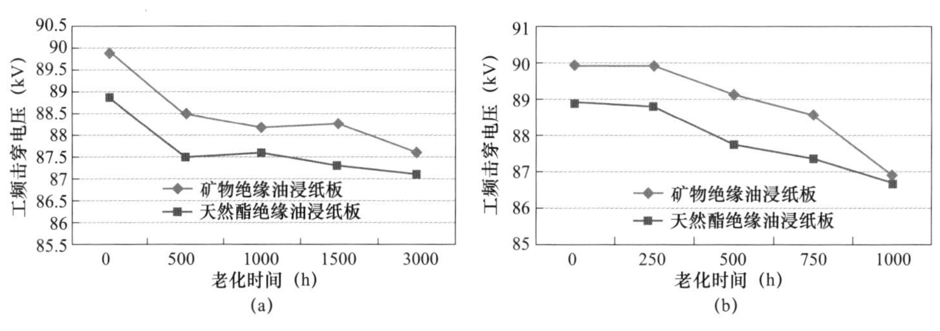

图 2–24　油浸纸板击穿电压和老化时间的关系

（a）110℃下的老化试验；（b）130℃下的老化试验

2. 介质损耗因数

在 110℃和 130℃下各老化周期取样，对试样中的绝缘油、油浸纸、油浸纸板的介质损耗因数分别进行 3 次测量取中值，其中油浸绝缘纸和油浸绝缘纸板分别在油中和空气进行对比测试，试验结果见表 2–29～表 2–31。介质损耗因数和老化时间关系见图 2–25～图 2–27。

表 2–29　　　　绝缘油介质损耗因数测试

试验温度（℃）	油类别	初始值	试验时间（h）			
			500	1000	1500	3000
110	矿物绝缘油	0.37×10^{-3}	0.36×10^{-3}	0.30×10^{-3}	0.37×10^{-3}	0.41×10^{-3}
	天然酯绝缘油	0.55×10^{-3}	0.91×10^{-3}	0.99×10^{-3}	1.26×10^{-3}	2.72×10^{-3}

续表

试验温度（℃）	油类别	初始值	试验时间（h）			
			250	500	750	1000
130	矿物绝缘油	0.37×10^{-3}	0.42×10^{-3}	0.49×10^{-3}	0.54×10^{-3}	0.54×10^{-3}
	天然酯绝缘油	0.55×10^{-3}	1.88×10^{-3}	2.36×10^{-3}	2.88×10^{-3}	3.01×10^{-3}

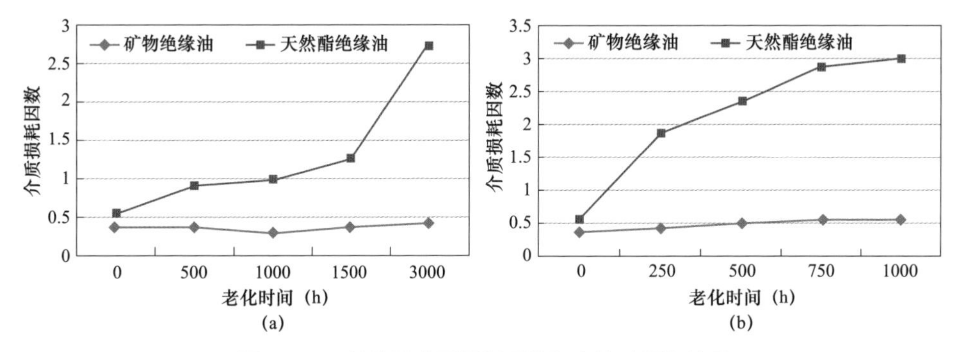

图 2-25　绝缘油介质损耗因数和老化时间的关系

（a）110℃下的老化试验；（b）130℃下的老化试验

表 2-30　绝缘纸介质损耗因数测试

试验温度（℃）	油纸组合		初始值	试验时间（h）			
				500	1000	1500	3000
110	矿物绝缘油浸纸	油中	3.42×10^{-3}	3.29×10^{-3}	3.39×10^{-3}	3.23×10^{-3}	7.24×10^{-3}
		空气中	4.32×10^{-3}	3.88×10^{-3}	3.39×10^{-3}	4.10×10^{-3}	7.56×10^{-3}
	天然酯绝缘油浸纸	油中	5.61×10^{-3}	5.89×10^{-3}	6.20×10^{-3}	8.91×10^{-3}	9.12×10^{-3}
		空气中	4.35×10^{-3}	5.85×10^{-3}	9.40×10^{-3}	7.91×10^{-3}	9.75×10^{-3}
试验温度（℃）	油纸组合		初始值	试验时间（h）			
				250	500	750	1000
130	矿物绝缘油浸纸	油中	3.42×10^{-3}	3.52×10^{-3}	3.79×10^{-3}	3.98×10^{-3}	3.40×10^{-3}
		空气中	4.32×10^{-3}	4.06×10^{-3}	3.64×10^{-3}	3.77×10^{-3}	3.78×10^{-3}
	天然酯绝缘油浸纸	油中	5.61×10^{-3}	5.50×10^{-3}	6.08×10^{-3}	8.42×10^{-3}	8.62×10^{-3}
		空气中	4.35×10^{-3}	5.16×10^{-3}	6.77×10^{-3}	6.60×10^{-3}	9.22×10^{-3}

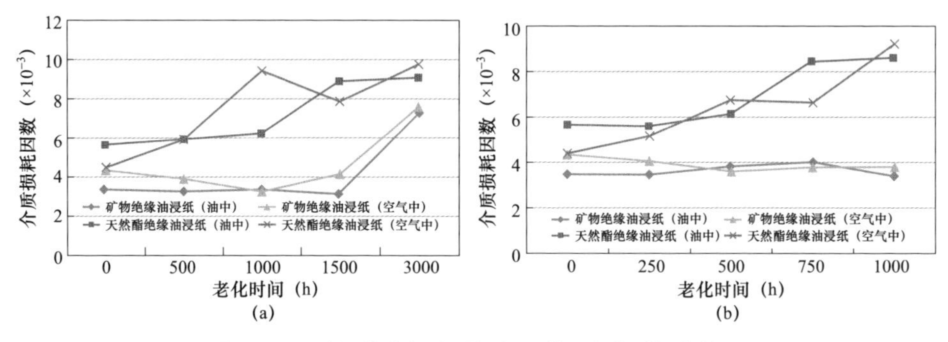

图 2-26　油浸绝缘纸介质损耗因数和老化时间的关系

（a）110℃下的老化试验；（b）130℃下的老化试验

表 2-31　　绝缘纸板介质损耗因数测试

试验温度（℃）	油纸组合		初始值	试验时间（h）			
				500	1000	1500	3000
110	矿物绝缘油浸纸板	油中	5.91×10^{-3}	4.30×10^{-3}	5.36×10^{-3}	5.17×10^{-3}	5.83×10^{-3}
		空气中	5.61×10^{-3}	4.85×10^{-3}	5.36×10^{-3}	4.80×10^{-3}	5.55×10^{-3}
	天然酯绝缘油浸纸板	油中	5.61×10^{-3}	6.63×10^{-3}	6.71×10^{-3}	6.72×10^{-3}	7.05×10^{-3}
		空气中	6.23×10^{-3}	6.46×10^{-3}	7.43×10^{-3}	7.64×10^{-3}	8.34×10^{-3}
试验温度（℃）	油纸组合		初始值	试验时间（h）			
				250	500	750	1000
130	矿物绝缘油浸纸板	油中	5.91×10^{-3}	5.61×10^{-3}	5.35×10^{-3}	5.16×10^{-3}	5.43×10^{-3}
		空气中	5.61×10^{-3}	5.59×10^{-3}	5.72×10^{-3}	5.90×10^{-3}	5.65×10^{-3}
	天然酯绝缘油浸纸板	油中	5.61×10^{-3}	5.88×10^{-3}	6.23×10^{-3}	7.35×10^{-3}	7.64×10^{-3}
		空气中	6.23×10^{-3}	6.00×10^{-3}	6.75×10^{-3}	6.98×10^{-3}	8.63×10^{-3}

由图 2-26～图 2-27 可知，在同等老化条件下矿物绝缘油和天然酯绝缘油的介质损耗因数在同一数量级，且天然酯绝缘油的介质损耗因数略大于矿物绝缘油。老化过程中，天然酯绝缘油浸纸（纸板）和矿物绝缘油浸纸（纸板）介质损耗因数均随着老化的增加而变大，天然酯绝缘油浸纸（纸板）比矿物绝缘油浸纸（纸板）的介质损耗因数大，且空气中测得数据比油中测得的数据要大。

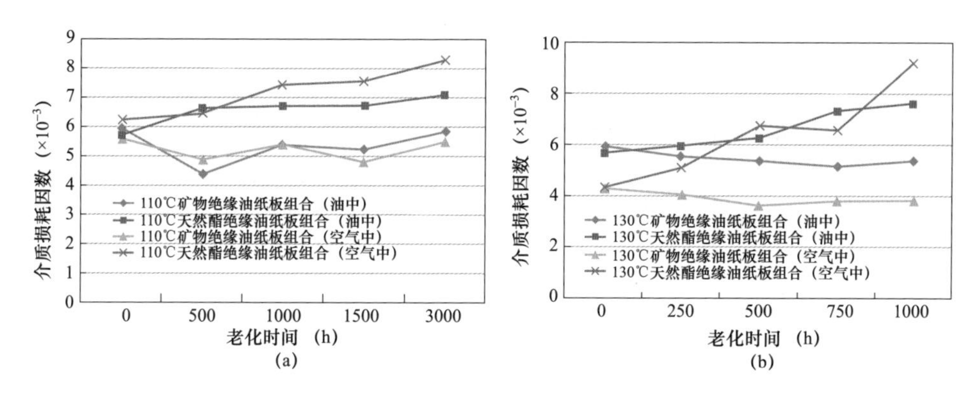

图2-27　油浸绝缘纸介质损耗因数和老化时间的关系

（a）110℃下的老化试验；（b）130℃下的老化试验

3. 体积电阻率

在110℃和130℃下各老化周期取样，对试样中的绝缘油、油浸纸、油浸纸板的体积电阻率分别进行3次测量取平均值，其中油浸纸和油浸纸板分别在油中和空气进行对比测试，试验结果见表2-32～表2-34。体积电阻率和老化时间关系见图2-28和图2-29。

表2-32　绝缘油体积电阻率测试数据

试验温度（℃）	油类别	初始值	试验时间（h）			
			500	1000	1500	3000
110	矿物绝缘油	1.8×10^{12}	7.5×10^{12}	5.6×10^{12}	4.3×10^{12}	2.6×10^{12}
	天然酯绝缘油	1.5×10^{12}	1.2×10^{12}	0.15×10^{12}	0.07×10^{12}	0.03×10^{12}
试验温度（℃）	油类别	初始值	试验时间（h）			
			250	500	750	1000
130	矿物绝缘油	1.8×10^{12}	41×10^{12}	23×10^{12}	4.2×10^{12}	4.5×10^{12}
	天然酯绝缘油	1.5×10^{12}	0.13×10^{12}	0.09×10^{12}	0.04×10^{12}	0.03×10^{12}

表 2-33　　　油浸纸体积电阻率测试数据

试验温度（℃）	油纸组合		初始值	试验时间（h）			
				500	1000	1500	3000
110	矿物绝缘油浸纸	油中	110×10^{12}	1.2×10^{12}	9.4×10^{12}	1.1×10^{12}	0.5×10^{12}
		空气中	80×10^{12}	2.8×10^{12}	1.4×10^{12}	3.0×10^{12}	0.8×10^{12}
	天然酯绝缘油浸纸	油中	22×10^{12}	18×10^{12}	19×10^{12}	9.9×10^{12}	5.7×10^{12}
		空气中	9.0×10^{12}	11×10^{12}	16×10^{12}	15×10^{12}	8.4×10^{12}
试验温度（℃）	油纸组合		初始值	试验时间（h）			
				250	500	750	1000
130	矿物绝缘油浸纸	油中	110×10^{12}	120×10^{12}	98×10^{12}	53×10^{12}	72×10^{12}
		空气中	80×10^{12}	64×10^{12}	57×10^{12}	53×10^{12}	45×10^{12}
	天然酯绝缘油浸纸	油中	22×10^{12}	13×10^{12}	12×10^{12}	11×10^{12}	11×10^{12}
		空气中	9.0×10^{12}	23×10^{12}	15×10^{12}	12×10^{12}	12×10^{12}

表 2-34　　　油浸纸板体积电阻率测试数据

试验温度（℃）	油纸组合		初始值	试验时间（h）			
				500	1000	1500	3000
110	矿物绝缘油浸纸板	油中	180×10^{12}	120×10^{12}	37×10^{12}	40×10^{12}	25×10^{12}
		空气中	220×10^{12}	86×10^{12}	30×10^{12}	26×10^{12}	21×10^{12}
	天然酯绝缘油浸纸板	油中	11×10^{12}	24×10^{12}	20×10^{12}	5.5×10^{12}	4.6×10^{12}
		空气中	25×10^{12}	53×10^{12}	11×10^{12}	7.4×10^{12}	3.9×10^{12}
试验温度（℃）	油纸组合		初始值	试验时间（h）			
				250	500	750	1000
130	矿物绝缘油浸纸板	油中	180×10^{12}	170×10^{12}	95×10^{12}	52×10^{12}	30×10^{12}
		空气中	220×10^{12}	130×10^{12}	83×10^{12}	62×10^{12}	36×10^{12}
	天然酯绝缘油浸纸板	油中	11×10^{12}	23×10^{12}	19×10^{12}	8.8×10^{12}	15×10^{12}
		空气中	25×10^{12}	42×10^{12}	16×10^{12}	10×10^{12}	14×10^{12}

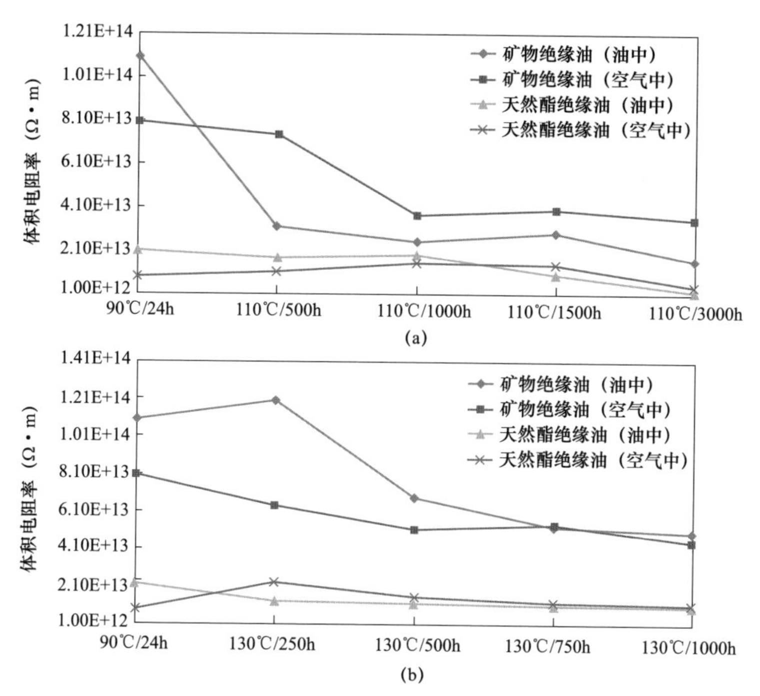

图 2-28　油浸绝缘纸体积电阻率和老化时间关系

（a）110℃下的老化试验；（b）130℃下的老化试验

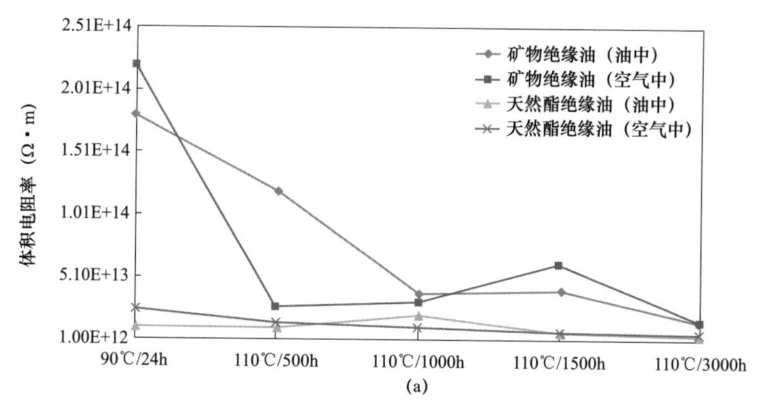

图 2-29　油浸绝缘纸板体积电阻率与老化时间关系（一）

（a）110℃下的老化试验

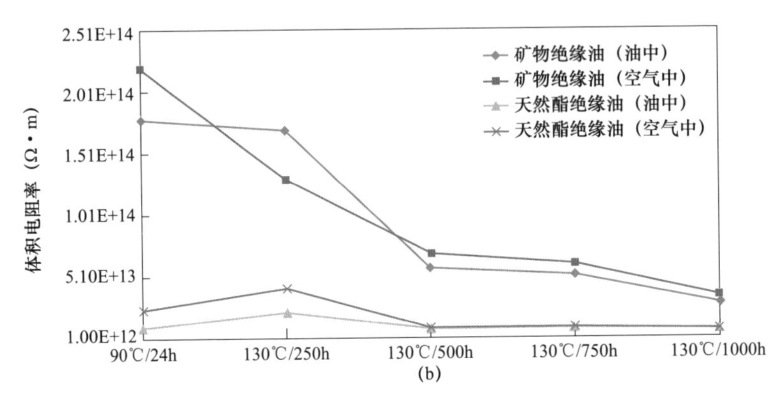

图 2-29　油浸绝缘纸板体积电阻率与老化时间关系（二）

（b）130℃下的老化试验

根据 GB/T 7595—2017《运行中变压器油质量》规定，对于 330kV 及以下电压等级设备运行中的变压器油体积电阻率（90℃）不小于 $5\times10^{9}\Omega\cdot cm$；对于 500kV 及以上电压等级设备运行中的变压器油体积电阻率（90℃）不小于 $1\times10^{10}\Omega\cdot cm$。在经过 110℃/3000h 和 130℃/1000h 长时老化后，天然酯绝缘油和矿物绝缘油的体积电阻率仍然满足运行油对体积电阻率的要求。由表 2-32 可知，矿物绝缘油在老化过程中，体积电阻率先是小幅增长后逐渐降低，而天然酯绝缘油的体积电阻率随着老化的深入逐渐降低。由图 2-28 可知，矿物绝缘油浸纸的体积电阻率要大于天然酯绝缘油浸纸，且在油中和空气中测得绝缘纸的体积电阻率差异不明显；由图 2-29 可知，矿物绝缘油浸纸板的体积电阻率要远大于天然酯绝缘油浸纸板，且在油中和空气中测得体积电阻率差异很小。同一温度点下矿物绝缘油浸纸（纸板）的体积电阻率明显高于天然酯绝缘油浸纸（纸板）的体积电阻率。

4. *局部放电*

在 110℃和 130℃各老化周期取样，对试样中的绝缘油的局部放电起始电压、局部放电量和局部放电熄灭电压及局部放电量分别进行 3 次测量取平均值，试验结果见表 2-35 和表 2-36。变化趋势图见图 2-30 和图 2-31。

表 2-35　　矿物绝缘油局部放电试验结果

矿物绝缘油状态		90℃/24h	110℃/500h	110℃/1000h	110℃/1500h	110℃/3000h	130℃/250h	130℃/500h	130℃/750h	130℃/1000h
局部放电量＞10pC	局部放电起始电压（kV）	25.52	22.08	26.23	22.52	22.30	22.24	23.45	21.77	17.55
	此电压点下的局部放电量（pC）	10.82	10.46	10.79	10.21	10.22	40.48	10.68	10.48	11.02

续表

矿物绝缘油状态		90℃/24h	110℃/500h	110℃/1000h	110℃/1500h	110℃/3000h	130℃/250h	130℃/500h	130℃/750h	130℃/1000h
局部放电量＞50pC	局部放电起始电压（kV）	43.30	43.65	42.76	35.53	33.40	39.81	31.65	28.56	28.82
	此电压点下的局部放电量（pC）	50.81	50.45	50.87	51.05	50.71	53.31	51.35	54.79	46.34
局部放电量＞100pC	局部放电起始电压（kV）	69.20	65.8	61.49	58.16	55.51	68.74	64.57	63.64	61.12
	此电压点下的局部放电量（pC）	102.21	101.93	100.74	101.81	100.67	101.43	100.83	101.32	102.13
局部放电量＜10pC	局部放电熄灭电压（kV）	17.27	15.50	16.88	15.21	12.54	15.83	19.34	18.46	15.64
	此电压点下的局部放电量（pC）	8.73	9.11	7.97	8.40	8.01	7.71	6.58	9.42	9.02
局部放电量＜50pC	局部放电熄灭电压（kV）	33.45	38.45	33.10	32.53	31.32	36.32	29.83	23.99	28.09
	此电压点下的局部放电量（pC）	50.53	48.53	47.64	50.16	48.87	51.32	45.79	52.35	46.34
局部放电量＜100pC	局部放电熄灭电压（kV）	56.02	52.33	45.28	53.98	47.07	57.59	60.35	60.11	53.19
	此电压点下的局部放电量（pC）	99.48	97.68	93.63	96.59	93.85	98.20	93.36	94.51	94.77

表 2-36　　天然酯绝缘油局部放电试验结果

天然酯绝缘油状态		90℃/24h	110℃/500h	110℃/1000h	110℃/1500h	110℃/3000h	130℃/250h	130℃/500h	130℃/750h	130℃/1500h
局部放电量＞10pC	局部放电起始电压值（kV）	22.28	24.01	26.08	22.26	20.97	21.05	20.48	18.24	19.25
	此电压点下的局部放电量（pC）	10.89	10.48	10.44	10.24	10.83	11.87	10.68	10.41	10.40
局部放电量＞50pC	局部放电起始电压值（kV）	37.43	39.41	38.18	36.99	31.89	30.86	29.84	27.85	26.00
	此电压点下的局部放电量（pC）	54.36	52.96	51.15	53.92	51.82	51.27	51.35	50.67	50.99
局部放电量＞100pC	局部放电起始电压值（kV）	60.39	64.81	64.64	55.55	52.60	55.88	54.07	54.09	54.01
	此电压点下的局部放电量（pC）	101.50	101.72	101.25	102.25	100.45	101.69	100.83	102.06	100.74

续表

天然酯绝缘油状态		90℃/24h	110℃/500h	110℃/1000h	110℃/1500h	110℃/3000h	130℃/250h	130℃/500h	130℃/750h	130℃/1500h
局部放电量＜10pC	局部放电熄灭电压值（kV）	18.20	14.39	15.28	13.85	15.45	11.75	12.69	11.27	15.20
	此电压点下的局部放电量（pC）	9.29	6.87	7.67	8.67	8.94	9.21	6.58	8.62	8.19
局部放电量＜50pC	局部放电熄灭电压值（kV）	32.46	35.40	33.99	33.87	32.17	26.65	27.38	23.99	25.23
	此电压点下的局部放电量（pC）	51.97	48.35	48.76	49.16	47.96	51.79	45.79	48.99	45.73
局部放电量＜100pC	局部放电熄灭电压值（kV）	51.06	57.74	57.77	46.24	46.10	49.02	46.70	46.49	47.46
	此电压点下的局部放电量（pC）	96.22	92.21	94.66	98.84	96.77	99.61	93.36	94.85	92.89

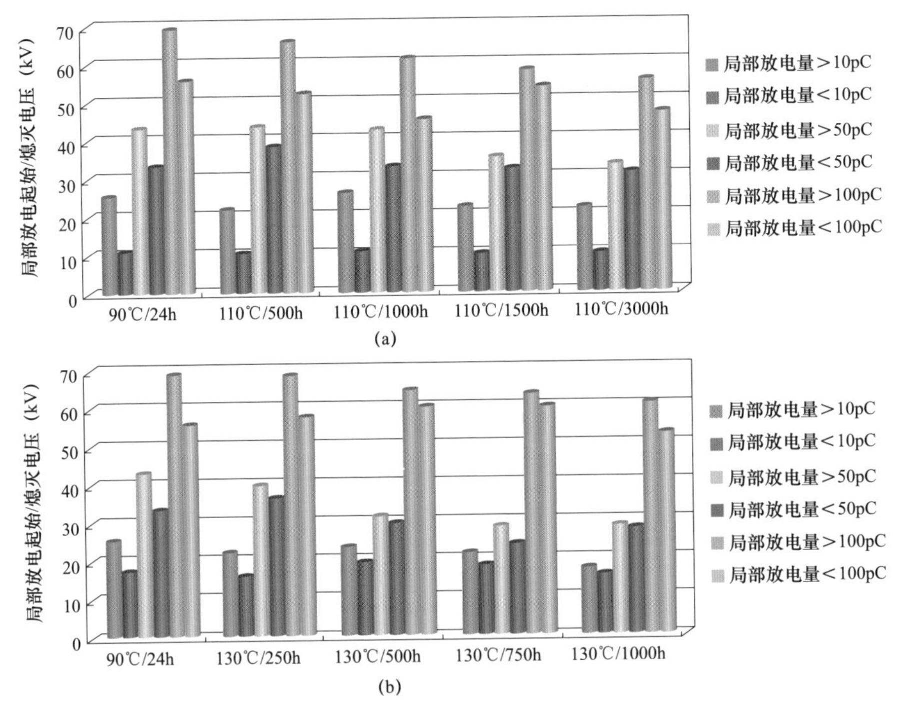

图2-30 矿物绝缘油局部放电起始/熄灭电压变化趋势图

（a）110℃温度点；（b）130℃温度点

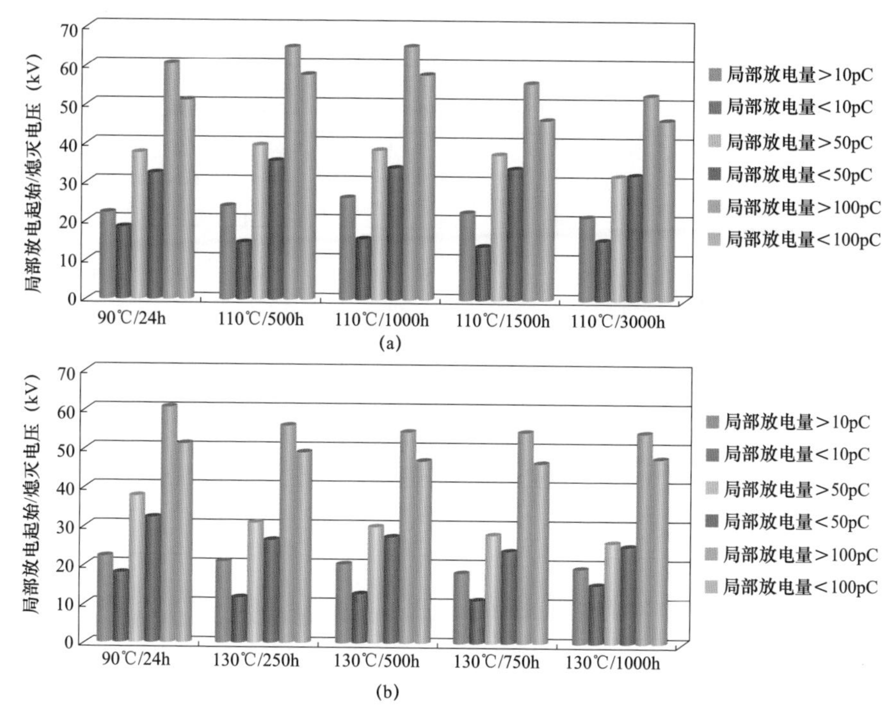

图 2-31　天然酯绝缘油局部放电起始/熄灭电压变化趋势图

（a）110℃温度点；（b）130℃温度点

由图 2-30 和图 2-31 可知，矿物绝缘油和天然酯绝缘油的局部放电起始/熄灭电压均随老化处理时间增加而降低；同一温度点下矿物绝缘油的局部放电起始/熄灭电压略高于天然酯绝缘油。

在 110℃和 130℃各老化周期取样，对试样中油浸绝缘纸、绝缘纸板的局部放电起始电压、局部放电量分别进行 3 次测量取平均值，试验结果见表 2-37。

表 2-37　　油浸纸（纸板）局部放电试验结果

绝缘油状态		90℃/24h	110℃/500h	110℃/1000h	110℃/1500h	110℃/3000h	130℃/250h	130℃/500h	130℃/750h	130℃/1000h
矿物绝缘油浸纸板	局部放电起始电压（kV）	29.07	29.55	28.12	28.00	27.34	29.46	29.56	29.49	29.11
	局部放电量（pC）	10.75	10.73	10.68	10.22	10.40	10.54	10.85	11.37	10.56
	局部放电熄灭电压（kV）	24.60	20.25	22.92	23.36	22.76	23.73	23.94	19.53	21.84

续表

绝缘油状态		90℃/24h	110℃/500h	110℃/1000h	110℃/1500h	110℃/3000h	130℃/250h	130℃/500h	130℃/750h	130℃/1000h
矿物绝缘油浸纸板	局部放电量（pC）	1.47	0.36	0.30	0.27	0.27	0.31	0.24	0.27	0.37
矿物绝缘油浸纸	局部放电起始电压（kV）	5.19	5.76	5.62	5.57	5.03	5.18	5.20	5.48	5.31
	局部放电量（pC）	10.64	10.33	10.99	10.12	10.37	10.43	10.47	11.03	10.59
	局部放电熄灭电压（kV）	—	—	—	—	—	—	—	—	—
	局部放电量（pC）	—	—	—	—	—	—	—	—	—
天然酯绝缘油浸纸板	局部放电起始电压（kV）	30.03	30.19	28.87	29.08	27.60	26.60	27.54	28.64	28.42
	局部放电量（pC）	10.55	10.56	10.45	10.51	0.32	10.69	10.53	10.83	10.98
	局部放电熄灭电压（kV）	21.44 0.40	15.67 0.41	18.15 0.24	20.48 0.30	21.83 0.32	20.20 0.34	19.87 0.34	18.56 0.21	19.01 0.28
	局部放电量（pC）	—	—	—	—	—	—	—	—	—
天然酯绝缘油浸纸	局部放电起始电压（kV）	4.18	4.25	4.23	4.22	4.23	4.73	4.69	4.70	3.72
	局部放电量（pC）	10.79	10.81	10.52	10.20	10.52	10.88	10.58	10.49	10.48
	局部放电熄灭电压（kV）	—	—	—	—	—	—	—	—	—
	局部放电量（pC）	—	—	—	—	—	—	—	—	—

注　绝缘纸无法测得局部放电熄灭电压。

由表 2–37 可知，天然酯绝缘油的局部放电起始电压和熄灭电压均比矿物绝缘油的低；随着老化时间的增加，矿物绝缘油的局部放电起始电压下降速率比天然酯绝缘油小，变化趋势见图 2–32 和图 2–33。

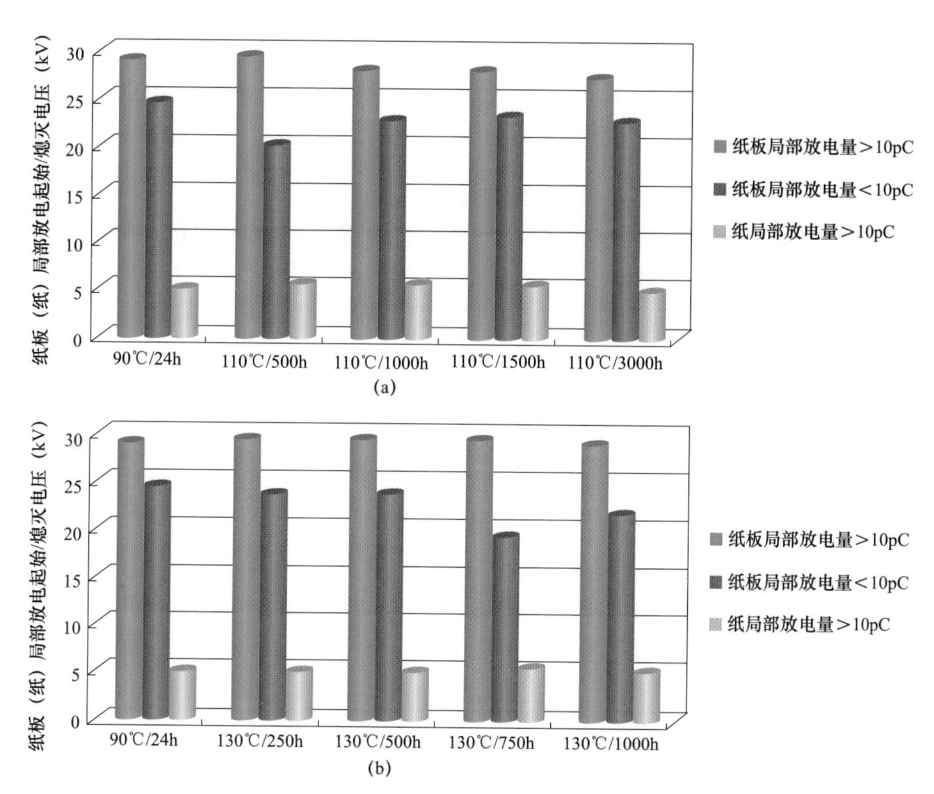

图2-32 油浸纸板（纸）的局部放电起始/熄灭电压变化趋势图

（a）110℃温度点；（b）130℃温度点

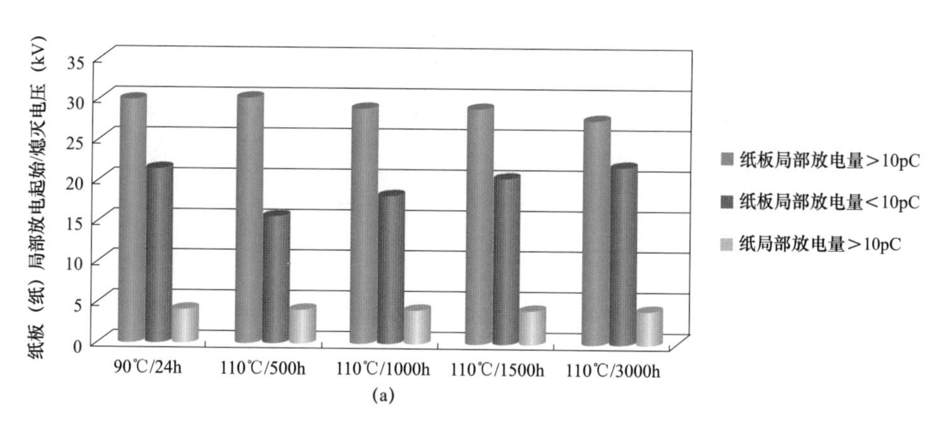

图2-33 油浸纸板（纸）的局部放电起始/熄灭电压变化趋势图（一）

（a）110℃温度点

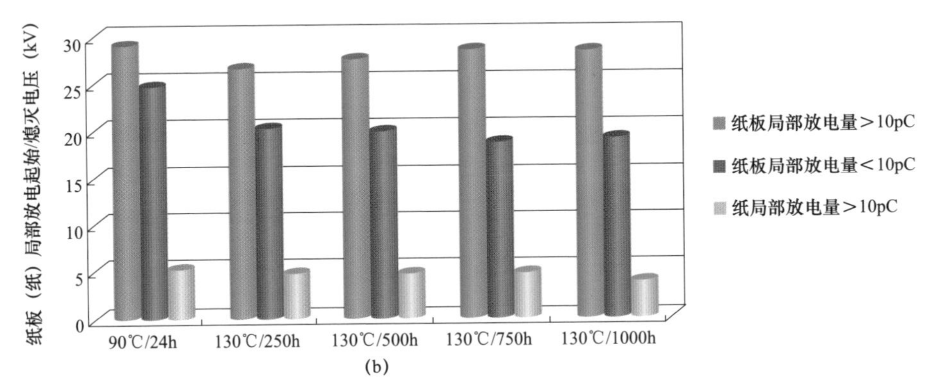

图 2-33 油浸纸板（纸）的局部放电起始/熄灭电压变化趋势图（二）

（b）130℃温度点

由图 2-32 和图 2-33 可知，在 110℃老化温度下，天然酯绝缘油、天然酯绝缘油浸纸的局部放电起始电压比矿物绝缘油、矿物绝缘油浸纸的局部放电起始电压低，但天然酯绝缘油浸纸板的局部放电起始电压与矿物绝缘油浸纸板的局部放电起始电压相近；在 130℃老化温度下，天然酯绝缘油、天然酯绝缘油浸纸（纸板）的局部放电起始电压均比矿物绝缘油、矿物绝缘油浸纸（纸板）的局部放电起始电压低。

对天然酯绝缘油和普通矿物绝缘油开展了密封管加速老化对比试验，纤维素纸在天然酯和矿物绝缘油中长期高温（170℃）老化程度如图 2-34 所示。

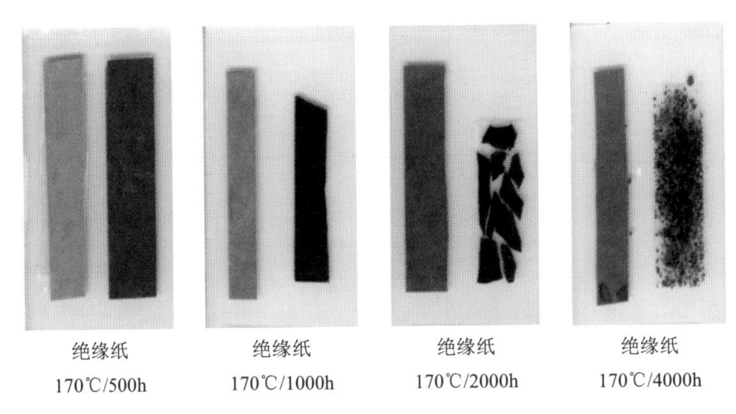

图 2-34 纤维素纸在两种绝缘油中老化对比试验

由试验可知，天然酯绝缘油比矿物绝缘油能够有效延缓绝缘纸的老化速率。在同样 170℃高温老化温度下，浸渍在矿物绝缘油中的绝缘纸在老化 1000h（大约模拟变压器油纸绝缘 20 年老化寿命）后外部发黑，表现出明显老化现象；老化 2000h（大约模拟变压器油纸绝缘 40 年老化寿命）后，绝缘纸已经现象碳化分解，失去绝缘性能和机械性能；老化 4000h（大约模拟变压器油纸绝缘 80 年老化寿命）后，绝缘纸已经劣化成粉末状。

相对而言，浸渍在天然酯绝缘油中的绝缘纸在老化 2000h（大约模拟变压器油纸绝缘 40 年老化寿命）后，绝缘纸仍然外观良好，具有较好绝缘性能和机械性能，即浸渍天然酯绝缘油的变压器油纸绝缘寿命可以达到 40 年。与常规矿物绝缘油变压器 30 年绝缘寿命相比，天然酯绝缘油可以延缓变压器绝缘寿命至 40 年，即延长矿物绝缘油变压器绝缘寿命 33%，可降低了油浸式变压器全寿命周期成本。

2.7　天然酯绝缘油低温特性

天然酯绝缘油凝点较高，导致其低温流动性差，在低温下天然酯绝缘油及油纸绝缘的绝缘特性直接关系到天然酯绝缘油变压器在寒冷地区或低温环境中使用的安全性，对天然酯绝缘油低温环境下的电气性能开展试验研究很有必要。在 0～－35℃低温环境范围内，测量天然酯绝缘油的工频击穿电压、介质损耗因数、体积电阻率和局部放电特性，并与矿物绝缘油进行对比分析，为天然酯绝缘油变压器结构设计和低温稳定运行提供参考依据。

采用 DWDT1540S 高低温试验箱提供模拟的低温试验环境，把不同微水含量的被试天然酯绝缘油和矿物绝缘油放入高低温试验箱开展工频击穿电压测试，见图 2－35 所示。高低温试验箱设定相应的试验温度冷冻降温 12h 以上，保证油箱内绝缘油温度稳定后再进行电气性能测试。

图 2－35　两种绝缘油低温环境电气试验实物图

2.7.1 工频击穿电压特性

在低温环境（5～-40℃）下开展不同微水含量的天然酯绝缘油与矿物绝缘油的工频击穿电压测试。对不同温度下绝缘油试品在球盖形电极（电极间距2.0mm）下实测3个平行值取中值，低温下不同微水含量的绝缘油工频击穿电压试验结果见表2-38和表2-39，电压变化图见图2-36～图2-38。

表2-38　低温下不同微水含量的天然酯绝缘油工频击穿电压试验结果　kV

微水含量（mg/L）	试验温度（℃）							
	5	0	-5	-15	-20	-25	-30	-40
60	25.1	16.8	14.9	19.8	22.3	26.1	27.8	28.6
137	22.3	19.3	15.2	20.2	21.8	24.2	26.0	27.3
368	9.7	8.9	7.8	6.4	12.9	14.8	15.9	21.2

表2-39　低温下不同微水含量的矿物绝缘油工频击穿电压试验结果　kV

微水含量（mg/L）	试验温度（℃）								
	5	0	-5	-10	-15	-20	-25	-30	-40
28.8	20.4	18.1	15.5	16.45	17.12	18.56	22.7	25.6	29.2
50	15.6	14.2	11.6	9.9	12.6	15.6	19.3	22.4	26.3
109	13.6	11.4	10.0	8.9	8.0	9.4	13.7	17.8	22.6

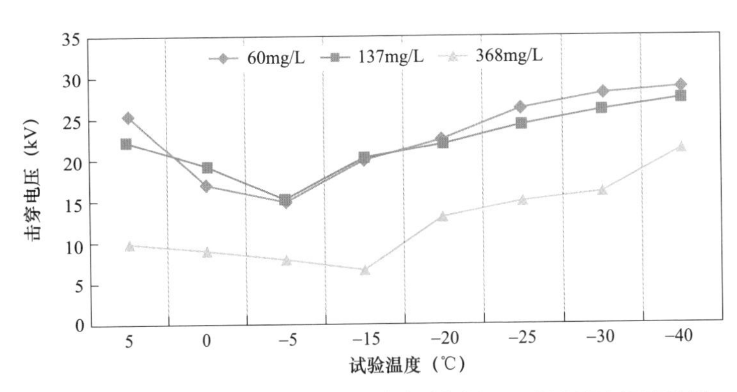

图2-36　不同微水含量的天然酯绝缘油低温下工频击穿电压变化图

由图2-36可知，三种不同微水含量的天然酯绝缘油的工频击穿电压均随着温度的降低均先降低，达到各自最低点后又逐渐上升。其中，微水含量为60mg/L和137mg/L的天然酯绝缘油均在-5℃时达到最小值约15kV；在-5～-40℃的降温过程中，工频击穿电压均逐渐增大，且两者的工频击穿电压值非常接近。对于含水率较大的天然酯绝缘油（368mg/L），其工频击穿电压在－15℃时达到最小值，且整个低温范围内均比微水较小的另外两种天然酯绝缘油的工频击穿电压小得多。

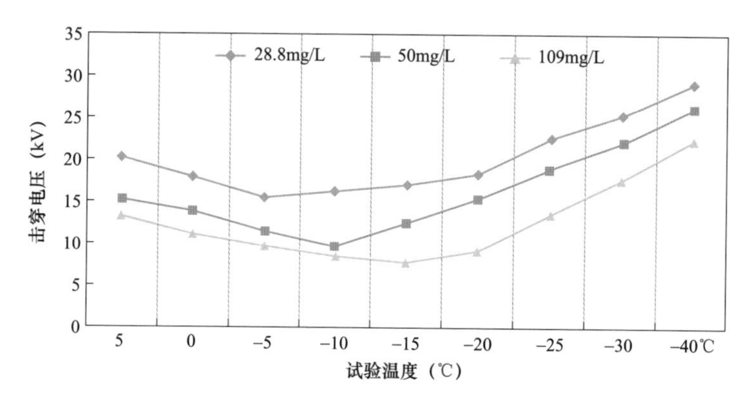

图 2–37　不同微水含量矿物绝缘油低温环境下工频击穿电压变化图

由图 2–37 可知，三种不同微水含量的矿物绝缘油的工频击穿电压均随着温度的降低均先降低，分别在－5、－10、－15℃附近达到各自最小值后又逐渐上升，微水含量越大，工频击穿电压达到最小值的温度越低，三种微水含量的矿物绝缘油，工频击穿电压随着微水的增大而逐渐减小。

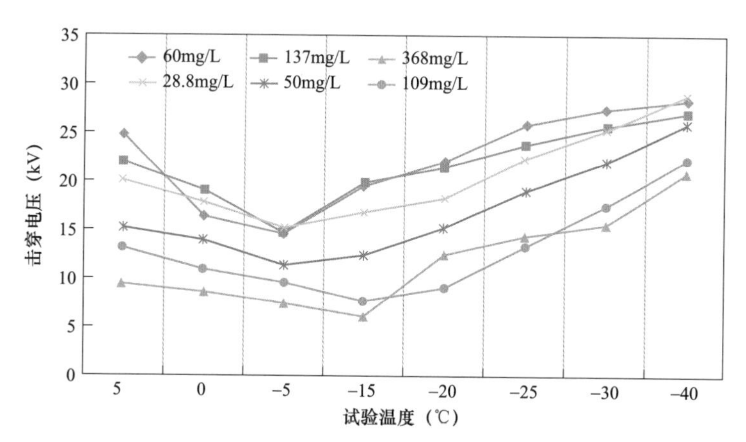

图 2–38　不同微水含量的两种绝缘油在低温环境下工频击穿电压对比图

由图 2–36～图 2–38 可知，在降温过程中，不同微水含量的绝缘油击穿电压均表现出先下降后上升的变化规律，即在确定的温度下出现击穿电压的最小值；绝缘油中微水含量越高，则出现最小击穿电压值对应的温度越低，且击穿电压值也越低。在微水含量相差不大的情况下，天然酯绝缘油的工频击穿电压大于矿物绝缘油。对试验结果分析如下：在降温初期，绝缘油中的微水从熔融状态逐渐析出形成微小悬浮极性水球，极性水球在不均匀电场作用下，会沿着电场方向伸长为极性椭球，大量的极性椭球水珠相互串联成为导电“水桥”；导电“水桥”造成试样的绝缘强度变弱，从而导致绝缘油的击穿电压降低；降温后期，析出的微水因重力因素而沉降，且绝缘油在继续降温过程中因黏度增大而使得水分子的平均自由程减小；施加电压后，水分子的短程运动不足以使其获得足够大的能量来电离形成电子崩，即不足以形成电离击穿。微水的存在已不是造成“水桥"在击穿的主因，故而温度越低，击穿电压越高。

2.7.2 介质损耗因数特性

按照 GB/T 5654—2007《液体绝缘材料　相对电容率、介质损耗因数和直流电阻率的测量》的规定，在 – 40～40℃温度范围内，测量微水含量为 60mg/L 天然酯绝缘油和 50mg/L 矿物绝缘油的介质损耗因数随着温度的升高的变化趋势，分别进行 3 次测量取平均值，测量结果见表 2–40 和图 2–39。

表 2–40　　低温环境下绝缘油介质损耗因数测量结果

油类别	试验温度（℃）							
	20.8	12.4	0	– 10	– 19	– 25	– 30	– 35
矿物绝缘油	0.002 1	0.001 8	0.001	0.000 8	0.001 2	0.001 4	0.002 0	0.002 5
天然酯绝缘油	0.003 2	0.002 0	0.001 1	0.000 9	0.001 2	0.001 5	0.002 0	0.002 6

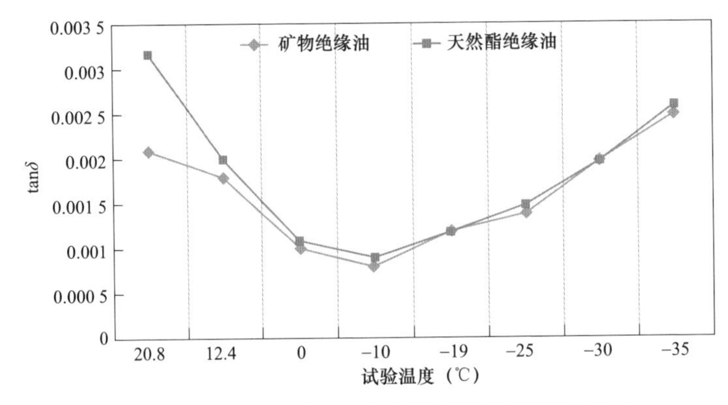

图 2–39　低温下绝缘油介质损耗因数与温度关系图

由图2-39可知，在20～-35℃降温过程中，天然酯绝缘油和矿物绝缘油的介质损耗因数均呈先下降后上升的变化趋势，天然酯绝缘油在0～-10℃达到介损最小值，之后随着温度的下降而逐渐变大，在整个低温环境下天然酯绝缘油的介质损耗因数稍大于矿物绝缘油。当绝缘油由20℃逐渐降温至0℃时，绝缘油中的微水由悬浮水、游离水结冰，绝缘油电导显著减小，介质损耗因数小；随着温度继续降低，析出的微水因重力因素而沉降，且油在继续降温过程中因黏度的增大而使得水分子的平均自由程减小，绝缘油的电导加大，介质损耗因数逐渐增大。

2.7.3 体积电阻率特性

按照DL/T 421—2009《电力用油体积电阻率测定法》的规定，在0～-30℃低温环境下，对天然酯绝缘油的体积电阻率进行测量，见表2-41，由表2-41可知，随着温度的降低，天然酯绝缘油和矿物绝缘油均随着温度的降低，体积电阻率逐渐增大，在低温环境下天然酯绝缘油体积电阻率仍满足变压器运行油对体积电阻率的要求。

表2-41　　低温环境下绝缘油体积电阻率试验数据　　Ω•cm

油类别	试验温度（℃）					
	20	0	-5	-10	-20	-30
矿物绝缘油	180×10^{10}	215×10^{10}	234×10^{10}	241×10^{10}	264×10^{10}	306×10^{10}
天然酯绝缘油	150×10^{10}	198×10^{10}	214×10^{10}	231×10^{10}	253×10^{10}	286×10^{10}

2.7.4 局部放电特性

按照GB/T 7354—2018《高电压试验技术局部放电测量》的规定，在0～-30℃低温环境下，对微水含量为60mg/L天然酯绝缘油与微水含量为50mg/L矿物绝缘油开展局部放电测量，测量了局部放电起始电压值、局部放电熄灭电压值以及局部放电发展为击穿的电压值，试验结果见表2-42和表2-43。

表2-42　　矿物绝缘油局部放电测试数据　　kV

温度（℃）	编号	起始电压	熄灭电压	击穿电压
0	1	14.2	11.4	25.1
	2	14.1	11.5	25.6
	3	13.8	11.3	25.3

续表

温度（℃）	编号	起始电压	熄灭电压	击穿电压
-10	1	14.1	10.9	20.4
	2	13.9	11.1	20.4
	3	14.1	10.8	20.1
-15	1	14.2	10.6	18.2
	2	14.1	10.7	18.1
	3	14.2	10.5	17.9
-20	1	14.7	10.7	16.2
	2	14.5	11.1	16.5
	3	14.6	10.9	16.3
-30	1	15.1	11.7	17.5
	2	15.3	11.8	17.0
	3	15.2	11.6	16.9

表 2-43　天然酯绝缘油局部放电测试数据　kV

温度（℃）	编号	起始电压	熄灭电压	击穿电压
0	1	16.1	12.3	24.9
	2	16.0	12.5	26.0
	3	15.9	12.2	26.3
-10	1	15.3	11.8	22.5
	2	15.5	12.0	22.3
	3	14.5	11.7	21.8
-15	1	15.1	11.7	20.0
	2	15.3	11.5	19.3
	3	15.0	11.7	19.1
-20	1	14.5	10.8	14.2
	2	14.6	10.7	13.9
	3	14.7	10.7	13.3
-30	1	16.3	12.9	23.5
	2	16.5	12.6	23.8
	3	16.2	12.8	22.9

对表 2-42 和表 2-43 中试验结果分析可知，随着试验温度的降低，天然酯绝缘油的局部起始电压和局部熄灭电压均呈现先小幅下降再小幅上升的规律，这

与天然酯绝缘油在低温环境下的工频击穿电压试验结果相吻合，并且天然酯绝缘油的起始电压与熄灭电压均高于矿物绝缘油产生局部放电时的起始电压与熄灭电压。

以天然酯绝缘油在 0℃时的局部放电测量为例，给出天然酯绝缘油低温下局部放电特性测试情况。天然酯绝缘油在 0℃温度下，局部放电测试的局部放电背景值为 71.4pC，如图 2-40 所示。

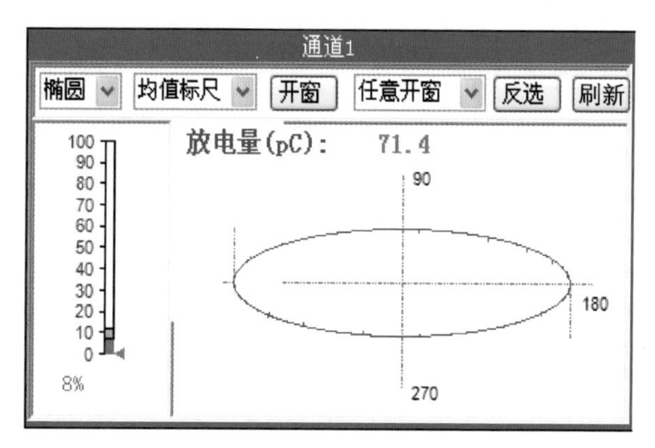

图 2-40　0℃天然酯绝缘油局部放电背景图

天然酯绝缘油在 0℃下，施加试验电压 16kV、局部放电值为 188.5pC，如图 2-41 所示。

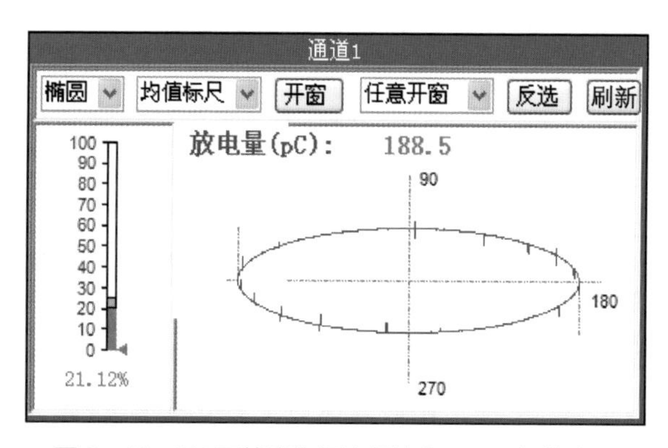

图 2-41　0℃天然酯绝缘油起始电压下局部放电图

天然酯绝缘油在 0℃下，施加电压为 26kV、局部放电发展为击穿时，局部放电值为 892.7pC，如图 2-42 所示。

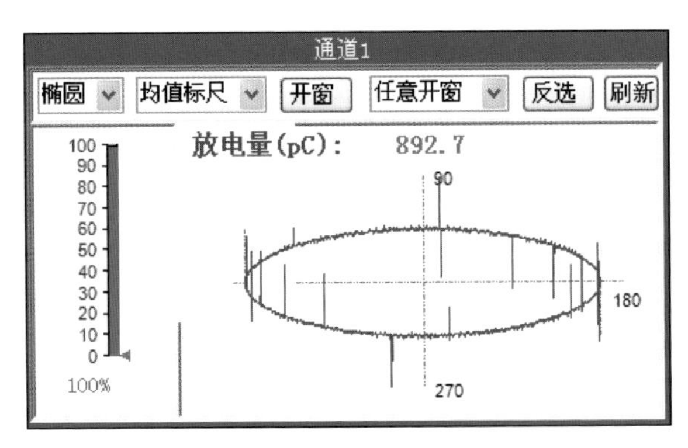

图 2-42 0℃天然酯绝缘油击穿时刻局部放电图

2.7.5 天然酯绝缘油变压器低温试验

为了更真实模拟天然酯绝缘油变压器在低温状态下的电气性能，采用 10kV 天然酯绝缘油变压器进行低温环境下的冷冻试验，并对冷冻后的天然酯绝缘油变压器进行电气性能测量。

（1）试验变压器。被试变压器为 SW11－200/10 型天然酯绝缘油变压器，该天然酯绝缘油变压器主要参数见表 2－44。

表 2－44 被试天然酯绝缘油变压器主要参数

项目	参数	项目	参数
产品型号	SW11－200/10	额定频率	50Hz
额定容量	200kVA	绝缘水平	LI（75kV），AC（35/5kV）
额定电压	10/0.4kV	冷却方式	ONAN
短路阻抗	4.30%	器身吊重	500kg
联结组标号	Dyn11	绝缘油重	133kg
使用条件	户外	总重	780kg

（2）低温试验箱。为了模拟极低温环境，采用图 2－43 所示 GDW－020 型高低温交变试验室提高低温环境。该实验室外形尺寸为 $D4500 \times W6700 \times H43\ 000$（mm），工作尺寸为 $D4000 \times W4000 \times H4000$（mm），功率约 135kW，温度范围为－40～+85℃。该实验室内部工作尺寸便于布置被试天然酯绝缘油变压器，温度范围最低达到－40℃，可模拟极低温环境。

图 2-43　GDW-020 高低温交变试验室

（3）变压器低温冷冻试验。将被试天然酯绝缘油变压器布置于高低温交变实验室，实验室内部温度设置为 -30℃，降温冷冻 48h 后对变压器进行外施耐压试验、局部放电试验和直流电阻测量，见图 2-44 所示。其中，外施耐压试验将低压三相和中性点短接并接地，高压三相短接施加 35kV 电压 1min，试验过程中电压、电流无明显变化、无异响则认为外施耐压试验合格。

图 2-44　被试变压器低温冷冻试验实物图

试验过程中分三个阶段对冷冻后的天然酯绝缘油变压器进行了三次外施耐压试验。试验环境温度 19℃。

阶段一：被试变压器在 –30℃环境下 48h 冷冻结束后，测量绕组温度为 –30℃，顶层油温为 –30℃（顶层油温由热电偶通过顶层油温孔测量）。

阶段二：冷冻结束后，室温（15℃）下静置 5h，测量绕组温度为 –28℃，顶层油温为 –12℃。

阶段三：冷冻结束后，室温（15℃）下静置 8h，测量绕组温度为 –13℃，顶层油温为 4℃。

在以上三个阶段分别对被试天然酯绝缘油变压器进行 35kV 外施耐压试验，持续施加电压 1min，试验过程中电压、电流无明显变化，无异响，外施耐压试验合格。

参考 10kV 干式变压器局部放电试验，对天然酯绝缘油变压器进行局部放电试验，预加电压 $1.8U_r$，持续 30s，降压至 $1.3U_r$，持续 3min，进行局部放电测量，试验结果见表 2–45 所示。由试验结果可知，随着变压器中天然酯绝缘油由凝固状态变为液态过程中，变压器不同温度下的局部放电值没有明显变化。

表 2–45　局部放电测量试验数据

绕组温度（℃）	电压	A 相（pC）	B 相（pC）	C 相（pC）
–30	$1.8U_r$（720V）	27	31	30
	$1.3U_r$（520V）	25	26	24
–28	$1.8U_r$（720V）	28	30	29
	$1.3U_r$（520V）	25	23	22
–13	$1.8U_r$（720V）	30	29	32
	$1.3U_r$（520V）	25	23	22

通过低温环境下天然酯绝缘油和天然酯绝缘油变压器的电气性能试验可知，天然酯绝缘油具有以下低温特性：

（1）在 0～–30℃低温环境范围内，不同微水含量的天然酯绝缘油和矿物绝缘油击穿电压均表现出先下降后上升的变化规律，即在确定的温度下出现击穿电压的最小值；绝缘油中微水含量越高，则出现最小击穿电压值对应的温度越低，且击穿电压值也越低。

（2）在 20～–35℃降温过程中，天然酯绝缘油和矿物绝缘油的介质损耗因数均呈先下降后上升的变化趋势，天然酯绝缘油在 0～–10℃之间达到介损最小值，之后随着温度的下降而逐渐变大，在整个低温环境下天然酯绝缘油的介质损耗因数稍大于矿物绝缘油。

（3）在0～－30℃温度范围内，测得天然酯绝缘油的体积电阻率随温度的下降而逐渐增大，矿物绝缘油体积电阻率也具有相同的变化规律，但矿物绝缘油的体积电阻率稍大于天然酯绝缘油。

（4）在0～－30℃低温环境下，随着试验温度的降低，天然酯绝缘油的局部起始电压和局部熄灭电压均呈现先小幅下降再小幅上升的规律，这与天然酯绝缘油在低温环境下的工频击穿电压试验结果相吻合，并且天然酯绝缘油的起始电压与熄灭电压均高于矿物绝缘油产生局部放电时的起始电压与熄灭电压。

（5）通过对天然酯绝缘油变压器整体冷冻试验，测量其外施耐压和局部放电试验可知，－30℃环境下天然酯绝缘油变压器仍然具有良好的绝缘性能。

2.8 天然酯绝缘油环境性能

天然酯绝缘油环境性能参数主要有燃点和闪点、火灾危险、生物降解性、毒性等。

2.8.1 燃点和闪点

闪点是指在规定试验条件下，试验火焰引起试样蒸汽着火，并使火焰蔓延至液体表面的最低温度，修正到101.3kPa大气压下。绝缘油的闭口闪点是用规定的闭口杯闪点测定仪器所测得的闪点，单位为℃。燃点是指在规定试验条件下，试验火焰引起试样蒸汽着火且至少持续燃烧5s的最低温度，修正到101.3kPa大气压下。

变压器油防火安全最重要的火灾危险性参数是燃点。高燃点绝缘油是一种新型的、安全的防火变压器绝缘冷却剂。依据美国UL340标准，高燃点绝缘油火灾危险程度分级标准为4～5级，如α油、β油、FR3天然酯绝缘油等，其开口杯燃点高于300℃，属于国际电工委员会（IEC）规定的K级液体，实验测试也证明了K级绝缘液体能够降低变压器火灾事故发生程度，有效防止油池火发生。

天然酯绝缘油燃点高，具有比传统矿物绝缘油更优越的耐火性能，美国已经将高燃点绝缘油变压器的户内、户外安装要求编入NEC 450－23，可用于安全、防火要求较高的户内场所。美国UL和FM机构也对该类绝缘油的防火安全性进行了认证，并规定了详细的安装要求。GB 50016—2014《建筑设计防火规范》中要求油浸式变压器的耐火等级不得低于二级，不应贴邻人员密集场所布置，普通油浸式变压器不得用于防火要求高的室内。典型的变压器绝缘油主要防火性能参数如表2－46所示。

表 2-46　　典型变压器绝缘油基本防火性能参数

序号	油类别	性能参数			
		闪点（℃）	燃点（℃）	比热 [kJ·(kg·℃)$^{-1}$]	导热率 [W·(m·K)$^{-1}$]
1	矿物绝缘油	150	170	1.63（20℃）	0.126（20℃）
2	α 油	266	308	—	0.110（20℃）
3	β 油	272	308	1.93（20℃）	0.130（20℃）
4	R-temp 油	284	312	—	0.129（20℃）
5	硅油	260	350	1.51（20℃）	0.157（25℃）
6	合成酯	260	316	1.88（20℃）	0.144（20℃）
7	天然酯绝缘油	316	360	1.88（25℃）	0.167（25℃）

由表 2-46 可以看出，天然酯绝缘油燃点在 360℃左右，比矿物绝缘油高近 200℃，比阻燃液体的最低要求高出 60℃，高于美国电气规范（NEC）所规定的最低燃点（300℃）。它有较低的起火焰性，属于不扩展火灾油，能有效抑制电弧着火或燃烧，提高变压器的安全性，能将火灾风险降至极低，发生火灾和爆炸的风险远远低于矿物绝缘油变压器。

2.8.2　生物降解

生物降解一般指微生物的分解作用，可能是微生物的有氧呼吸或无氧呼吸。自然界存在的微生物分解物质对环境不会造成负面影响。天然酯绝缘油比矿物绝缘油环境相容性更好，不同绝缘油的生物降解率见图 2-45。

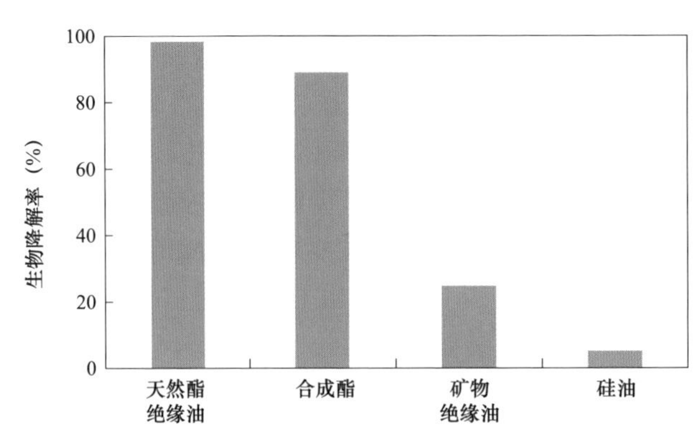

图 2-45　不同绝缘油的生物降解率

天然酯绝缘油的主要成分是甘油三酯类物质，在微生物的作用下，甘油三酯类物质经过酶催化反应降解为 CO_2、H_2O，或经过一系列的生物化学合成代谢转化为构成微生物细胞物质的中间产物，降解转化速度较快。由图 2–45 可以看出，天然酯绝缘油的生物降解率约 97%，远远高于合成酯、矿物绝缘油及硅油，即使发生泄漏也能够快速而彻底地降解，对周边环境造成的损害很小或几乎没有，环保性能优异。

2.8.3 毒性

毒性又称生物有害性，一般是指外源化学物质与生命机体接触或进入生物活体体内后，能引起直接或间接损害作用的相对能力，或简称为损伤生物体的能力。天然酯绝缘油的毒性测试可以采用修改后的埃姆斯试验法或其他国际公认的试验方法，无污染的天然酯绝缘油应为无毒。

在联苯分子中，两个或两个以上的氢原子被氯原子取代后，得到的一些同分异构物和同系物混合而成的绝缘液体。PCB 是一种有毒化合物，会对肝脏、神经和内分泌系统等造成损伤，也是致癌物质，因而被严格控制。但是，由于其电气性能良好、燃点高，过去曾被一些国家作为绝缘介质使用，在我国曾有少量电容器使用过。未使用过的天然酯绝缘油应不含任何聚氯联苯，为防止天然酯绝缘油受到污染，应严格控制 PCB 的引入。

天然酯绝缘油与其他常见绝缘油的环境性能参数对比见表 2–47。

表 2–47　　天然酯绝缘油与其他常见绝缘油的环境性能对比

性能	单位	天然酯绝缘油	矿物绝缘油	硅油	合成酯
闪点	℃	316	150	260	260
燃点	℃	360	170	350	316
28 天降解率（OECD 301 F）	%	97	N/A	N/A	89
火灾危险等级（IEC 61100）	—	K2	O1	K3	K3
PCB 含量	mg/L	未检出	未检出	未检出	未检出

第3章　天然酯绝缘油变压器设计技术

变压器的分类方式很多，按照绝缘冷却介质分类，可以分为干式变压器、油浸式变压器和气体变压器等。天然酯绝缘油变压器是指以天然酯绝缘油作为内部绝缘介质及散热用的油浸式变压器。在矿物绝缘油变压器设计的基础上，天然酯绝缘油变压器的设计还应综合考虑天然酯绝缘油的特点、油纸绝缘配合以及天然酯绝缘油变压器运行要求、技术经济性等因素。

3.1　设计计算流程

电力变压器设计就是根据标准规范和技术协议要求，先确定变压器的主要性能参数和主要几何尺寸要求，再计算其性能数据和各部分的温升、变压器重量、外形尺寸等，然后再进行结构设计。在变压器设计计算中，应满足国家相关的经济、技术、政策资源及制造和使用部分的要求，必须合理地制定性能参数和尺寸。天然酯绝缘油变压器的设计计算流程跟矿物绝缘油变压器相同，变压器设计计算一般流程见图 3-1 所示。

变压器设计计算步骤：

（1）根据技术合同，结合国家标准及相关技术标准、技术协议，决定变压器规格及其相应的性能参数，如额定容量、额定电压、联结组别、短路阻抗、负载损耗、空载损耗及空载电流等。

（2）确定硅钢片牌号及铁芯结构形式，计算铁芯柱直径、芯柱和铁轭截面。

（3）根据硅钢片牌号，初选铁芯柱中磁通密度，计算每匝电动势。

（4）初选低压匝数，凑成整数匝，根据此匝数再重算铁芯柱中的磁通密度及每匝电动势，然后算出高压绕组额定分接及其他各分接的匝数。

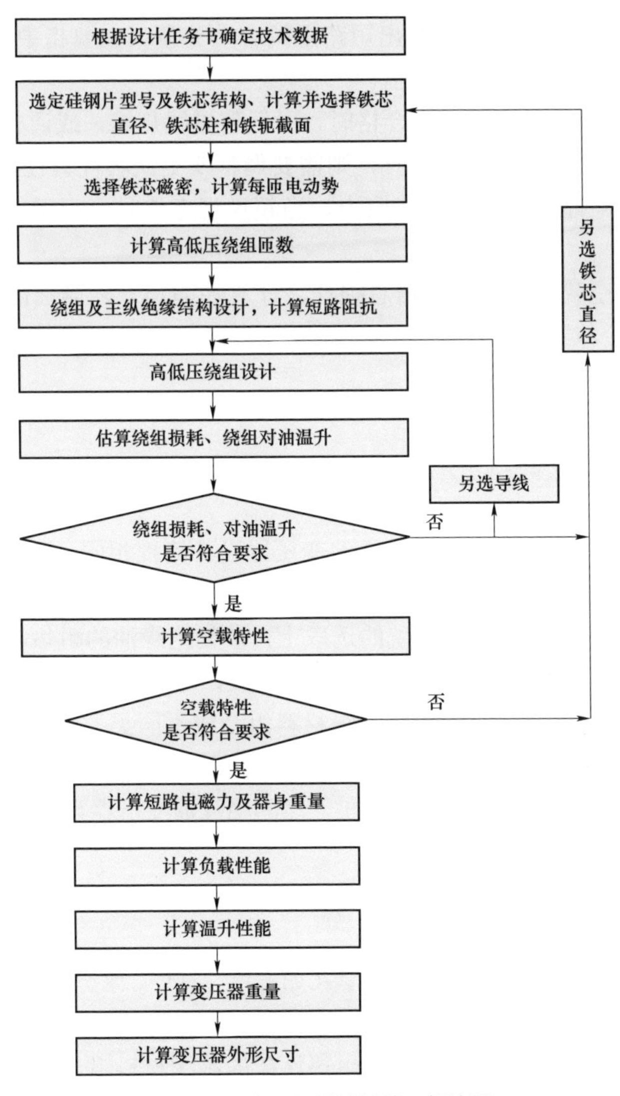

图 3-1　变压器设计计算一般流程

（5）根据变压器额定容量及电压等级，计算或从设计手册中选定变压器主、纵绝缘结构。

（6）根据绕组结构形式，确定导线规格，进行绕组段数、层数、匝数的排列，计算绕组的轴向高度和辐向尺寸、电抗高度。

（7）计算绝缘半径，确定变压器中心距 M_0，初算短路阻抗无功分量，大型变压器无功分量值应与短路阻抗标准接近。

（8）计算绕组负载损耗，算出短路阻抗有功分量（主要指中小型变压器），检查短路阻抗是否符合标准规定值。

（9）计算绕组对油温升，不合格时，可调整导线规格，或调整线段数及每段匝数的分配，当超过规定值过大时，则需要调整变更铁芯柱直径。

（10）计算短路机械力及导线应力，当超过规定值时，应调整安匝分布或加大导线截面。

（11）计算空载性能及变压器总损耗，计算油面温升，当油面温升过高或过低时，应调整冷却器配置。

（12）计算变压器重量。

3.2 绝缘系统类型及选择

天然酯绝缘油变压器与矿物绝缘油变压器设计流程相同，但由于两种绝缘油的理化性能、电气性能存在部分差异，导致采用两种不同绝缘油的变压器设计存在部分差异之处，首先在绝缘系统的选取上，矿物绝缘油的耐热等级为 A（105）级，而天然酯绝缘油的耐热等级为 B（130）级，这就使得采用天然酯绝缘油的变压器可以与不同耐热等级的固体绝缘材料组合成不同类型的绝缘系统，可适应不同的温升限值和负载能力要求；此外，天然酯绝缘油的氧化安定性、运动黏度、介电特性等与矿物绝缘油存在差异，在天然酯绝缘油变压器设计中应采取优化设计措施。

3.2.1 油浸式变压器绝缘系统类型

电力变压器绝缘寿命受到多种因素（如温度、氧气、水分、电和机械的应力、化学物质、紫外线等）的影响，而温度通常是对绝缘材料和绝缘结构老化起支配作用的因素，在变压器内部使用不同耐热性能的绝缘材料组合，可实现变压器绝缘系统耐热性能及经济性的优化设计。

油浸式变压器采用的绝缘系统由一种或多种固体绝缘材料组成，用于实现导电部件绝缘，并通过液体实现绝缘和散热功能。为了使设备的使用寿命达到预期值，绝缘应耐受在其预计寿命期间所出现的电气、机械和热应力。变压器固体绝缘的耐热性能和额定温度应结合绝缘液体进行评定，GB/T 22578.1—2017《电气绝缘系统（EIS）液体和固体组件的热评定　第 1 部分：通用要求》中描述了固体和液体组合绝缘的评定方法，根据该方法求出热指数以确定绝缘系统的耐热等级。经制造方与用户一致同意，允许采用通过运行经验或试验验证的耐热等级。

绝缘系统首选耐热等级见表3－1。

表3－1　绝缘系统首选耐热等级

耐热等级	字母表示	热点温度（℃）
105	A	98
120	E	110
130	B	120
140	—	130
155	F	145
180	H	170
200	N	190
220	R	210

变压器绕组绝缘是整个绝缘系统的主要组成部分。当设计恰当的冷却通道将材料与绕组本身分离时，应将变压器各绕组间的绝缘隔板视为独立的单元，液体循环可提供充分冷却，以避免超过绝缘隔板的耐热极限。若绝缘隔板与绕组接触，则应考虑将其视为绕组的一部分，这对于层间绝缘接触到绕组导线的层式绕组尤为重要。

实际应用中，应进行充分的测试以验证变压器内部温度分布。在原型测试和单元测试时，应在关键（临界）位置进行实际温度测量。一旦得到温度分布图，应按照特定位置的温度要求选择适合的材料。应有充足的试验数据支撑，以验证变压器热模型符合部分型式试验要求。可将变压器视为由被绝缘隔板和冷却通道分开的独立绕组组成的集成体来阐释不同绝缘系统，然后通过一系列的绕组类型，阐述在单个变压器中不同绝缘系统的组合方式。

IEC 60076.14—2013《电力变压器　第14部分：采用高温绝缘材料的液浸式变压器》以高温绝缘材料的含量定义了三种不同的绝缘系统：常规绝缘系统、混合绝缘系统和高温绝缘系统。常规绝缘系统是参考依据，其不包含高温绝缘材料，此系统仅作为参考。根据绕组高温绝缘材料的使用程度，混合绝缘系统又划分为半混合绝缘绕组、局部混合绝缘绕组、全混合绝缘绕组三类，见表3－2。

1. 混合绝缘系统

采用常规绝缘隔板和高温绝缘绕组组成的三种混合绝缘绕组类型如下：

（1）半混合绝缘绕组。半混合绝缘绕组是指仅在绕组导线上采用高温绝缘材料，层式绕组的层间绝缘也应采用高温绝缘材料，在其他区域可采用常规（纤维素）绝缘材料。半混合绝缘绕组的示例见图 3-2。

表 3-2　　　绝缘系统类型对比

绝缘件类型及应用温度		常规绝缘系统	混合绝缘系统			高温绝缘系统
			半混合绝缘绕组	局部混合绝缘绕组	全混合绝缘绕组	
绝缘件的类型	液体	C 或 H	C 或 H	C 或 H	C 或 H	H
	导线绝缘	C	H	C 和 H 组合式	H	H
	垫块/撑条	C	C	C 和 H 组合式	H	H
	固体隔板	C	C	C	C	H
绝缘件应用温度	顶层液体温升	C	C	C	C	H
	绕组平均温升	C	H	C	H	H
	绕组热点温升	C	H	H	H	H

注　1. 本表仅示变压器基础部件，其他部件的温度取决于热量图的结果。

2. 由于所有变压器内均存在热梯度，在一些常规绝缘处有维持常规温度的情况是可以接收的。

3. 常规耐热等级用 C 表示，高温耐热等级用 H 表示。

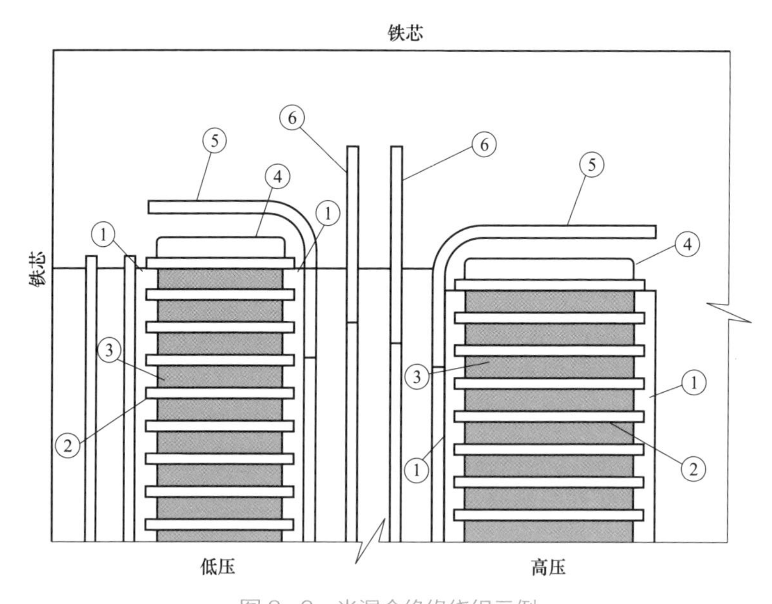

图 3-2　半混合绝缘绕组示例

①—常规轴向撑条紧贴绕组；②—常规辐向垫块；③—高温导线绝缘；

④—常规静电环；⑤—常规角环；⑥—常规围屏隔板

具体情况如下：

1）绕组所采用的材料类型：高温材料仅用于导线绝缘。

2）绝缘隔板所采用的材料类型：常规材料。

3）绕组温升限值：绕组平均温升和绕组热点温升均高于常规。

（2）局部混合绝缘绕组。局部混合绝缘绕组是指在某些绝缘部件或部分绕组采用高温绝缘材料，如绕组导线热点温度高于常规限值的区域；但多数固体绝缘采用了常规绝缘材料，当绕组局部热点温度超过常规热点温度时，其绕组平均温度为常规温度。局部混合绝缘绕组的示例见图3-3。

具体情况如下：

1）绕组所采用的材料类型：高温材料用于绕组局部，其目的是为了防止关键位置过度老化。

2）绝缘隔板所采用的材料类型：常规材料。

3）绕组温升限值：绕组平均温升与常规相同，绕组热点温升高于常规。

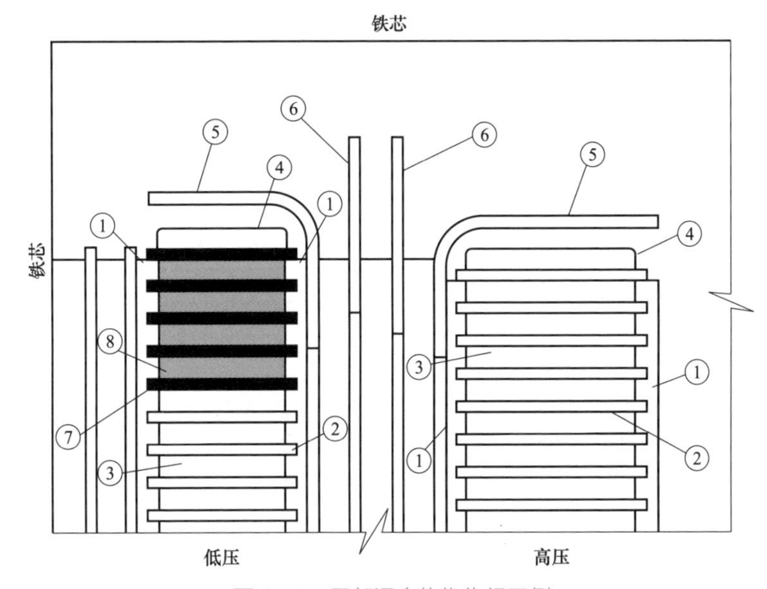

图3-3 局部混合绝缘绕组示例

①—常规轴向撑条紧贴绕组；②—常规辐向垫块；③—常规导线绝缘；④—常规静电环；
⑤—常规角环；⑥—常规围屏隔板；⑦—高温辐向垫块；⑧—在热点区域的高温导线绝缘

采用高温绝缘绕组类型仅用于保护绕组局部温度超过常规热点温度限值的目的。这种绕组类型的关键点在于绕组平均温升始终等于或低于常规限值，仅绕组局部超过常规热点温度限值。如由于漏磁场的径向分量和变流变压器因谐波电流集中而导致额外损耗和发热较多的绕组局部，可采用高温绝缘。

（3）全混合绝缘绕组。全混合绝缘绕组与导线有热接触的所有部位均采用高温固体绝缘材料的绕组，与常规固体绝缘组合，其允许的绕组平均温升和绕组热点温升高于常规绕组。

导线绝缘以及轴向撑条、辐向垫块应采用高温绝缘材料。在高于常规温度区域内的其他绝缘部件也应采用高温绝缘材料。可在其他区域采用常规纤维素基绝缘材料，如工作在常规温度下的绝缘筒和角环等。全混合绝缘绕组的示例见图 3-4。

具体情况如下：

1）绕组所采用的材料类型：工作在高于常规温度下的所有绝缘均采用高温材料。

2）绝缘隔板所采用的材料类型：常规材料。

3）绕组温升限值：绕组平均温升和绕组热点温升均高于常规。

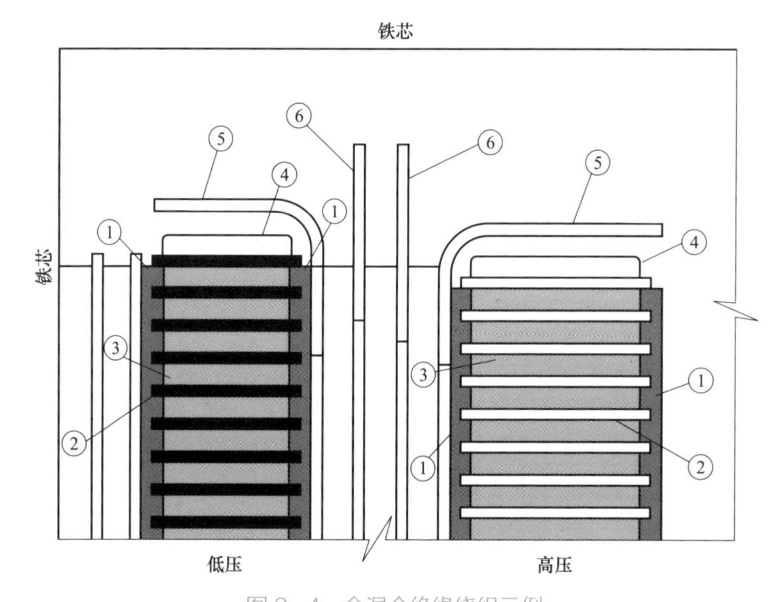

图 3-4　全混合绝缘绕组示例

①—高温轴向撑条紧贴绕组；②—高温辐向垫块；③—高温导线绝缘；
④—常规静电环；⑤—常规角环；⑥—常规围屏隔板

2. 高温绝缘绕组

高温绝缘绕组是指全部采用高温绝缘材料的绕组，其允许的绕组平均温升和绕组热点温升高于常规绝缘绕组。

高温绝缘材料可能包括不同温度等级的绝缘材料，但均高于常规温度。高温绝缘绕组的示例见图 3-5。

具体情况如下：

1）绕组所采用的材料类型：高温材料。

2）绝缘隔板所采用的材料类型：高温材料。

3）绕组温升限值：绕组平均温升和绕组热点温升均高于常规。

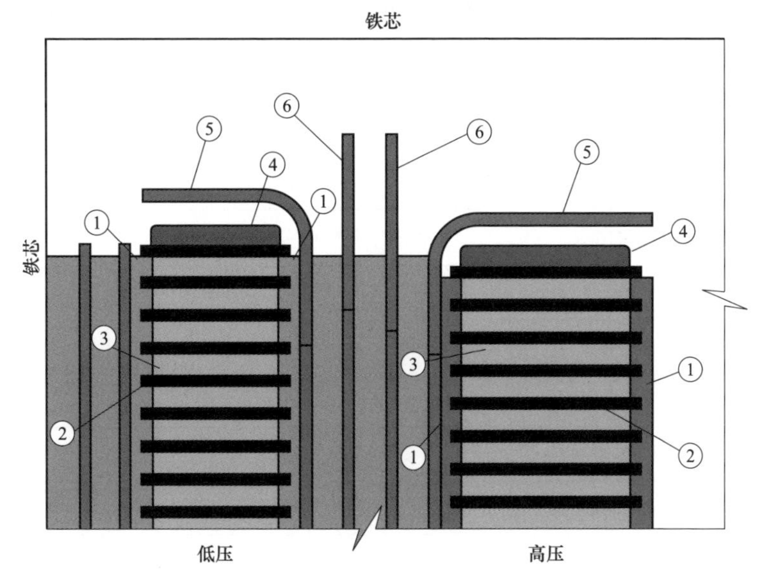

图 3-5　高温绝缘绕组示例

①—高温轴向撑条紧贴绕组；②—高温辐向垫块；③—高温导线绝缘；
④—高温静电环；⑤—高温角环；⑥—高温围屏隔板

根据 IEC 60076.14—2013 规定，各种固体和天然酯绝缘油组合成的绝缘系统的连续工作最高温升限值见表 3-3。

表 3-3　不同绝缘系统变压器温升限值

项目	常规绝缘系统	混合绝缘系统					高温绝缘系统		
		半混合绝缘绕组	局部混合绝缘绕组	全混合绝缘绕组					
高温固体绝缘最低耐热等级	105	120	130	130	140	155	130	140	155
顶层油温升（K）	60	60	60	60	60	60	90	90	90
绕组平均温升（K）	65	75	65	85	95	105	85	95	105
绕组热点温升（K）	78	90	100	100	110	125	100	110	125

3.2.2 天然酯绝缘油变压器常用绝缘组合

JB/T 13749—2020《天然酯绝缘油电力变压器》在参考 IEC 60076.14—2013 的基础上，结合各绝缘系统组合对应的技术经济性和应用场合需求，将天然酯绝缘油电力变压器常用绝缘系统划分成Ⅰ类绝缘组合、Ⅱ类绝缘组合和Ⅲ类绝缘组合三类。其中，Ⅰ类绝缘组合即对应常规绝缘系统，Ⅱ类绝缘组合对应混合绝缘系统中的半混合绝缘绕组组合，Ⅲ类绝缘组合对应高温绝缘系统。天然酯绝缘油变压器常用绝缘系统类型见表 3–4。

表 3–4　天然酯绝缘油变压器常用绝缘系统类型

绝缘件类型及应用温度		Ⅰ类组合	Ⅱ类组合	Ⅲ类组合
绝缘件类型	导体绝缘	C	H	H
	垫块/撑条	C	C	H
	固体围屏	C	C	H
绝缘件应用温度	顶层油温升	C	C	H
	绕组平均温升	C	H	H
	绕组热点温升	C	H	H

注　常规耐热等级用 C 表示，高温耐热等级用 H 表示。

绝缘系统确定前应进行足够的温度分布测试，应通过测量模型和样机中关键位置的实际温度分布来完成。一旦温度分布确定，特殊温度要求的部位应选用相应耐热等级的材料。

（1）Ⅰ类绝缘组合。Ⅰ类绝缘组合为由天然酯绝缘油和 105 级（A）绝缘材料构成的绝缘组合。与常规矿物绝缘油变压器相比，主要差异在于通过使用天然酯绝缘油替换矿物绝缘油，其他绝缘材料均使用 105 级（A）绝缘材料，Ⅰ类绝缘组合典型结构示例如图 3–6 所示。

（2）Ⅱ类绝缘组合。Ⅱ类绝缘组合为变压器绝缘液使用天然酯绝缘油，且仅在导体绝缘（包括层式绕组的层间绝缘及认为可能的热点区域）中采用 120 级（E）及以上固体绝缘材料的绝缘组合。Ⅱ类绝缘组合系统中绕组的平均温升和热点温升限值高于Ⅰ类绝缘组合，Ⅱ类绝缘组合典型结构示例见图 3–7。

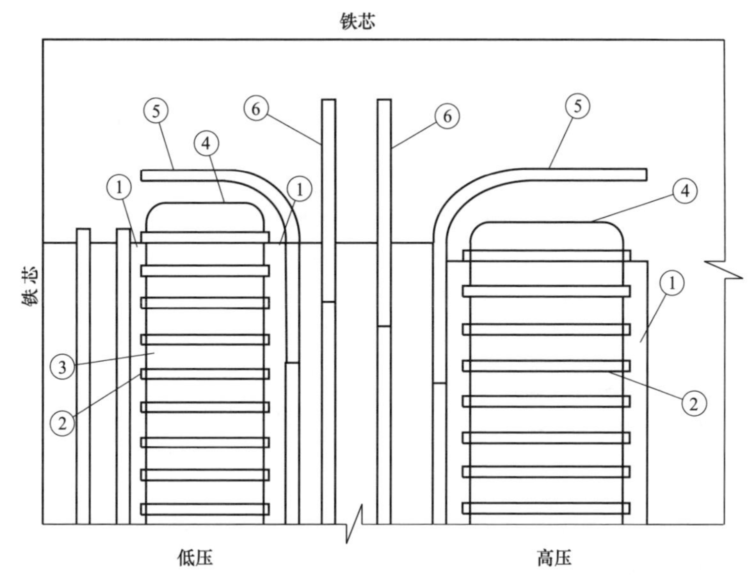

图 3-6 Ⅰ类绝缘组合典型结构示例图

①—绕组轴向撑条；②—幅向垫块；③—导线绝缘；④—静电屏蔽环；⑤—角环；⑥—围屏

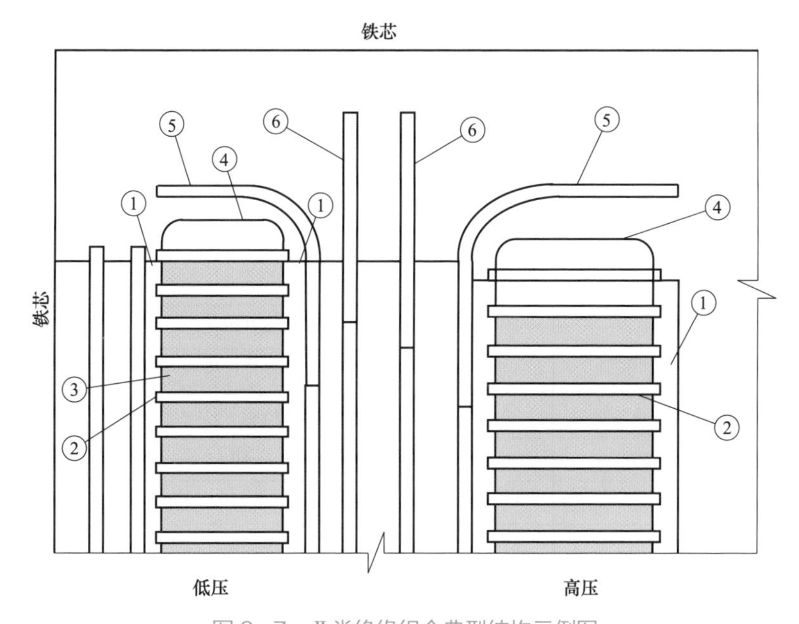

图 3-7 Ⅱ类绝缘组合典型结构示例图

①—常规或高温绕组轴向撑条；②—常规或高温幅向垫块；③—高温导线绝缘；

④—静电屏蔽环；⑤—角环；⑥—围屏

（3）Ⅲ类绝缘组合。Ⅲ类绝缘组合的变压器中绝缘液使用天然酯绝缘油，其余绝缘材料均使用130级（B）固体绝缘材料和天然酯绝缘油组成的绝缘组合，绝缘系统运行的温升限值高于Ⅱ类绝缘组合。Ⅲ类绝缘组合典型结构示例见图3-8。

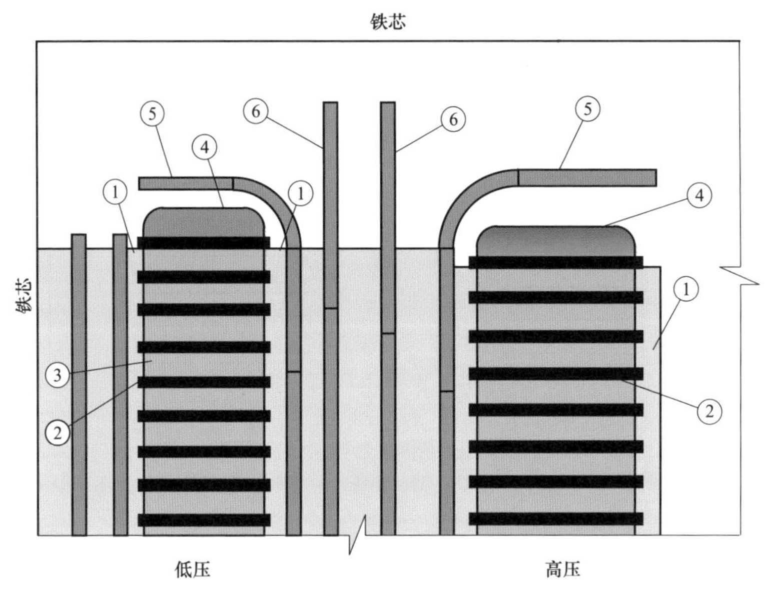

图3-8 Ⅲ类绝缘组合典型结构示例图

①—高温绕组轴向撑条；②—高温幅向垫块；③—高温导线绝缘；
④—高温静电屏蔽环；⑤—高温角环；⑥—高温围屏

（4）温升限制。不同绝缘组合天然酯绝缘油变压器对应的温升限值见表3-5。

表3-5 温升限值 K

项目	温升限值		
	Ⅰ类绝缘组合	Ⅱ类绝缘组合	Ⅲ类绝缘组合
最低的高温固体绝缘耐热等级	105级（A）	120级（E）	130级（B）
顶层天然酯绝缘油温升	60	60	85
绕组平均温升	65	75	85
绕组热点温升	78	90	100

3.2.3 天然酯绝缘油变压器绝缘组合选用原则

在选取天然酯绝缘油变压器绝缘组合类型时，应根据各绝缘组合类型的结构特点、成本、温升负载特性、绝缘寿命等综合判断，主要选用原则如下：

（1）Ⅰ类绝缘组合选用原则。

1）Ⅰ类绝缘组合作为绝缘系统基准，不含高温绝缘材料。Ⅰ类绝缘组合天然酯绝缘油变压器适用于年平均负荷率低、负荷峰谷差小的配电台区，适用于普通油浸式变压器应用场合。

2）Ⅰ类绝缘组合天然酯绝缘油变压器的容量、电压等级等技术参数和配套设备选用按照现行矿物绝缘油变压器标准执行。

3）除现有矿物绝缘油变压器应用范围外，Ⅰ类绝缘组合天然酯绝缘油变压器还适合于环保性和全可靠性要求更高的场所。

（2）Ⅱ类绝缘组合选用原则。

1）Ⅱ类绝缘组合天然酯绝缘油变压器适用于现行矿物绝缘油变压器应用范围，因Ⅱ类绝缘组合天然酯绝缘油变压器具有高燃点、高闪点及更高的绕组温升限值，可适用于峰谷偏差大、三相不平衡率偏高或有短时过载的场合，如市中心，城中村等。

2）Ⅱ类绝缘组合天然酯绝缘油变压器的性能参数及配套设备选用按现行矿物绝缘油变压器标准执行，配套设备的配置应综合考虑变压器短时过载运行和过载保护配合相关规定。

3）Ⅱ类绝缘组合天然酯绝缘油变压器，由于绕组耐热等级提高，不会因短时过载而损失寿命，可短期过载运行或按高一级容量使用。

（3）Ⅲ类绝缘组合选用原则。

1）Ⅲ类绝缘组合天然酯绝缘油变压器按特种变压器选用，该变压器整体具有B级耐热等级，可适用于环境温度高，有短时过载、长期重载场合。

2）Ⅲ类绝缘组合天然酯绝缘油变压器的容量选择按照特种变容量选择，考虑综合经济性及目前高温绝缘材料的应用现状，Ⅲ类绝缘组合天然酯绝缘油变压器更适用于体积受限的特种变压器。

3）Ⅲ类绝缘组合天然酯绝缘油变压器配套设备选用，一般按特种变压器的要求配置，过载特种变的配套设备主要包括高低压熔断器、负荷开关等配套设备配置，其配置应综合考虑配变的长期重载运行以至短时过载的运行和过载保护配合相关规定。

4）Ⅲ类绝缘组合天然酯绝缘油变压器应增加装设“高温危险”警示标志，并在安装、维护使用说明书中加以注明，其他标志应遵循GB/T 6451—2015《油浸式电力变压器技术参数和要求》。

实际应用中，针对典型的应用场景、应用类别推荐对应的绝缘系统类型见

表 3-6。

表 3-6　天然酯绝缘油变压器绝缘系统选用推荐表

选用依据		Ⅰ类绝缘组合	Ⅱ类绝缘组合	Ⅲ类绝缘组合
环保性能要求		√	√	√
防火性能要求		√	√	√
电网应用	负载率较低	√	○	×
	有短期过载	○	√	×
	有长期过载	×	○	√
移动式变电站		○	√	√
新能源应用	光伏工程	○	√	√
	风电工程	○	√	√
地铁、电气化铁路应用		√	√	√
工矿企业用户		○	√	√

注　“√”表示推荐；“×”表示不推荐；“○”表示双方协商。

3.2.4　天然酯绝缘油变压器设计原则

天然酯绝缘油变压器的选用除按照 GB/T 17468—2019《电力变压器选用原则》的规定外，还应考虑选用变压器的技术参数及运行能力，应以变压器整体的可靠性为基础，综合考虑技术参数的先进性、合理性、经济性及环境友好性，结合负荷（电网）发展、安全要求、运行环境及运行方式、负载特性和损耗等采取综合费用法（Total Owning Cost，TOC）或全寿命周期（Life Cyle Cost，LCC）评价方式，提出合理的技术经济指标和运行能力考核指标。同时还要考虑可能对系统安全运行、环保、运输、安装空间和运行维护等方面的影响。因此，天然酯绝缘油变压器的设计基本原则如下：

（1）天然酯绝缘油电力变压器应符合 GB/T 1094.1、GB/T 1094.3、GB/T 1094.4、GB/T 1094.5、GB/Z 1094.14 的规定。

（2）天然酯绝缘油变压器应根据应用需要进行设计，重点考虑变压器的温升限值及过载能力等方面。对于有高温运行（过载运行）需求的天然酯绝缘油变压器，设计时应考虑选用相应耐热等级的绝缘材料和组部件，并对绝缘系统进行评定，验证绝缘系统耐热等级后，再进行相应温升限值的设计。对于常规应用工况，可以采用常规绝缘材料和绝缘结构设计经验或者适当考虑散热问题。

（3）天然酯绝缘油电力变压器应采用密封结构，变压器内部的天然酯绝缘油与外部空气不能接触。

（4）天然酯绝缘油变压器的设计应考虑制造成本、运行维护成本和回收成本、损耗等经济性以及环保、防火安全等社会效益，评定其综合效益。

3.2.5　天然酯绝缘油配电变压器绝缘系统特殊设计

1. 天然酯绝缘油配电变压器提高过载能力设计

矿物绝缘油配电变压器的绝缘系统是由矿物绝缘油与 105（A）级绝缘纸组成的 105（A）级耐热等级的绝缘系统，矿物绝缘油更换为天然酯绝缘油后，根据图 3-9 纤维素纸寿命/温度曲线（图中 a 是以小时为单位的常数）计算分析可得出，天然酯绝缘油配电变压器可提高长期运行负载能力 8%～10%。

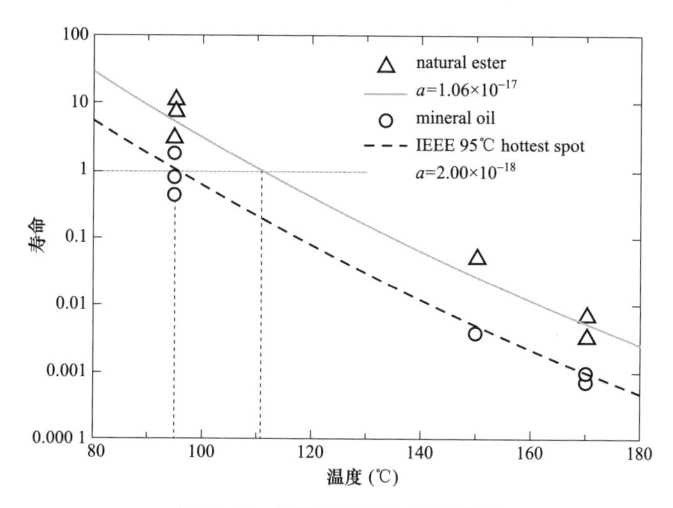

图 3-9　纤维素纸寿命/温度曲线

在相对寿命都为 1 时，纤维素纸与矿物绝缘油相配合时纤维素纸所能承受的长期热点温度为 95.1℃，纤维素纸与天然酯绝缘油相配合时纤维素纸所能承受的长期热点温度为 110.8℃。天然酯绝缘油变压器与矿物绝缘油变压器设计相同寿命时，纤维素纸在天然酯绝缘油中长期承受热点温度比在矿物绝缘油中高 15.7℃，天然酯绝缘油变压器绕组平均和绕组热点温升跟矿物绝缘油变压器相比，可以提高 10K 以上，即天然酯绝缘油变压器具有提高过载的能力。

因此，相同容量的天然酯绝缘油配电变压器，为提高其长期负载能力采用Ⅰ类绝缘组合 105（A）级常规绝缘系统，变压器设计时从结构、性能、材质基本按相同类型矿物绝缘油变压器设计，绝缘油采用天然酯绝缘油替代矿物绝缘油。此外，由于天然酯绝缘油运动黏度较大，可适当调整散热油道结构尺寸降低温升设计值。

2. 天然酯绝缘油配电变压器降低容量设计

变压器寿命主要取决于变压器内部绝缘系统寿命。根据图 3–10 所示的耐热纸寿命/温度曲线，在热点温度相同的 110℃下，矿物绝缘油与热改性牛皮纸相配合绝缘系统的相对材料寿命为 1，而天然酯绝缘油与热改性牛皮纸组成绝缘系统的相对绝缘寿命为 7.398，充分体现了天然酯绝缘油可延长绝缘纸寿命从而延长变压器绝缘寿命的特点。

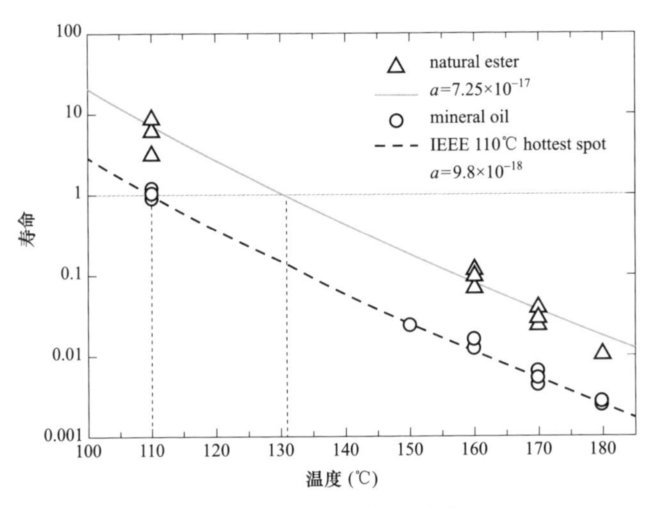

图 3–10　耐热纸寿命/温度曲线

在天然酯绝缘油变压器设计时，可将设计容量设在额定容量的 90%，通过天然酯绝缘油与纤维素纸绝缘系统寿命折算为与矿物绝缘油变压器绝缘系统相同寿命，实现降低变压器容量，提升变压器长期运行负载能力，满足电网运行需求。降低容量的天然酯绝缘油配电变压器宜采用Ⅱ类绝缘组合 120（E）级，绝缘材料采用 120 级耐热绝缘纸，绕组平均温升为 75K，温升限值如表 3–5 所示。

3. 天然酯绝缘油配电变压器减小体积设计

运行温度是影响变压器绝缘寿命的重要因素。在矿物绝缘油变压器设计时，根据常规 105（A）级绝缘系统温升限值，变压器的油面温升、绕组平均温升、绕组热点温升等均限值在表 3-5 规定的范围内。当温升超过限值，将会使变压器绝缘加速老化，减少变压器绝缘寿命。

同容量的变压器设计时，通过将变压器绝缘系统设计为Ⅲ类绝缘组合，由表 3-5 可知，在使用天然酯绝缘油与 B 级耐热绝缘等级绝缘材料组合时，可以使变压器油面温升、绕组平均温升、绕组热点温升比常规绝缘系统的温升限值提高 25、20K 和 22K。在变压器电磁、结构设计时，在满足损耗要求前提下，可减小线圈和油箱散热面积，实现变压器体积小型化设计。

3.3　天然酯绝缘油变压器设计选材

3.3.1　天然酯绝缘油与绝缘纸配合

变压器运行时绝缘油具有熄弧及绝缘自恢复功能，通过对变压器中绝缘油进行真空脱气、滤油和更换新油等处理工艺可及时更新变压器绝缘油性能，而变压器中的固体绝缘材料在老化或击穿后很难更新或替换，因此变压器的理论运行寿命主要由变压器中固体绝缘材料的使用寿命决定。变压器在运行过程中，其内部的油浸绝缘纸会受到电、热、振动等多方面的影响，使得油浸绝缘纸加速老化而导致损坏。

国内外学者经过大量的试验研究发现，老化初期，天然酯绝缘油浸纸的老化速率和矿物绝缘油浸纸的老化速率相差不大，但是老化到一定程度后，天然酯绝缘油浸纸的老化速率明显低于矿物绝缘油浸纸的老化速率。而绝缘纸的聚合度（Degree of Polymerization，DP）值是评价纸状况的一个重要指标，变压器在运行初期绝缘纸的 DP 值为 1000～1200，当绝缘纸老化，聚合物链损坏，DP 值下降，DP 值为 200 时绝缘纸便达到其使用周期的末端，非常易碎，并失去了其大部分机械强度。

在天然酯绝缘油和矿物绝缘油的热老化对比试验研究中，采用时间—温度法，即保持温度恒定，研究牛皮纸和热改性纸的抗拉强度和聚合度随老化时间变化，可得到其在天然酯绝缘油中热老化特性，如图 3-11～图 3-18 所示。图 3-11 和图 3-15 表示在温度保持恒定时，抗拉强度与时间的关系。利用 IEEE C57.91 的公式和终点寿命将不同温度—时间曲线进行归一化处理，这样所有数据都可以显示在一张图中，如图 3-12 和图 3-16 所示。而且，这些复合数据得到的曲线拟合会更加可靠。

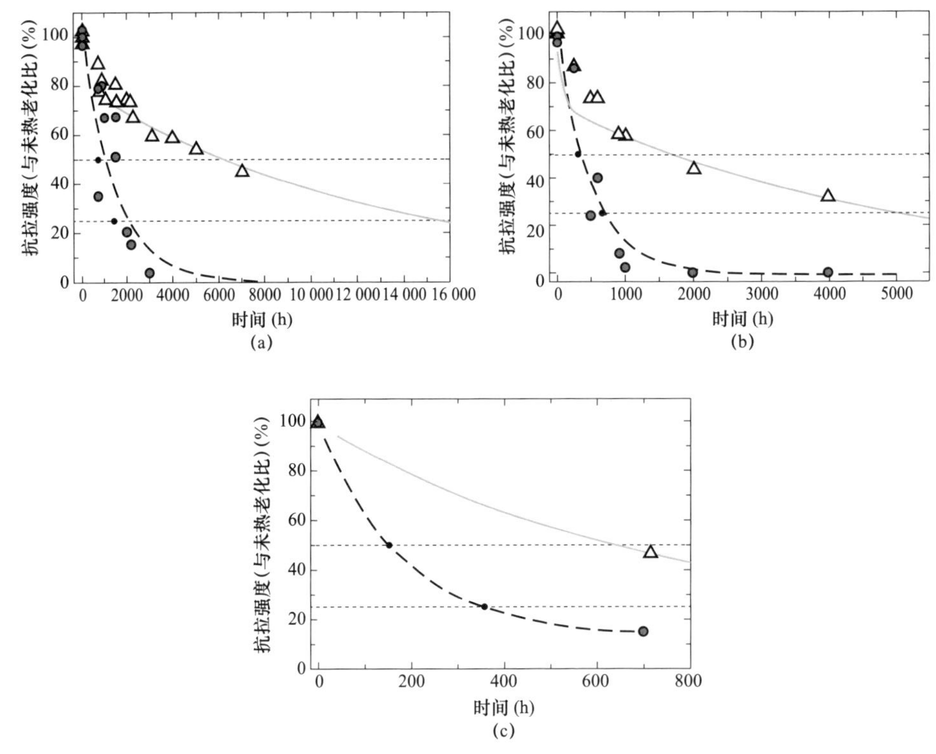

图 3-11　热改性纸在矿物绝缘油和天然酯液体中的老化后抗拉强度结果

（a）160℃；（b）170℃；（c）180℃

△—天然酯绝缘油；●—矿物绝缘油；●—IEEE C57.91

以热改性纸为例，从图 3-11（a）来看，160℃热老化试验时，天然酯绝缘油抗拉强度剩余 50%时对应的时间是大约 6280h。IEEE C57.91 的矿物绝缘油/热改性纸单位寿命公式中，160℃的单位寿命是 0.011。因此剩余 50%抗拉强度寿命的小时数是寿命结束点（65 000h）乘以单位寿命 0.011，即 706h。天然酯绝缘油单位寿命是 6280h 除以 706h，即 8.89。复合结果在图 3-12 中显示。因为 IEEE C57.91 中给出两个寿命终结点是基于剩余抗拉强度（原始抗拉强度剩余 50%和 25%），因此图 3-12 中抗拉强度单位寿命图要有两个单位寿命横轴。

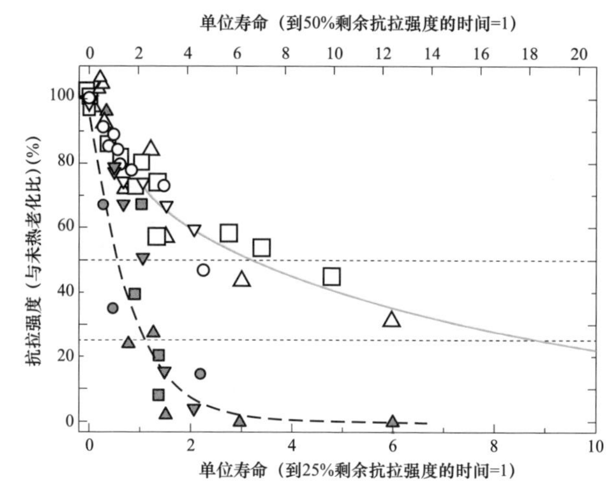

图 3-12　热改性纸在矿物绝缘油和天然酯绝缘油中热老化后抗拉强度复合结果

▲—矿物绝缘油（130℃、150℃、170℃）；△—天然酯绝缘油（130℃、150℃、170℃）；
●—矿物绝缘油（140℃、160℃、180℃）；○—天然酯绝缘油（140℃、160℃、180℃）；
▼—矿物绝缘油（160℃）；▽—天然酯绝缘油（160℃）；
■—矿物绝缘油（160℃、170℃）；□—天然酯绝缘油（160℃、170℃）

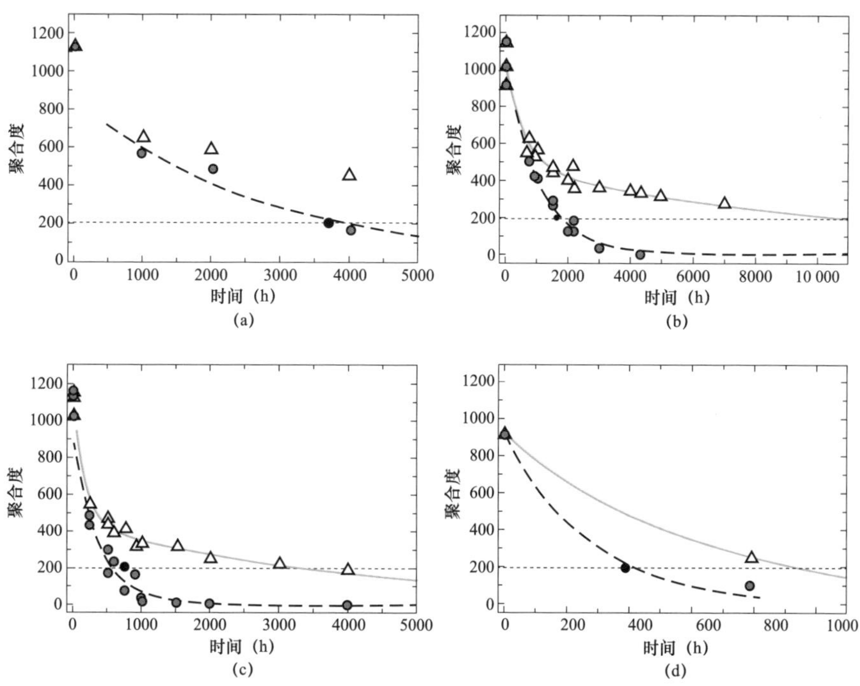

图 3-13　热改性纸在矿物绝缘油和天然酯绝缘油中热老化后聚合度结果

（a）150℃；（b）160℃；（c）170℃；（d）180℃

△—天然酯绝缘油；●—矿物绝缘油；●—IEEE C57.91

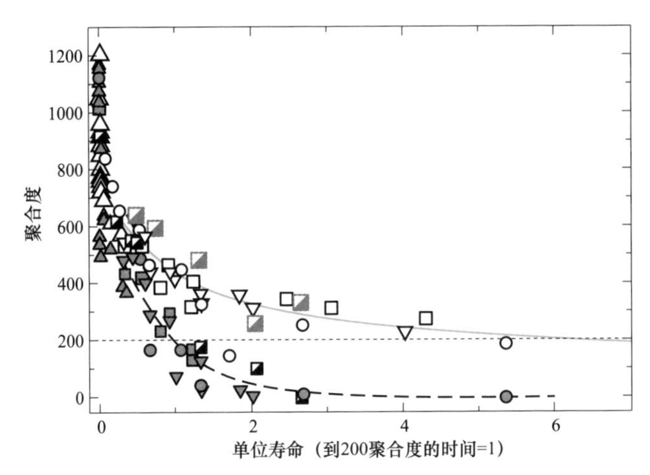

图 3-14　热改性纸在矿物绝缘油和天然酯绝缘油中热老化后聚合度复合结果

▲—矿物绝缘油（90℃、110℃、130℃）；△—天然酯绝缘油（90℃、110℃、130℃）；
●—矿物绝缘油（130℃、150℃、170℃）；○—天然酯绝缘油（130℃、150℃、170℃）；
◪—矿物绝缘油（140℃、160℃、180℃）；◪—天然酯绝缘油（140℃、160℃、180℃）；
▼—矿物绝缘油（160℃、170℃）；▽—天然酯绝缘油（160℃、170℃）；
■—矿物绝缘油（160℃、170℃）；□—天然酯绝缘油（160℃、170℃）

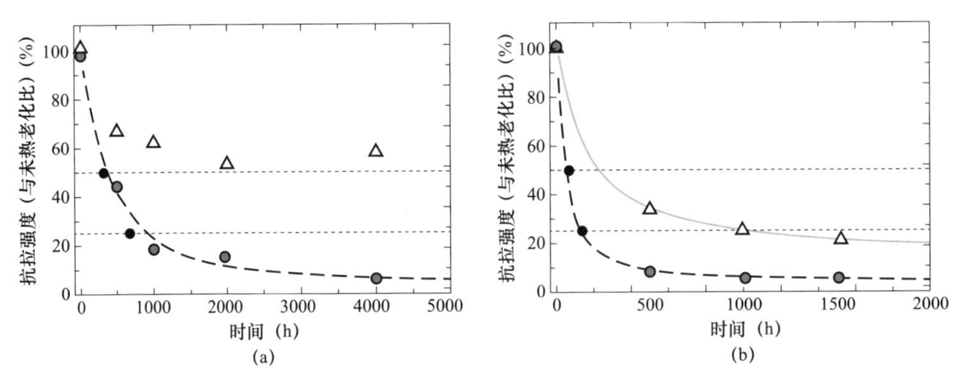

图 3-15　牛皮纸在矿物绝缘油和天然酯绝缘油中热老化后抗拉强度结果

（a）150℃；（b）170℃

△—天然酯绝缘油；●—矿物绝缘油；●—IEEE C57.91

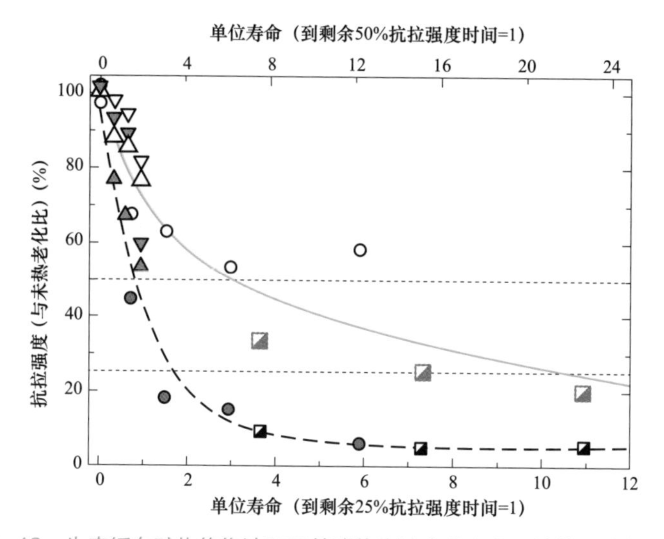

图 3-16　牛皮纸在矿物绝缘油和天然酯绝缘油中热老化后抗拉强度复合结果

▲—矿物绝缘油/牛皮纸（140℃）；△—天然酯绝缘油/牛皮纸（140℃）；
▼—矿物绝缘油/牛皮纸（140℃）；○—天然酯绝缘油/牛皮纸（140℃）；
●—矿物绝缘油/牛皮纸（150℃）；◩—天然酯绝缘油/牛皮纸（150℃）；
◪—矿物绝缘油/棉布/牛皮纸（170℃）；▽—天然酯绝缘油/棉布/牛皮纸（170℃）

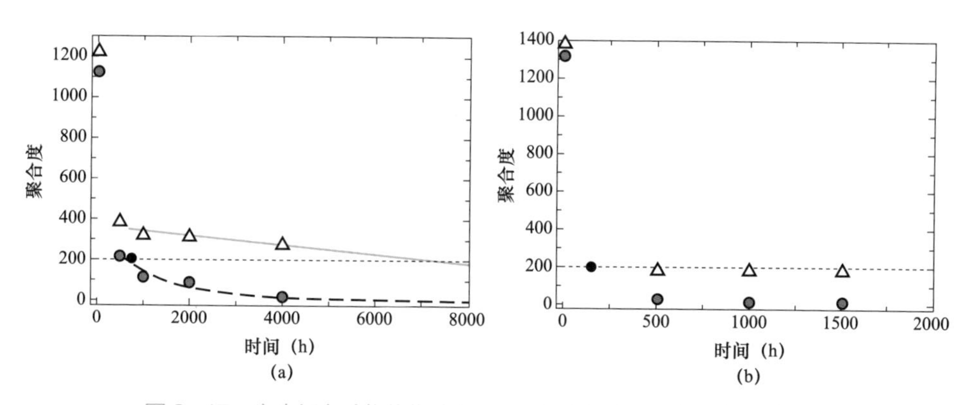

图 3-17　牛皮纸在矿物绝缘油和天然酯绝缘油中热老化后聚合度结果

（a）150℃；（b）170℃

△—天然酯绝缘油；●—矿物绝缘油；●—IEEE C57.91

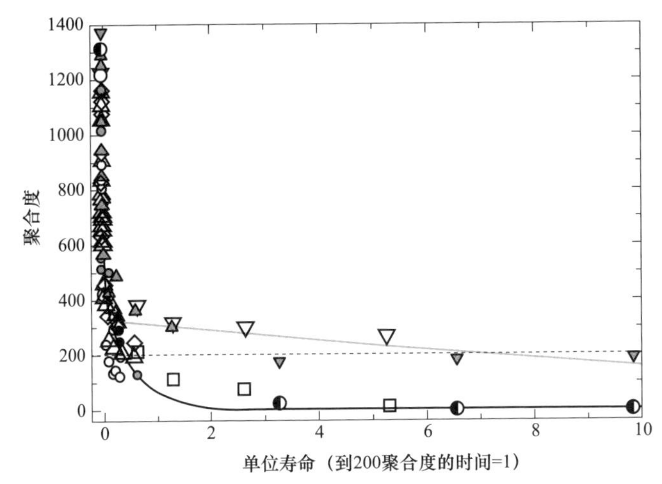

图 3-18 牛皮纸在矿物绝缘油和天然酯绝缘油中热老化后聚合度复合结果

○—矿物绝缘油（110℃）；●—矿物绝缘油（90℃、110℃、130℃）；△—天然酯绝缘油（90℃、110℃、130℃）；□—矿物绝缘油（150℃）；▽—天然酯绝缘油（150℃）；◐—矿物绝缘油/棉布/牛皮纸（170℃）；▼—天然酯绝缘油/棉布/牛皮纸（170℃）；◇—矿物绝缘油；▲—天然酯绝缘油

由以上试验结果可知，矿物绝缘油和天然酯绝缘油中的纤维素热老化特性存在差异。与矿物绝缘油相比，天然酯绝缘油可延长纤维素的热寿命，主要有以下三个方面原因。

（1）与纤维素和绝缘油之间的水分平衡有关。水在纤维素和绝缘油之间移动，实现均匀的相对饱和度。水在天然酯绝缘油中的溶解极限（饱和点）比在矿物绝缘油中高得多，在室温下天然酯绝缘油大约为矿物绝缘油的 16 倍，在 100℃时约为 4 倍。因此，为了实现均匀的相对饱和度，大量的水会从绝缘纸中移动到绝缘油中，绝缘纸中的水含量就会变少。即天然酯绝缘油具有使油中纤维素纸更干燥的潜力。

（2）与水和绝缘油之间的化学相互作用有关系。纤维素热老化过程会产生水，随着纤维素的热老化水含量增加，导致水从绝缘纸上迁移到绝缘油中来维持相对饱和度的平衡。由于天然酯绝缘油具有更高的溶解极限，更多的水迁移到天然酯绝缘油中。然而，水可以和天然酯绝缘油发生水解化学反应，消耗水而产生自由脂肪酸。结果是随着纤维素热老化，绝缘油中水保持不变或者减少。

（3）构成天然酯的甘油三酯和水发生水解反应，产生长链脂肪酸。长链脂肪酸通过酯基转移过程与纤维素结构连接形成一种障碍，阻止水分进入纤维素使其降解速度变慢。

从图 3-11～图 3-18 的结束点得出常数 a，代入式（3-1）得出单位寿命，热老化寿命曲线见图 3−19 和图 3−20。表 3−7 中列出了计算出的常数和相应的温度指数，并与 IEEE C57.91 进行对比。

$$\text{unit life}(T) = a \times e^{\frac{15\ 000}{(T+273)}} \qquad (3-1)$$

式中　T——温度，℃；

e——自然对数的底；

a——以小时为单位的常数。

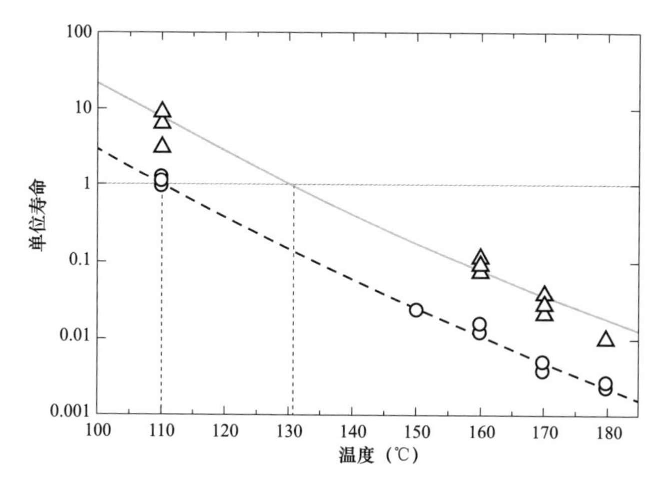

图 3−19　热改性纸的热老化寿命曲线（最小二乘法拟合）

△—天然酯（$a = 7.25 \times 10^{-17}$）；○—矿物油［$a = 9.80 \times 10^{-18}$（IEEE 110℃热点）］

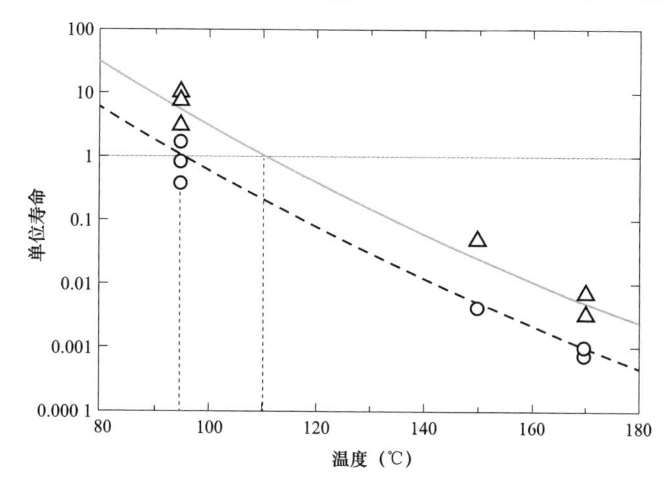

图 3−20　牛皮纸的热老化寿命曲线（最小二乘法拟合）

△—天然酯（$a = 1.06 \times 10^{-17}$）；○—矿物油［$a = 2.00 \times 10^{-18}$（IEEE 95℃热点）］

表 3-7　　热老化试验结果对比

油纸种类	常数 a	温度 T（℃）	温度指数	耐热等级
矿物绝缘油/热改性纸	9.80×10^{-18}	110.0	110	120
天然酯绝缘油/热改性纸	7.25×10^{-17}	130.6	130	140
矿物绝缘油/牛皮纸	2.00×10^{-18}	95.1	95	105
天然酯绝缘油/牛皮纸	1.06×10^{-17}	110.8	110	120

根据图 3-19 和图 3-20 可得，天然酯绝缘油/牛皮纸绝缘系统的温度指数是 110℃，耐热等级是 120。天然酯绝缘油/热改性纸绝缘系统的温度指数是 130℃，对应的耐热等级是 140。通过这些有效耐热等级可以推导出各绝缘系统的温度极限值，如表 3-8 和表 3-9 所示。

表 3-8　　天然酯/纤维素纸绝缘系统的最大温升

项目	牛皮纸	热改性纸
有效绝缘耐热等级	120	140
顶层液体温升（K）	90	90
绕组平均温升（K）	75	95
热点温升（K）	90	110

表 3-9　　天然酯/纤维素纸绝缘系统的最高过载温度限值建议值

项目	牛皮纸	热改性纸
有效绝缘耐热等级	120	140
正常负载周期下的顶层液体温度（℃）	130	130
长期急救负载下的顶层液体温度（℃）	140	140
短期急救负载下的顶层液体温度（℃）	140	140
正常负载周期下的最高绝缘材料热点温度（℃）	130	150
长期急救负载下的绝缘材料热点温度（℃）	140	160
短期急救负载下的绝缘材料热点温度（℃）	160	180

天然酯绝缘油可使纤维素绝缘材料的热老化速度显著降低，这一特点极大地拓展了天然酯绝缘油的应用范围，使它比矿物绝缘油/纤维素系统的应用更广，

它可使变压器在不减少使用寿命或不增加尺寸的前提下，在较高的运行温度下承受更大的运行负荷。因此，若制造方与用户一致认同浸入天然酯绝缘油中的纤维素纸具有高温性能，则可将其视为高温绝缘材料，用于高温绝缘系统。具体耐热等级的确定应得到制造方与用户的一致认同。

3.3.2 天然酯绝缘油与其他材料相容性

在变压器中，绝缘油会与变压器内部其他结构材料相接触，在温度、水分等作用下绝缘油会使得结构材料的性能发生变化，同时其他结构材料也可能影响绝缘油的性能。天然酯绝缘油与结构材料的相容性研究，主要参照 ASTM D3455—2011 *Standard Test Methods For Compatibility of Construction Material With Electrical Insulating Oil of Petroleum Origin*《结构材料与矿物绝缘油相容性的标准试验方法》，把各试验样品和天然酯绝缘油按一定的比例取样处理后放置于 100℃±1℃的循环送风烘箱中连续老化 164h，测量天然酯绝缘油电气及理化性能的变化情况，并与同条件下的空白油样做对比，根据老化后样品的性能变化情况判断是否相容。研究结果表明天然酯绝缘油与矿物绝缘油变压器的绝大多数材料都相容。目前已知与天然酯绝缘油不相容的材料见表 3-10。针对相容性不好的材料，变压器厂家应根据天然酯绝缘油的特性选用替换材料，或选择天然酯绝缘油生产厂家推荐的材料。

表 3-10　与天然酯绝缘油不相容的材料

序号	材料类别	不相容的材料
1	橡胶和塑料	EPDM、氯丁橡胶、天然橡胶、聚氯丁烯、聚苯乙烯、交联结构聚氨酯（XLPE），防油橡胶垫、丙烯酸酯、丁腈含量小于 35%的丁腈橡胶
2	胶水和油漆	白乳胶、大理石涂胶、内壁漆
3	软管	交联结构聚氨酯（Raychem ZHTM）、AQP 弹性体（Aeroquip FC332AQP）、弹性体（Raychem DR-25-1-0-SP）、抗紫外线聚烯烃（Raychem HX-SCE）
4	金属	镀锌钢材、热镀锌涂层和锌漆
5	其他	硅油、乙丙橡胶（自黏带）、低模量硅（Bostik Bond-Flex）

3.3.3 天然酯绝缘油变压器组部件选用原则

变压器中使用的所有部件和材料均应符合相关标准要求。套管应满足 GB/T 4109—2008《交流电压高于 1000V 的绝缘套管》的要求，分接开关应满足 GB/T

10230.1—2019《分接开关 第1部分：性能要求和试验方法》的要求，天然酯应满足 NB/T 10199—2019《电工流体 变压器及类似电气设备用未使用过的天然酯》的要求。天然酯绝缘油变压器所选用原材料和组部件应适用于预期的工作温度，并与天然酯绝缘油相容。

（1）绝缘材料。绝缘材料通常分为固体、导线绝缘涂层和液体。表3-11列出了常见的固体绝缘材料及其典型性能参数，这些参数和特性可用于对该材料的绝缘性能进行评估。所选材料的设计参数应由材料制造方提供。表3-11中列举的几种高温电气绝缘材料（Electrical Insulating Material，EIM）以供参考，并不意味着任何这些材料的特定组合均可构成高温油浸式变压器的电气绝缘系统（Electrical Insulating System，EIS）。应该评估每种材料与绝缘系统中其他材料的相容性。还应注意的是，虽然单种绝缘材料的热性能可满足要求，但在绝缘系统中不同材料的相互影响可能会导致系统性能无法接受。

表3-11　常见高温电气绝缘材料的典型性能参数

材料	耐热等级（GB/T 11021）	标准	相对介电常数（25℃）	介质损耗因数（%）		吸潮性（%）	密度（g/cm^3）	形态
				25℃	100℃			
纤维素基	105	IEC 60554-3	3.3～4.1	0.4	1.0	7.0	0.97～1.2	纸
热改性纸（TUP）	120	—	3.3～4.1	0.4	1.0	7.0	0.97～1.2	纸
热改性纸（DPE）	130	—	3.5	0.9	4.0	4.0	0.97～1.2	纸
纤维素基	105	IEC 60641-3	2.9～4.6	0.4	1.0	7.0	0.8～1.35	纸板
酚醛纸板	130	—	5.8	2.5	—	2.3	1.36	纸板
聚苯硫醚（PPS）	155	—	3.0	0.06	0.12	0.05	1.35	薄膜
聚酯玻璃	130-200	IEC 60893-3	4.8	1.3～7.0	不适用	0.2～1.1	1.8～2.0	薄板
聚酯玻璃	130-220	IEC 61212-3	不适用	不适用	不适用	0.16～0.28	1.8～2.0	成型件
聚酰亚胺	220	IEC 60674-3	3.4	0.2	0.2	1.0～1.8	1.33～1.42	薄膜
芳香聚酰胺	220	IEC 60819-3	1.6～3.2	0.5	0.5	5.0	0.30～1.10	纸
芳香聚酰胺	220	GB/T 29627.1	1.7～3.5	0.5	0.5	5.0	0.52～1.15	纸板

注 1. 所有数据均在空气中测量。

2. 相对介电常数和介质损耗因数均为50Hz或60Hz下的值。

3. 水分数据（吸潮性）为空气相对湿度为50%的测试值。

（2）引线。用于内部连接线、引线的绝缘耐热等级不必基于变压器绝缘系统设计。由于引线、连接线一般所处区域散热相对较好，引线绝缘材料的选择与变压器选用的绕组绝缘系统无关。但是高温绝缘系统中引线应采用高温绝缘材料。在半混合绝缘绕组和全混合绝缘绕组中，至少应在引线出口区域、温度高于常规温度的引线与绕组相连等处采用高温绝缘材料。通常情况下，这些引线直接连接到绕组的热点区域或在连接处形成热点。引线剩余长度绝缘材料应根据其设计的温度梯度和可能包含的常规绝缘材料选择。与局部混合绝缘绕组相似，高温绝缘材料的使用也可以有选择性，并且仅限于特定的区域。即便整个绕组是常规绝缘的，其引线出口或整个引线仍然可以设计成在高于常规绝缘的温度下工作。在这种情况下，电缆绝缘应选择与设计温度相匹配的绝缘材料。连接外部附件的电缆应与箱盖、箱壁隔热或采用能长期耐受相应温度的电缆。

近年来，随着热改性绝缘纸技术发展，生产制造成本逐渐降低，引线电缆配合耐热等级更高的热改性绝缘纸使用，可降低引线截面积，提高电流密度，与天然酯高耐高等级特性相配合，有利于变压器内部绝缘设计，减少变压器尺寸。

（3）导线。导线绝缘涂层应满足绝缘系统耐热等级要求，绕组导线所用绝缘漆应与天然酯绝缘油进行相容性试验且结果合格。对于混合绝缘系统和高温绝缘系统天然酯绝缘油变压器，若采用自黏换位导线，环氧自黏漆应采用耐高温型号。

由于天然酯绝缘油的运动黏度大于矿物绝缘油，在变压器设计时应充分考虑导线所处工作区域的热点温度及其要求，应选取合理的导线宽厚比、油道垫块厚度及数量、导线型式及导线绝缘耐热等级等，如配合更高耐热等级的导线绝缘层则耐热效果更佳。在采用高温绝缘系统时，应特别关注绕组热点温升计算，必要时辅助以光纤测温装置进行验证。此外，对于高温绝缘系统，还需对负载损耗进行温度修正。

（4）套管。套管的选择，首先应特别注意密封材料的选择；其次当运行在高温条件下时传统套管的电容体可能由于热失控而被损坏，因此需要采用耐高温套管（如耐热等级 120 及以上的环氧树脂浸纸干式套管），也可将套管移至油箱中部等液体温度较低部位处作为替代办法。此外，法国 Trench 推出了使用酯类绝缘油的高压套管。

如变压器采用矿物绝缘油纸电容式套管，则应注意套管与变压器本体之间的密封性，避免由两种不同的绝缘油相互渗透带来的套管性能下降，造成安全隐患。

（5）分接开关。对于高温绝缘系统，当分接开关放置处的液体温度超过常规产品时，选择的分接开关元件应符合热、机械和绝缘性能要求。高温运行时，与绕组导线连接的触头材料耐温以及触头材料（如镀锌铜板）应符合与天然酯绝缘油在较高温度下的相容性要求。当有载分接开关位于高于常规的温度时，变压器分接开关需根据变压器温升限值进行选择。有载分接开关内如使用天然酯绝缘油时应密封处理且应避免绝缘油与空气长时间接触，且宜选用真空有载调压分接开关。当分接开关中注入天然酯绝缘油时应采用密封结构。

对于 35kV 及以下电压等级天然酯绝缘油变压器，已经有部分企业采用两种绝缘油，即变压器本体油箱采用天然酯绝缘油，而有载分接开关油室采用矿物绝缘油。相对而言，采用油浸式有载分接开关在低电压、小容量变压器上更经济，性价比更高，更宜推广。做好两种绝缘油之间的密封，从现有设计、使用经验来看是完全可行。

此外，如果有载分接开关内采用了与油箱本体相同的天然酯绝缘油，则分接开关储油柜材质应与天然酯绝缘油相容并采取密封式结构，分接开关内油样的检测也应同本体采用相同的检测标准。

（6）密封材料。密封垫应采用抗老化、抗龟裂、抗紫外线制品，密封面应密封良好，并应有对密封垫防氧化老化措施。当天然酯绝缘油在较高的温度下运行时，应采用相应耐热等级的密封材料，且所用的材料在使用温度下应与天然酯绝缘油具有良好的相容性。

橡胶类密封材料在天然酯绝缘油变压器中广泛使用，且橡胶类密封材料目前无合适的替代品，使用前应进行相容性试验，防止因相容性较差导致天然酯或者橡胶材料劣化而影响变压器的安全运行。根据现有试验数据可知，在各类橡胶类材料中，氟橡胶与天然酯绝缘油的相容性较好，而丁腈橡胶则相容性较差。此外，不同厂家、不同配方的同类型橡胶材料差异较大，在设计选型时应核实橡胶密封材料的性能。

对用于天然酯绝缘油变压器内的胶囊、减振垫、隔音垫等橡胶类材料，其性能也应与天然酯绝缘油相容，尤其是高温绝缘系统下应保证相容性良好。作为替代方案，可采用金属波纹密封式储油柜代替胶囊密封式储油柜。其他浸渍在天然酯绝缘油中的橡胶材料同样要考虑与天然酯绝缘油的相容性问题。

（7）油箱。变压器油箱内部油漆应与天然酯绝缘油相容。当绝缘液体在较高的温度下运行时，油箱内部应采用通过相容性试验的热相容油漆。考虑天然酯运动黏度较大，可适当增加冷却器的散热功率。散热器内壁不得采用热镀锌工艺。油泵的选择应兼顾天然酯绝缘油在整个运行温度范围内的运动黏度和油流带电特性。

如果变压器采用分体式结构时，由于天然酯运动黏度偏大，根据散热中心与发热中心的距离远近，其与矿物油变压器存在2～5K的差异，在进行温升设计时应注意修正。对于部分采用上下分体的户内变压器，由于发热中心与散热中心高度差极大，变压器运行时油流速度较快，比矿物绝缘油变压器更有一定优势，变压器的热点温升反而不如矿物绝缘油变压器明显。

（8）储油柜。储油柜的容积应符合变压器运行温度要求，应根据天然酯绝缘油的运动黏度、热膨胀率以及工作温度来选择合适的型号及量程。当采用胶囊式或隔膜式的呼吸系统时，对于高温绝缘系统应采用具有更高耐热等级的胶囊或隔膜材料，且胶囊或隔膜材料应与天然酯绝缘油相容。油箱内壁及器身紧固金属件等不得采用热镀锌工艺。

对于国内常用的不锈钢金属波纹密封式储油柜，可以与天然酯绝缘液配合使用。考虑天然酯绝缘油在空气中易氧化的特性，推荐采用金属波纹密封式储油柜。为了避免天然酯绝缘油受到紫外线照射加速氧化劣化，应避免储油柜中天然酯绝缘油受到长时间紫外线照射，应避免使用拉带式窗口油位计，宜采用磁吸式或指针式油位。

（9）黏合剂（胶水）。变压器内部使用的黏合剂（胶水）应适用于相对应的运行温度且与天然酯绝缘油相容，主要是绝缘材料中使用的黏合剂，注意控制其固化的温度与时间，避免黏合剂在未完全固化前与天然酯绝缘油直接接触。

（10）温控器。必要时，温控器及温度指示器宜适合于更高温度下工作且具有更大的温度测量范围（由应用条件决定），报警值和动作值应重新调整。如果温度计也参与对风冷系统的控制，应根据实际需求相应调整风冷启动与停止的设定值。

（11）气体继电器。采用半混合绝缘系统和高温绝缘系统的变压器，因选用的固体绝缘材料不同，其内部所产生的气体可能与常规绝缘系统不同，气体继电器宜与天然酯绝缘油、运行温度及可能产生的气体相适应。鉴于当前处于经验积累阶段，天然酯绝缘油变压器气体继电器的选用参照同电压、同容量的矿物绝缘油变压器确定。

（12）油位计。油位计的材质应与天然酯绝缘油相容，油位计不应出现假油位，油位计中的天然酯绝缘油不应受到阳光照射。应根据天然酯绝缘油的运动黏度、热膨胀率以及工作温度来选择合适的型号及量程。对于金属波纹储油柜及部分小容量的配电变压器应注意避免选用拉带式、窗口式、管式等将天然酯绝缘油直接暴露在阳光照射环境下的油位计，尽量选用磁吸式或指针式油位计。

（13）压力释放阀。选用压力释放阀时，应充分考虑天然酯绝缘油变压器温度高、运动黏度大，建议选择与天然酯绝缘油相匹配的压力释放阀，以有效地释放压力气体。

（14）在线监测装置。内置的在线监测装置传感器材质应与天然酯绝缘油相容，且不能因为安装在线监测装置而破坏天然酯绝缘油变压器的密封性能。天然酯绝缘油安装油色谱在线监造装置时，应根据现有相关标准、试验数据经验和故障诊断推荐方法进行各监测特征气体注意值参数设置，制定相应的运维策略。在具备条件的情况下，应考虑安装绕组在线光纤测温装置，可实时测量变压器绕组内的温度变化情况，为天然酯绝缘油变压器结构优化设计和制定负载运维策略提供依据。

选择天然酯绝缘油变压器用原材料和组部件时，除考虑以上选用原则外，还应考虑天然酯绝缘油和矿物绝缘油两者电气性能差异的影响。如有载分接开关中存在许多不同电极形状，场强分布可能是均匀电场或极不均匀电场。天然酯绝缘油在均匀电场以及准均匀电场中的击穿电压强度等同甚至高于矿物绝缘油，但在极不均匀电场中，天然酯绝缘油的击穿电压强度下降，尤其是在负极性雷电冲击场强下，天然酯绝缘油的耐压强度仅为矿物绝缘油的70%左右。因此，在选择有载分接开关时，应考虑此因素并与供应商进行确认。

3.4 天然酯绝缘油变压器设计主要内容

矿物绝缘油变压器在规定的工作条件和负载条件下运行，并按使用说明书进行安装和维护，预期寿命一般超过30年，甚至达到40年。在满足矿物绝缘油变压器相同要求前提下，天然酯绝缘油变压器设计寿命应满足甚至超过矿物油变压器预期寿命。天然酯绝缘油变压器与矿物绝缘油变压器相比，最大的差异在于两种绝缘油的介电性能和运动黏度、氧化安定性等理化性能差异，天然酯绝缘油变压器设计时，应针对天然酯绝缘油的性能差异性开展优化设计，以确定天然酯绝缘油变压器性能满足应用要求。

3.4.1 电气绝缘设计及配合

天然酯绝缘油变压器属于油浸式变压器，电气绝缘设计主要取决于油纸绝缘配合，可以从以下几个方面进行考虑：

1. 介电常数

在变压器中，天然酯绝缘油首先应满足绝缘功能，而具体的耐压特性则由天然酯绝缘油和绝缘纸的复合绝缘结构所决定。图3－21中对比了天然酯绝缘油、矿物绝缘油及其油浸绝缘纸板的介电常数，天然酯绝缘油的介电常数为3.0～3.3，天然酯绝缘油的相对介电常数大于矿物绝缘油，更接近于绝缘纸板，因此在工频交流电压下，油纸绝缘系统中的电场分布更加均匀，有益于天然酯绝缘油变压器内部绝缘结构电场分布更均匀，绝缘结构更可靠。

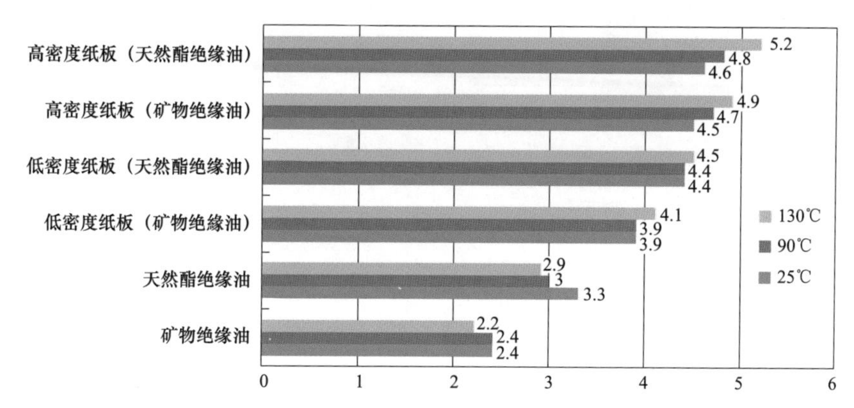

图 3-21　天然酯绝缘油矿物绝缘油及其油纸绝缘介电常数

2. 工频耐压

绝缘油的击穿场强是一个非常有效衡量绝缘液体耐压特性的参数，它主要受到体积效应的影响，与绝缘油的纯净度、湿度等相关。在小间隙及准均匀电场条件下，天然酯绝缘油和矿物绝缘油的工频击穿电压接近；在大间隙及准均匀电场条件下，天然酯绝缘油的击穿电压接近或略高于矿物绝缘油。因此，在较小间隙下，即使是极不均匀电场，天然酯绝缘油与矿物绝缘油的工频击穿特性差别不大。对绝缘间隙较小的配电变压器，天然酯绝缘油变压器及矿物油变压器的电场设计无显著差别，但随着电压等级升高和绝缘间隙增大，天然酯绝缘油变压器必须考虑调整其绝缘设计。

为了计算验证天然酯绝缘油和矿物绝缘油对变压器电场分布影响差异，可采用仿真软件对变压器主要绝缘部位进行场强对比分析。如对某 110kV 变压器分别采用两种绝缘油条件下，进行对比仿真分析。首先对采用矿物绝缘油的变压器器身、线圈进行电场仿真分析，其电场强度分布结果见图 3-22。高压绕组首端第一段表面，场强最大值为 7.7kV/mm；中压绕组首端第一段表面，场强最大值为 6.6kV/mm，裕度满足绝缘设计要求。然后，对采用天然酯绝缘油的变压器器身、线圈进行电场仿真分析，其电场强度分析结果见图 3-23。采用天然酯绝缘油的变压器端部各位置场强如下：高压绕组首端第一段表面，场强最大值为 7.1kV/mm；中压绕组首端第一段表面，场强最大值为 6.0kV/mm；各处电场强度的裕度均满足设计要求。可见基于天然酯绝缘油的电场仿真，其场强最大值均略小于矿物绝缘油。

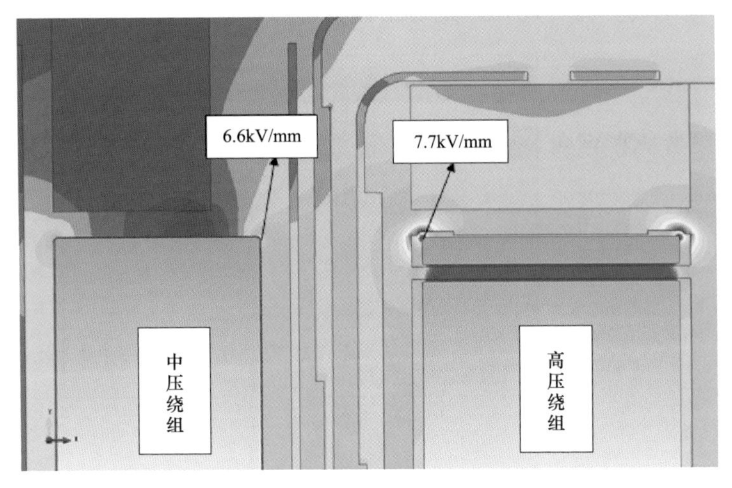

图 3-22　采用矿物绝缘油时器身电场强度仿真图

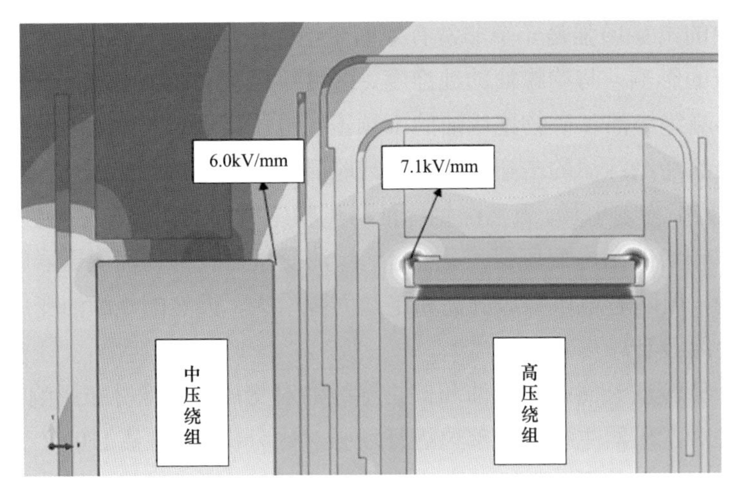

图 3-23　采用天然酯绝缘油时器身电场强度仿真图

3. 雷电冲击电压

国内外的大量试验研究显示，在准均匀电场、不均匀电场的小油隙条件下天然酯绝缘油与矿物绝缘油耐负极性雷电冲击特性基本相同，负极性雷电冲击场强分布如图 3-24 所示。而在极不均匀电场（如针—板、针—球电极）、较大油隙条件下天然酯绝缘油耐雷电冲击特性弱于矿物绝缘油。因此在天然酯绝缘油变压器设计中，需充分考虑天然酯绝缘油耐雷电冲击的极性特点、电场均匀度等影响因素，根据其耐压特性合理设计天然酯绝缘油变压器的绝缘结构。

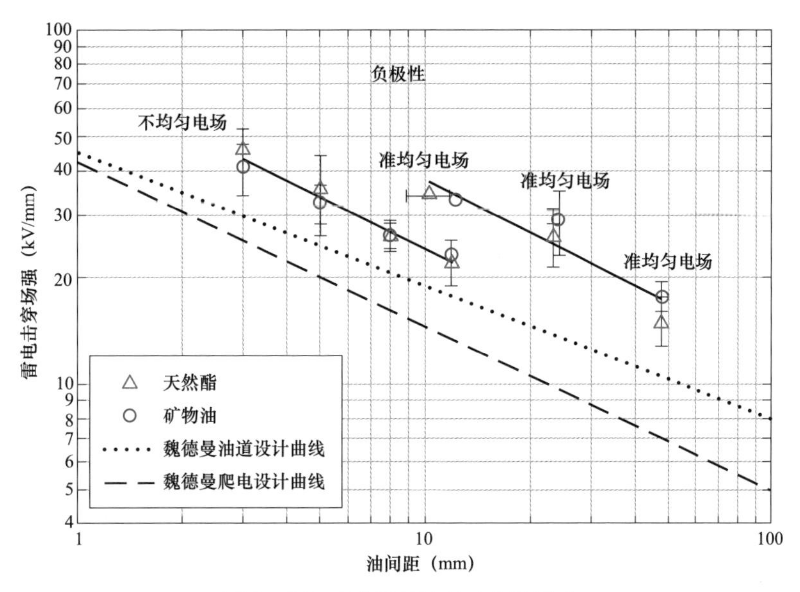

图 3–24　负极性雷电冲击场强分布

4. 不同水含量下的耐电场强度

天然酯绝缘油与矿物绝缘油结构上不同，矿物绝缘油中含有一定量的不饱和烃、烷烃、芳香烃等物质，烃类物质是属于憎水基团。而天然酯绝缘油的主要成分是甘油三酯，含有羟基和羰基等亲水基团，在相同温度下天然酯绝缘油的相对饱和水含量远远大于矿物绝缘油，其水含量达到 100μL/L 时，击穿电压在 75kV 以上，仍然具有良好的电气性能。当水含量超过 500μL/L 后，天然酯绝缘油中水分达到相对饱和，水分会从溶解水转变成分散水，在电场作用下发生极化，沿着电场分布形成电场小桥，使得击穿电压降低。

矿物绝缘油和天然酯绝缘油中水含量对击穿电压的影响见图 3–25，矿物绝缘油在含有少量水分的情况下，如大于 20μL/L，就会引起击穿电压急剧下降；相对而言，水含量超过 300μL/L 时天然酯绝缘油才会出现明显的击穿电压下降。

5. 几种典型绝缘纸性能参数

在天然酯绝缘油变压器中，可根据耐热等级以及产品全寿命选用不同类型的绝缘纸进行配合使用，常用的绝缘纸包括点胶纸、耐热纸、DPE（Diamond Printed Enhanced）绝缘纸及绝缘纸板，其主要参数见表 3–12～表 3–15。

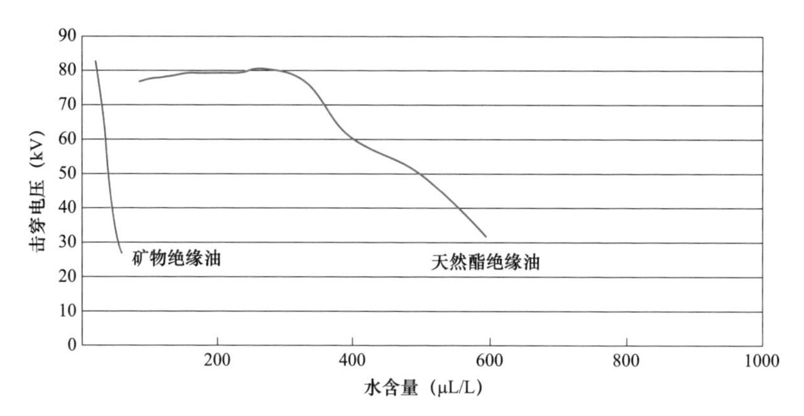

图 3-25　击穿电压与水含量的相关性

表 3-12　　点胶纸的主要技术参数

参数		单位	数值					
厚度		mm	0.076	0.127	0.178	0.254	0.381	0.508
抗张强度	纸机纵向	N/cm	79	149	175	280	350	438
	纸机横向		26	35	44	70	140	210
撕裂强度	纸机纵向	mN/cm	23	46	77	116	193	289
	纸机横向		30	63	93	154	251	328
耐破强度		N/cm^2	31	62	83	121	190	228
击穿电压①（kV，大气中）		kV/mm	0.9	1.3	1.7	2.1	3.0	3.3
击穿电压①（kV，油中）		kV/mm	≥4.2	≥5.5	≥7.1	≥10.5	≥13.6	≥16.5
表观密度		g/cm^3	0.9～1.1					
延伸率（纵向）		%	1.5					
水含量		%	2.3～6.5					
水萃取 pH 值		—	6～8					
灰份含量		%	≤1					

① 依据 ASTM D 202—2017 Standard Test Methods for Sampling and Testing Untreated Paper Used for Electrical Insulation《电绝缘用未浸渍纸的抽样和试验方法》。

表 3-13　　耐热纸的主要技术参数

主要参数	单位	数值范围
外径	mm	$533.4 \leq D_0 \leq 914.4$
内径	mm	76
宽度	mm	$508 \leq W \leq 1016$

续表

主要参数		单位	数值范围						
表观密度		g/cm³	0.9～1.1						
水含量		%	4～7						
水萃取 pH 值		—	6～8						
灰份含量		%	≤1						
含氮量		%	1.3～2.6						
典型厚度		mm	0.076	0.127	0.178	0.254	0.381	0.508	0.762
抗张强度	纸机纵向	N/cm	79	149	175	280	350	438	499
	纸机横向		26	35	44	70	140	210	228
撕裂强度	纸机纵向	mN/cm	23	46	77	116	193	289	405
	纸机横向		30	63	93	154	251	328	473
耐破强度		N/cm²	31	62	83	121	190	228	235
击穿电压①（V，空气中）		kV/mm	900	1300	1700	2100	3000	3300	3600
击穿电压①（kV，油中）		kV/mm	≥4.2	≥5.5	≥7.1	≥10.5	≥13.6	≥16.5	—

① 依据 ASTM D 202—2017。

表 3-14　　DPE 绝缘纸的主要技术参数

参数	单位	数值								
厚度	mm	0.076	0.127	0.152	0.178	0.203	0.254	0.305	0.381	0.508
抗张强度（纵向）	N/cm	70	149	166	170	175	272	298	438	569
撕裂强度（纵向）	mN/cm	735	1275	1520	1764	2060	2940	3235	4900	5940
耐破强度	N/cm²	30	62	69	72	76	117	124	126	138
快速上升交流击穿电压	kV/mm	73	68	64	61	58	56	54	51	45
全波冲击击穿电压	kV/mm	165	160	150	140	130	120	115	110	105
延伸率（纵向）	%	1.5								
表观密度	g/cm³	0.9～1.1								
耐热等级	—	130（矿物绝缘油中）/140（天然酯绝缘油中）								
介电常数（90℃）	—	3.5								
介质损耗（23℃）	%	0.9								
介质损耗（90℃）	%	4								
水含量	%	3～5								

续表

参数	单位	数值
水萃取 pH 值	—	6～8
灰份含量	%	0.75
黏结强度	N/cm^2	28

表 3-15　　绝缘纸板的主要技术参数

纸板类型	标准	表观密度（g/cm^3）	厚度（mm）	水含量（%）	黏结剂
变压器纸板 TⅠ	IEC 60641-3-1	1.15	0.2～3.0	≤8	—
变压器纸板 TⅢ	IEC 60641-3-1	0.90	0.5～3.0	≤8	—
变压器纸板 TⅣ	IEC 60641-3-1	1.20	1.0～8.0	≤6	—
变压器纸板 TⅣ（层压木）	IEC 60763-3-1	1.24	9.0～30.0	≤8	酪素胶
	IEC 60763-3-1	1.30	9.0～200.0	≤6	聚酯树脂

3.4.2　冷却结构设计及温升控制

1. 运动黏度对温升的影响

变压器中的绝缘液体应能有效传递变压器内部热量，而变压器中热量的传递方式主要是通过热传导和对流来实现，其中对流主要是通过液体的流动来实现热量的转移，它与绝缘液体的运动黏度、比热容、热膨胀率相关，因此绝缘液体的运动黏度是一个非常重要的参数。

在变压器正常工作温度下，天然酯绝缘油的运动黏度大于矿物绝缘油，如图 3-26 所示。因此，天然酯绝缘油的流动性更差，在相同的冷却结构及热量条件下该特性将加大变压器散热设备最顶层油温与最底层油温的温度差，尤其当变压器采用自然油循环的冷却方式时，上述温度差特性更为明显。然而，当变压器采用强油循环的冷却方式时，选择适用于高运动黏度绝缘液体的油泵并且设定合适的功率值，将大幅改善由于天然酯绝缘油的运动黏度高而造成散热不利的影响。

配电变压器一般采用自然油循环冷却方式，据统计自然油循环冷却的配电变压器中采用天然酯绝缘油及矿物绝缘油后的温升差异如下：对于容量小于 5MVA 的配电变压器，当采用天然酯绝缘油作为冷却介质时，其绕组平均温升较采用矿物绝缘油时提高 2～3K；变压器油面温升大致提高 3～5K，绕组热点温升提高 4～10K。

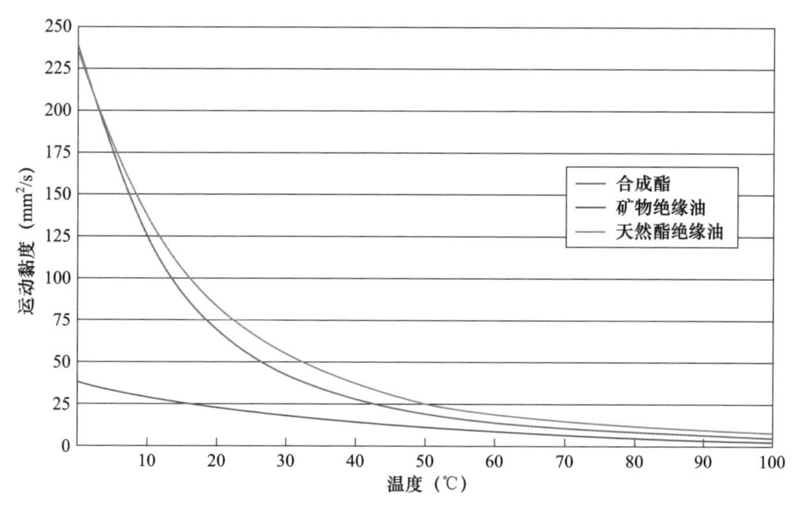

图 3-26　绝缘液体运动黏度与温度的相关性

通过对比了 10～60MVA 天然酯绝缘油及矿物绝缘油变压器的温升差异，结果显示天然酯绝缘油变压器的铁芯及其他金属结构件热点温升比矿物油变压器提高 3～7K。通过在变压器绕组内部植入光纤测温探头，发现天然酯绝缘油变压器与矿物油变压器的绕组热点温升分布存在细微差异。此外，变压器冷却方式不同，温升也存在一定差异，相对而言油浸自冷（Oil Natural Air Natural，ONAN）工作状态下的温升差值要大于油浸风冷（Oil Natural Air Forced，ONAF）；ONAF 冷却方式下天然酯绝缘油变压器的温升比矿物油变压器的温升提高 3～5K。

2. 温升控制措施

天然酯绝缘油因较高的运动黏度而造成变压器散热性能下降，可部分由天然酯绝缘油更高的热传导系数来补偿。目前对于天然酯绝缘油较高的运动黏度而造成变压器散热性能下降的问题，主要采用以下两种方式来解决。

（1）优化变压器散热结构，提高变压器散热效率。天然酯绝缘油的运动黏度偏高，因而天然酯绝缘油变压器的油道结构须有异于矿物绝缘油变压器，以保证天然酯绝缘油变压器温升不超出标准限值以及在过载条件下安全可靠运行。通过仿真计算在天然酯绝缘油配电变压器中设置绕组间的轴向油道，并设置油道厚度和绕组进出油口的油道宽比同容量矿物绝缘油配电变压器加大 30%左右将有效地降低变压器温升，如图 3-27 所示。

在自然冷却油循环结构与波纹散热器结构中，同样考虑到天然酯绝缘油的高运动黏度，通过仿真计算天然酯绝缘油变压器自然油循环结构中的进出油口径均提高 30%左右将有效地降低变压器温升，具体结构见图 3-28 和图 3-29。

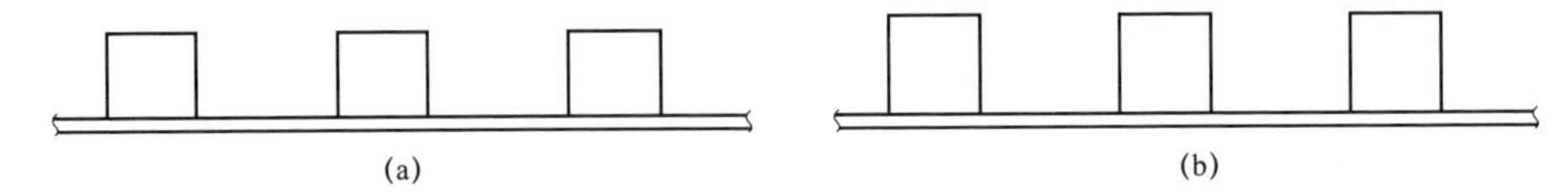

图 3-27 油道对比示意图

（a）矿物绝缘油油道结构；（b）天然酯绝缘油油道结构

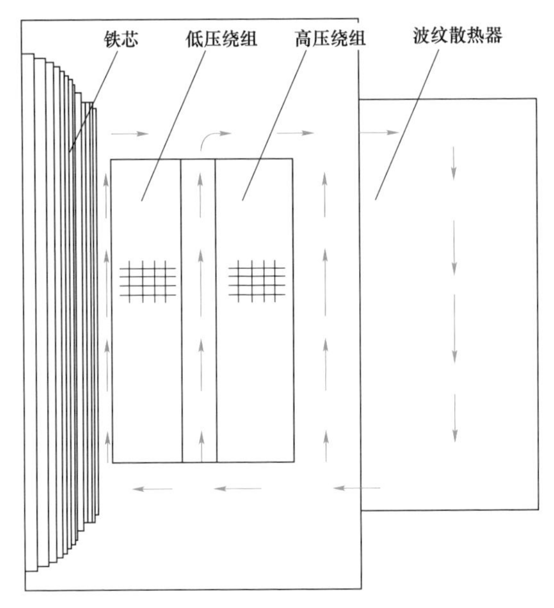

图 3-28 变压器自然油循环示意图

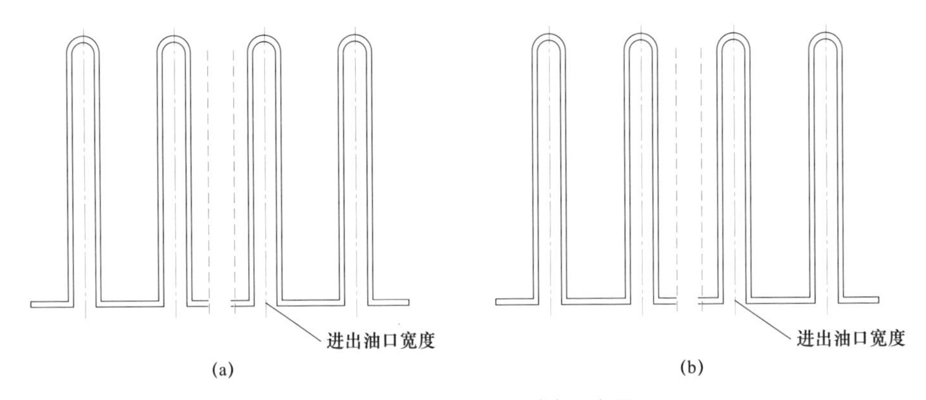

图 3-29 散热器结构对比示意图

（a）矿物绝缘油变压器散热器结构；（b）天然酯绝缘油变压器散热器结构

研究表明，由于 35kV 及以下电压等级的配电变压器结构特点，绕组之间油道较小甚至线圈部分部位不设置油道，导致散热效果不好。结合天然酯绝缘油运动黏度较大的特性，需要充分考虑油道设计尺寸和布置位置，避免油道空间不足带来的绕组温升超标。对于 35kV 及以上电压等级的电力变压器，由于容量较大，绕组匝间空间除散热要求外还有绝缘要求，每饼线圈之间一般放置 2～4mm 油道垫块。经验表明，天然酯绝缘油变压器中适当加厚油道垫块的厚度能够显著降低变压器的绕组温升，一般增加 30%左右的厚度即可达到很好的散热效果。此外，不建议选用 2mm 及以下厚度的油道垫块，否则在线圈压缩紧固以后，纸板收缩使得油道厚度减小，散热效果将急剧下降，变压器绕组温升和绕组热点温升将急剧上升，油道设计时应引起注意。

（2）采用更高耐热等级的固体绝缘材料，提高变压器的温升限值。由于温度是绝缘材料最主要的老化因子之一，更高耐热等级固体绝缘材料的使用有助于延长变压器的绝缘寿命。以 130 级（B）DPE 绝缘纸为例，当其与天然酯绝缘油配合使用时，经用户与变压器制造商协商一致时可在更高绝缘耐热等级（140 级）下使用。IEC 60076－14 中基于大量的油纸绝缘老化试验表明，高耐热等级的绝缘纸在天然酯绝缘油中展现出了更优良的绝缘寿命特性。天然酯绝缘油变压器采用不同耐热等级的绝缘系统对应的温升限值见表 3－16。

表 3－16　　高温绝缘系统变压器最高连续温升限值

项目	常规绝缘系统	混合绝缘系统					高温绝缘系统			
		半混合绝缘绕组	局部混合绝缘绕组	全混合绝缘绕组						
固体高温绝缘耐热等级最低要求	105	120	130	130	140	155	130	140	155	180
顶层液体温升（K）	60	60	60	60	60	60	90	90	90	90
绕组平均温升（K）	65/70	75	65	85	95	105	85	95	105	125
固体绝缘的热点温升（K）	78	90	100	100	110	125	100	110	125	150

3.4.3 天然酯绝缘油变压器设计要点

在矿物绝缘油变压器成熟设计技术基础上，根据天然酯绝缘油与矿物绝缘油理化、电气性能差异，对天然酯绝缘油进行优化改进设计。天然酯绝缘油变压器与常规矿物绝缘油变压器的优化设计要点如下：

（1）由于天然酯绝缘油吸水性强、氧化安定性较差，所以天然酯绝缘油变压器应采用全密封结构设计。

（2）天然酯绝缘油运动黏度较大，对散热效率有一定影响，需对变压器冷却散热结构进行优化设计。当变压器采用自然油循环冷却方式时，应优化变压器散热结构，可适当加大片式散热器的片散间距，宜选用鹅颈式散热器，有助于拉大散热中心与油面热油区的高度差，从而提高天然酯绝缘油的流动速度，降低温升。对于31.5MVA以下容量的110kV变压器，多采用ONAN冷却方式，对于容量超40MVA的110kV变压器，一般采用ONAN/ONAF组合的方式。采用ONAF冷却方式时，矿物绝缘油与天然酯绝缘油的温升差值相对较小。

（3）在电气绝缘设计方面，天然酯绝缘油的相对介电常数更接近于油浸绝缘纸板，因此油纸绝缘中的电场分布将更加均匀。但雷电冲击电压水平差异较大，国内外的大量试验研究显示，在准均匀电场、不均匀电场的小油隙条件下，天然酯绝缘油与矿物绝缘油耐雷电冲击特性基本相同，而在极不均匀电场、较大油隙条件下耐雷电冲击特性弱于矿物绝缘油。因此，应根据两种绝缘油的绝缘特性差异进行局部绝缘加强。

（4）在组部件的选用方面，确认所选原材料、组部件在工作温度下与天然酯绝缘油相容，同时考虑天然酯绝缘油运动黏度较大导致变压器温升增大的影响。如密封材料宜选用经过相容性试验的丁腈橡胶或氟橡胶材质，有载分接开关宜选用真空型，储油柜宜选用氟橡胶材质的胶囊式储油柜或金属波纹密封式储油柜。

总之，应按照技术规范书各项要求进行天然酯绝缘油变压器设计，应采用全密封结构油箱，对散热效果和绝缘裕度进行验算，有条件时可通过仿真软件对设计方案进行计算验证。如对某型号10kV配电变压器分别采用矿物绝缘油和天然酯绝缘油时的温度场和流体场对比仿真计算见图3-30和图3-31，根据仿真计算结果，可针对性地调整变压器绝缘和散热结构。

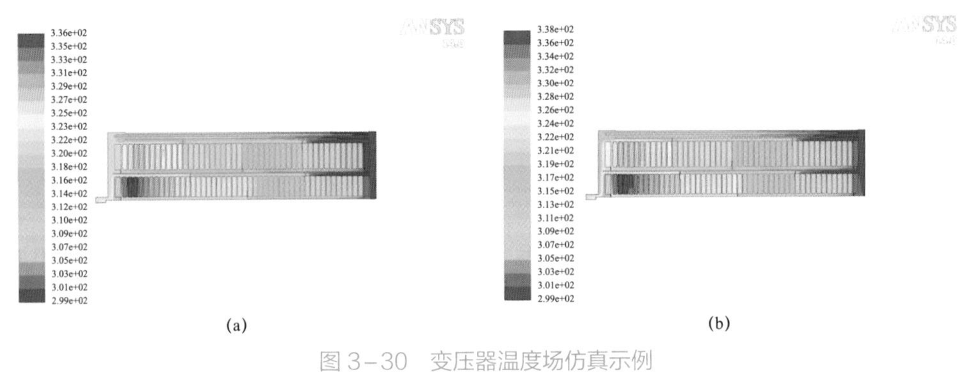

图3-30　变压器温度场仿真示例

（a）矿物绝缘油；（b）天然酯绝缘油

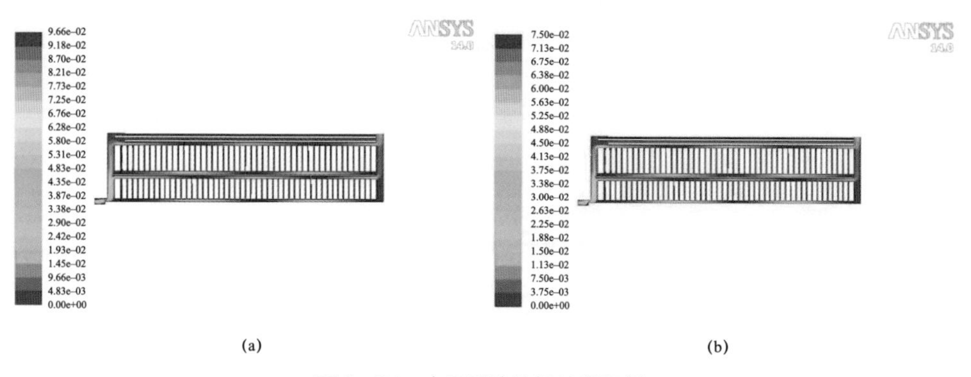

图 3–31　变压器流体场仿真示例

（a）矿物绝缘油；（b）天然酯绝缘油

第4章 天然酯绝缘油变压器制造技术

4.1 天然酯绝缘油变压器制造流程

不同电压等级变压器的制造流程、工艺要求存在差异，天然酯绝缘油变压器制造流程见图4-1。

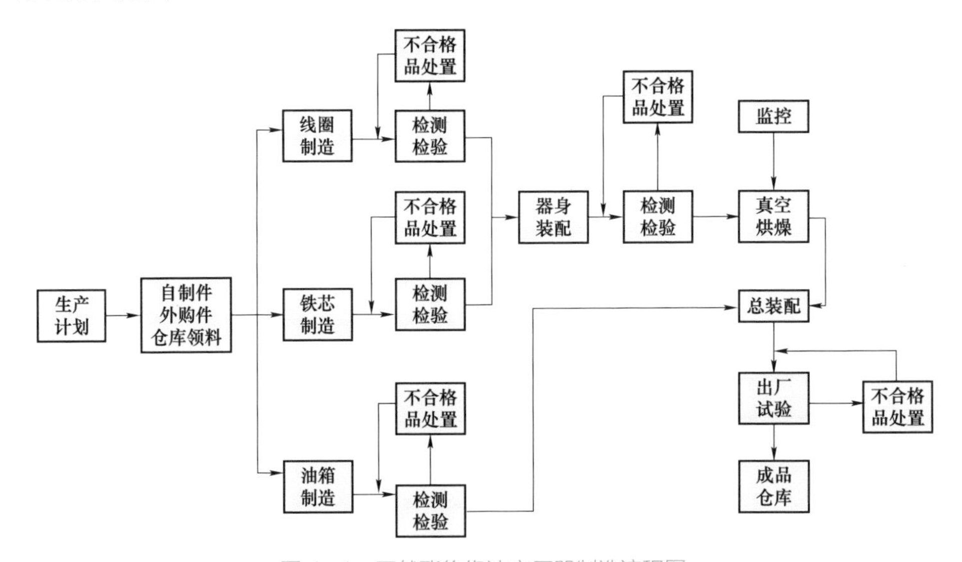

图4-1 天然酯绝缘油变压器制造流程图

4.1.1 油箱及附件制造

（1）油箱及附件下料。一般应根据所需要加工的金属部件，选择合适的加工方式。产品下料前，先检查原材料是否符合图纸要求，如材质、厚度、锈蚀情况、有无硬弯等，如都符合要求，再进行下料。下料分为剪切、手把切割、仿形切割及数控切割等。

（2）油箱及附件组对、焊接与调整。下料结束后首先要对零件进行校正，使受热变形的钢板平整同时释放硬力，焊接时不易变形。油箱焊接时，对于长或宽需要拼接处采用埋弧自动焊、双面焊接，其余部位焊接均采用气体保护焊或手工电弧焊，应保证焊接强度及无渗漏点；对装油箱壁各部分均在平台上进行，采用其他辅助措施如防变形焊接、固定焊接等方式，辅助工具有U型夹具、定位尺、水平尺等，以保证油箱的各部位尺寸符合图纸要求。同时，在原有的手工焊接基础上，部分制造企业引入了油箱焊接机器人及升高座机器人焊接工艺，在箱盖、箱壁、箱底以及升高座等整体焊接时，使用机器人焊接，通过在线编程系统实现全自动焊接，采用机器人的电弧跟踪系统实现全程监控每条焊缝焊接的工艺参数，与手工焊接相比，焊接效率大大提高，生产周期大幅缩短，焊缝美观，质量稳定，缺陷较少，完全可以保证其焊接强度且无渗漏点。

（3）油箱及附件表面清理。由于变压器金属零部件在进行精加工后，表面会形成氧化层，同时在焊接过程中会有焊接飞溅物等，因此在进行表面处理之前需要对表面进行除锈、除渣等工序处理。

（4）油箱试漏。油箱焊接完成后，要对各个焊线进行试漏，所有油箱开孔采用盖板及密封胶条进行密封，根据变压器容量和电压等级不同，对油箱内部施加0.04～0.069MPa气压试漏，对焊线和其他规定部位进行泄漏检查；考核油箱的耐正压强度，并对油箱变形量做好详细记录，待泄压之后检查永久变形是否在技术要求范围内，如不满足时还要采取加强措施。此外，对油箱进行真空强度耐受试验，检查永久变形是否在技术要求之内。

（5）油箱及附件喷漆。对于油箱及附件喷漆处理，宜采用水性漆，环保无污染，应严格按照比例进行调配，调漆时要做好记录，记录内容如调配时间、调配比例、温湿度等。喷涂时采用无气喷涂，喷涂效率高，涂覆效果良好，且油漆利用率高。对于死角或喷枪喷不到的地方，首先采用空气喷涂或刷涂，再进行整体喷涂，可提高油箱漆膜质量。

4.1.2　线圈制造

（1）绝缘件制作。变压器可靠性很大程度上决定于变压器内绝缘可靠性，因此对绝缘件的要求非常严格，为保证绕组油隙尺寸及绕组高度尺寸，垫块用纸板调料均进行密化处理，采用小间隙冲模以及铣床进行加工，为减少尖角毛刺，撑条端圈用倒角机进行倒圆角处理，减少产品的局部放电量；为保证制造精度，托板压板等大型结构件一般采用数控加工中心进行一次成型的铣制加工。

（2）线圈制作。为提高线圈绝缘和机械强度，线圈用绝缘纸、绝缘纸板、成型件、异形件等均应干燥处理，避免在线圈绕制过程中因吸潮而变形。线圈绕制过程中宜使用拉紧机构，以保证线圈绕制紧实程度。单个线圈绕制好后进行冷压、干燥、二次热压处理，有效控制因绝缘吸潮而引起线圈反弹现象。不同电压等级的天然酯绝缘油变压器，其对于线圈油道的厚度要求也不一样，应注意线圈结构带来的影响。66kV 以上电压等级的天然酯绝缘油变压器的绝缘件在考虑机械、电气强度的同时，还应考虑其天然酯绝缘油浸渍处理工艺特性，如在压板、托板等较厚的绝缘材料上加开工艺孔，加速绝缘材料的干燥和浸油，缩短工艺处理时间。

4.1.3 变压器组装

变压器组装的主要工作内容如下：

（1）铁芯制造。包括硅钢片剪切、硅钢片的预叠、铁芯装配、铁芯绑扎及入炉干燥、铁芯试验。

（2）线圈组装。变压器低压、高压等线圈根据设计图纸要求进行组装。

（3）器身绝缘装配。根据变压器设计图纸，安装铁芯绝缘、绕组绝缘，如围屏、瓦楞纸板、垫块、撑条、端圈、压板等。

（4）铁芯插接组装。铁芯在变压器中构成一个闭合的磁路，又是安装绕组的骨架，对变压器电磁性能和机械强度是极为重要的部件。铁芯插接一般采用多级斜接缝结构。

（5）引线连接。对各绕组引线进行绝缘包扎处理后，采用冷压接或焊接工艺进行引线连接。引线连接后还需进行绝缘包扎处理。

（6）半成品测试。半成品测试的主要目的是检查绝缘性能、变比和直流电阻是否正常。

4.1.4 器身真空干燥

变压器真空干燥的目的是去除绝缘中的水分。器身中绝缘水含量越大，绝缘强度就越低，且使绝缘老化加速，介质损耗增加。真空干燥处理的时间及干燥程度与很多因素有关，如干燥温度高低及干燥均匀性、真空度或剩余压力、干燥处理条件、绝缘系统结构、绝缘材料特性和尺寸、残余水分的蒸发速度或扩散系数等，真空干燥处理工艺主要流程如下：

（1）预热阶段。由于加热器身是在空气中进行，因此加热温度应以油浸式变压器 A 级绝缘的允许温度 105℃为界，一般允许略有超出，但最高不得超过 115℃。预热阶段的时间以器身各部位均匀达到 105～110℃为准，这样才可以结束预热阶段进入下一阶段。器身各部位的温度测量最好预先测量绕组的电阻再换算成绕组温度，以此为平均温度。

（2）低真空阶段。不断充气抽气抽走水分，此阶段器身温度不断升高，达到设置温度后进入连续真空阶段。

（3）连续真空阶段。温度保持在均匀的最高允许温度，真空度根据不同容量和电压等级可达到 13～133Pa，且连续无水。一般根据容量大小，连续无水 4～10h 可认为干燥处理完成。

4.1.5　总装配、注油

总装配包括器身的整理与紧固、铁芯对地绝缘电阻的测量、检查器身清洁度及各零部件的紧固程度、分接线及引线绝缘距离、器身装箱、变压器组部件安装、注油及油务处理、出厂试验。注油前要先取油样进行检测，合格后才能注入，注油时应仔细观察可能出现渗油的部位，如胶垫、胶珠、胶绳分接开关等。

天然酯绝缘油的运动黏度较矿物绝缘油高，注油时流速更缓慢，可能造成较大的作业压力并损坏设备。因而需要研究天然酯绝缘油运动黏度与温度的特性曲线、运动黏度变化与真空滤油机滤芯尺寸关系，以选择适用于天然酯绝缘油变压器的高效、可靠滤油油机，并制定相应的真空注油、滤油工艺。

通过对天然酯变压器绝缘油真空注油、滤油的模拟试验，得出天然酯绝缘油使用二级真空滤油机推荐设置参数：加热器温度 90℃、压力设定为 4MPa、一级滤芯 5μm，二级滤芯 1μm、流量不大于 100L/min。提高加热温度可达到较好的过滤处理效果。滤油处理后其指标值远高于天然酯绝缘油品出厂要求值。

4.1.6　静放

天然酯绝缘油的运动黏度较矿物绝缘油高，在相同温度下，其流动性比较差，相对应的渗透性较差，需要更长的时间浸渍绝缘纸板，因此降低了产品的生产效率，增大由于渗透不透彻而导致产品故障的风险。需对矿物绝缘油与天然酯绝缘油在不同温度下的运动黏度进行对比，开展不同温度下对不同结构绝缘件的浸透性试验，通过考察不同温度、不同时间、不同绝缘件的浸油效果，优化相关工艺流程，制定天然酯绝缘油静置工艺文件。试验表明，绝缘纸板胶层的浸透率远小于层压方向的浸透率，温度越高，浸油速度越快，且随着浸油时间的延长，浸油速度越来越慢。

4.2 变压器制造过程对绝缘油要求

4.2.1 基本要求

用于天然酯绝缘油的所有处理设备（如软管、管道、油罐、滤油设备）应当保持清洁，应为天然酯绝缘油专用。如油处理设备之前处理的油样为矿物绝缘油或合成酯，可使用天然酯绝缘油将其冲洗干净，之后可处理天然酯绝缘油。如油处理设备之前充有硅油，则不能用于处理天然酯绝缘油。有残余天然酯绝缘油的设备应密封，与空气和污染物隔绝。油桶、油罐、储油罐等容器储存天然酯绝缘油时，油面宜采用干燥氮气或干燥惰性气体进行密封覆盖。天然酯绝缘油包装分为 200L 的 PVC 桶和 1000L 的聚乙烯桶，均应保持清洁、干燥、避光、密封储存。

未使用过的天然酯绝缘油运至现场后应按照 GB/T 7597—2007《电力用油（变压器油、汽轮机油）取样方法》规定的程序进行取样，对油样的外观、运动黏度、水含量、酸值、击穿电压、介质损耗因数及闪点等性能按照表 4－1 规定的试验方法进行检测，检测结果满足表 4－1 要求方可接收。

表 4－1 未使用过的天然酯绝缘油技术指标和试验方法

项目		技术指标	方法及参考标准
1. 物理特性			
外观		清澈透明，无沉淀物和悬浮物	目测
运动黏度（mm^2/s）	100℃	≤15	GB/T 265
	40℃	≤50	
	0℃	≤500	
倾点（℃）		≤−10	GB/T 3535
水含量（mg/kg）		≤200	GB/T 7600
密度（20℃，kg/m^3）		≤960	GB/T 1884
2. 电气特性			
击穿电压（kV，2.5mm）		≥40	GB/T 507
介质损耗因数（$\tan\delta$，90℃）		≤0.04	GB/T 5654

续表

项目	技术指标	方法及参考标准
3. 化学特性		
酸值（以 KOH 计，mg/g）	≤0.06	IEC 62021－3
腐蚀性硫	非腐蚀性	SH/T 0804
燃点（℃）	≥300	GB/T 3536
闪点（℃）	≥250	GB/T 261

4.2.2　储存要求

（1）天然酯绝缘油应置于室内保存，如需置于储油罐中，宜采用户内型储油罐，如储油罐置于室外，应提供保护措施，以避免日晒雨淋。天然酯绝缘油不宜储存在环境温度高或湿度大的地方（除非有干燥剂维护），储存环境温度宜在−10～40℃范围内。

（2）储存天然酯绝缘油的储油罐应配有法兰接口，罐内涂层应与天然酯绝缘油相容；不应采用带呼吸器的储油罐。如需将原包装桶内天然酯绝缘油转移至储油罐中，应直接真空注入油罐储存，并对储油罐抽真空（真空度小于 50Pa），随后充入干燥氮气至微正压（100～1000Pa 之间）保护并密封。

（3）在低于−10℃的环境中传输天然酯绝缘油时，输油管路及储油罐宜具备加热装置。

（4）储油罐内部与输油管路等应彻底清洁并仔细检查，确保状况良好，不得有生锈、泄漏等情况。

（5）如储油罐之前储存矿物油，应将其中的矿物油彻底排净并用 60～80℃的天然酯绝缘油冲洗后才能灌注天然酯绝缘油，以免造成污染。

（6）天然酯绝缘油的运动黏度高于矿物绝缘油，在选择油泵时应考虑其影响。

（7）不应采用工作过程中易产生高热的油泵，避免因油泵高温导致绝缘油热分解产生气体。

4.2.3　取油工艺要求

在收到每批天然酯绝缘油产品时，均应检查原包装容器是否完好。收货后应按照 GB/T 7597 规定的程序进行取样。

（1）原油进厂取样方法。对于桶装绝缘油，天然酯绝缘油入厂后，旋开油桶上盖，用玻璃注射器采集油样后立即将玻璃注射器密封完好并贴好标签，同时向油桶中充入干燥氮气保护，氮气充入量以可将桶内空气完全排出为宜，之后将油桶上盖旋紧并保证密封完全，油样用于性能检测。

对于 1t 桶装天然酯绝缘油，取油步骤如下：

1）天然酯绝缘油入厂后，如果原包装桶内为负压，应先进行压力平衡操作，即旋开油桶上盖，在氮气保护下，先用细针管或细尖的铁丝在铝膜层上扎一小孔，用氮气气管迅速对其充入干燥氮气，使油桶中压力达到常压后立即在开口处粘贴密封胶带重新密封，另使用保鲜膜加固密封效果，并旋紧油桶上盖。

2）打开油桶下盖，从包装桶下方出油口取油采集油样，即打开下方龙头开关，放出少量油冲洗出油口后，直接使用清洁干燥的取样瓶（应贴标签）取足量油样，立即将取样瓶密封完全，用于检测油样各性能指标。

（2）油样标签。油样标签的内容包括生产厂家、油样名称、取样日期、取样桶编号、取样部位、取样环境温度与湿度等信息。

（3）取样检测。入厂检测合格后，根据生产安排继续储存或将包装桶中绝缘油利用天然酯绝缘油专用滤油机转移至油罐处理。当取样不合格时，应立即反馈油品供应方处理。

取样检测注意事项如下：

1）取样瓶、玻璃注射器应先用洗涤剂进行清洗，再用自来水冲洗，最后用蒸馏水洗净，烘干、冷却后，盖紧瓶塞。取样瓶与玻璃注射器应确保干燥清洁，且可完全密封。

2）取样时，不宜在潮湿环境下取样；开启桶盖前需用干净甲级棉纱或布将桶盖外部擦净，然后用清洁、干燥的取样管取样。

4.2.4 注油工艺要求

与矿物绝缘油变压器相比，天然酯绝缘油变压器的注油工艺要求除常规要求外，还应满足以下要求：

（1）器身出炉整理后马上密封装箱注油，减少器身露空时间。天然酯绝缘油变压器宜选用高温真空底部注油工艺，注油时的温度设定应高于矿物绝缘油的注油温度，具体数值由各变压器制造商的设备及工艺特点决定，并建议增大注油管径、合理控制油速，宜采用单独的注油系统以避免与矿物绝缘油发生混油。

（2）注油后有过多的气泡产生时，应对其进行真空处理以充分脱气。可用脱水和脱气设备对天然酯绝缘油进行处理，脱气温度为 60～100℃、真空度低于 220Pa，以确保彻底脱去之前引入的气体和水分。

（3）经过真空脱气和过滤处理后的天然酯绝缘油应直接真空注入变压器中。附件安装过程中全程充入氮气保护，安装完后马上密封，避免天然酯绝缘油与空气长时间接触。

（4）已经注入电力变压器中的天然酯绝缘油取样方法按照GB/T 7597中规定的程序执行。

（5）天然酯绝缘油灌注完成且静置时间满足要求后，对变压器中的天然酯绝缘油进行取样测试，天然酯绝缘油性能满足表4－2的要求后方可带电。

表4－2 变压器注油后对天然酯绝缘油性能要求

项目	电压等级		方法及参考标准
	≤35kV	110（66）～220kV	
外观	清澈透明、无沉淀物和悬浮物		目测
击穿电压（2.5mm，kV）	≥35	≥40	GB/T 507
介质损耗因数（90℃）	≤0.05	≤0.04	GB/T 5654
酸值（以KOH计，mg/g）	≤0.06	≤0.06	NB/SH/T 0836
水含量（mg/kg）	≤300	≤200	GB/T 7600
运动黏度（40℃，mm^2/s）	≤50	≤50	GB/T 265
闪点（℃）	≥250	≥250	GB/T 261

（6）注满天然酯绝缘油的变压器应在静置足够时间后方可进行高压试验。在同等条件下，天然酯绝缘油比矿物绝缘油需要更长的时间浸渍绝缘纸（纸板）。

4.2.5 混油工艺要求

通过对不同比例天然酯绝缘油和矿物绝缘油形成混合油的混溶性及其理化、电气性能测试，选择混合油比例主要从以下三方面进行考虑：① 由于共用管道、存储装置而导致的混合油，选择1%的矿物绝缘油和99%的天然酯绝缘油、99%的矿物绝缘油和1%的天然酯绝缘油两种混油比例；② 矿物绝缘油变压器在换油时，因绝缘纸、绝缘纸板均具有一定的吸油率，即使在后续天然酯绝缘油冲洗的条件下依然无法排净，从而导致实际运行变压器中的绝缘油为一定比例的混合油，使用5%的矿物绝缘油和95%的天然酯绝缘油、10%的矿物绝缘油和90%的天然酯绝缘油两种混合比例模拟该情况；③ 相比矿物绝缘油，天然酯绝缘油具有较高防火安全性和生物降解性，但价格较高，变压器制造企业为提高矿物绝缘油的防火安全性，同时降低完全使用天然酯绝缘油导致的成本增加，可能会向矿物绝缘油内混入部分天然酯绝缘油，为验证这种大比例混合油的性能，使用70%

的矿物绝缘油和30%的天然酯绝缘油、80%的矿物绝缘油和20%的天然酯绝缘油两种混合比例进行验证。主要结论如下：

（1）将不同比例的混合油静置于−15、40、90℃环境中7天，混合油并不存在分层现象，说明矿物绝缘油与天然酯绝缘油混溶性良好。

（2）对比各项性能指标，矿物绝缘油与天然酯绝缘油的混合比例为99%:1%或1%:99%时，其性能与纯矿物绝缘油或纯天然酯绝缘油存在一定差异，但均在允许范围内，说明因共用油道、存储装置而导致的影响很小。

（3）相比天然酯绝缘油，当矿物绝缘油与天然酯绝缘油的混合比例为5%:95%或10%:90%时，混合油的击穿电压虽有下降，但仍满足标准要求；体积电阻率与相对介电常数下降较小，但介质损耗因数、酸值、运动黏度、倾点均有明显下降；析气性有所增加，说明其吸收气体能力下降；当混合比例为5%:95%时，混合油的燃点无变化，闪点略有下降；当混合比例为10%:90%时，混合油的燃点、闪点均明显下降。所以当矿物油变压器换成天然酯绝缘油时，应采用天然酯绝缘油进行冲洗，减少矿物绝缘油残留，从而保证实际运行天然酯绝缘油的防火安全性满足要求。

（4）矿物绝缘油和天然酯绝缘油的混合比例为70%:30%及80%:20%时，混合油的各项性能与矿物绝缘油的性能进行对比：从防火安全性的角度来看，相比纯矿物绝缘油，近似每增加10%的天然酯绝缘油，闪点提高5℃，而燃点基本无变化，说明天然酯绝缘油的引入并不能显著提高矿物绝缘油的防火安全性；其次，混合油的击穿电压、相对介电常数略有提高，有利于提高油纸绝缘系统的击穿电压，而体积电阻率明显下降，介质损耗因数略有上升，酸值、运动黏度均略有上升；此外，倾点虽有上升，但依然小于−45℃；析气性下降，更有利于电力设备的安全运行。

（5）从开口杯老化的结果来看，将矿物绝缘油和天然酯绝缘油混合后的绝缘油抗氧化能力明显弱于矿物绝缘油。

4.3 天然酯绝缘油变压器特殊工艺要求

4.3.1 防潮工艺

变压器产品在生产制造、现场安装过程中，器身会将暴露在空气中，潮湿的空气会对产品绝缘件表面产生影响。天然酯绝缘油相对于矿物绝缘油具有很强的吸湿性，暴露在大气中，固体绝缘表面天然酯绝缘油吸附水分而造成绝缘油水含量上升，从而影响变压器整体的绝缘性能，需在后期真空滤油过程中进行工艺处理，降低其水含量，保证变压器的绝缘性能。

为探讨敞开放置时间对天然酯绝缘油电气性能影响，从而推导出变压器注油后敞开检查的最长时间，将电气性能合格的天然酯绝缘油注入干净的容器（油容积约 13L，表面积约 1963cm^2）内，于室温条件下敞开放置，分别放置 0、2、4、6、8、10、12h 及 24h 后，测试容器表层天然酯绝缘油的水分含量，并在 0、6、12h 及 24h 时测试天然酯绝缘油的介质损耗因数和工频击穿电压。天然酯绝缘油不同敞开时间测试所得性能参数如表 4－3 所示。其中水含量随敞开时间变化曲线如图 4－2 所示。

表 4－3　天然酯绝缘油敞开时间对应性能参数

时间（h）	温度（℃）	湿度（%）	水含量（mg/L）	工频击穿电压（kV）	介质损耗因数（%）		
					25℃	90℃	100℃
0	16	74	7.61	79.3	0.08	0.96	1.37
2	16	73	18.70	80.9	0.07	1.04	1.38
4	16.5	72.5	27.50	81.3	0.08	1.05	1.41
6	17	70	40.87	81.6	0.07	1.02	1.43
8	17.5	70	37.83	80.6	0.07	1.04	1.48
10	17.5	70	57.20	80.7	0.08	1.03	1.54
12	17.5	70	60.54	81.7	0.08	1.02	1.52
24	17	76	180.00	80.7	0.07	1.09	1.46

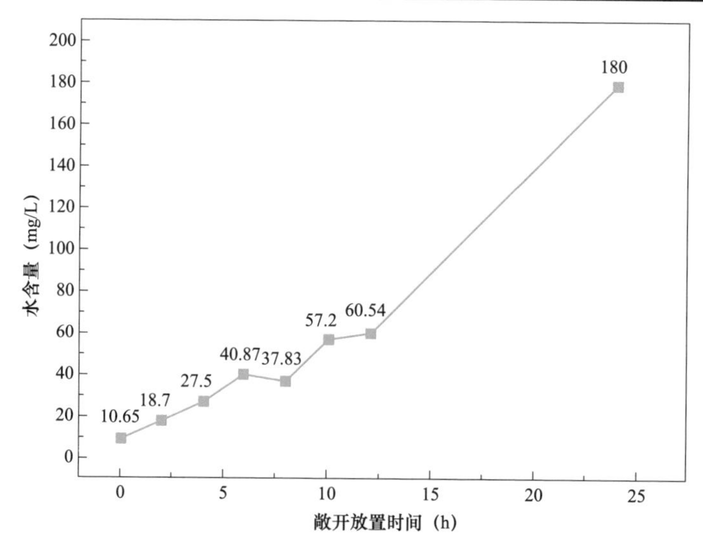

图 4－2　天然酯绝缘油中水含量随敞开时间变化曲线

由表 4－3 可见，随着敞开放置时间的增加，天然酯绝缘油的水含量呈增长趋势，在敞开放置 24h 时其水含量达到 180mg/L。在敞开放置 24h 内，天然酯绝缘油的介质损耗因数和工频击穿电压较为稳定，并未出现明显波动。因此，建议天然酯绝缘油变压器敞开检查时间不宜超过 24h。

4.3.2 浸油工艺

绝缘油在纸板中的浸渍速度主要与绝缘纸板材料密度、绝缘油运动黏度及浸渍温度等因素有关。这意味着天然酯绝缘对变压器绝缘材料的浸渍速度低于矿物绝缘油。以下对不同温度下天然酯绝缘油与矿物绝缘油在纸板中的浸渍速度差异进行研究。

因环氧树脂胶有很好的阻油性能，所以将绝缘纸板/垫块全部浸入环氧树脂胶中，取出晾干至完全不黏为止，然后在绝缘纸板/垫块的一端开口（见图 4－3），并于 105℃下干燥 48h。

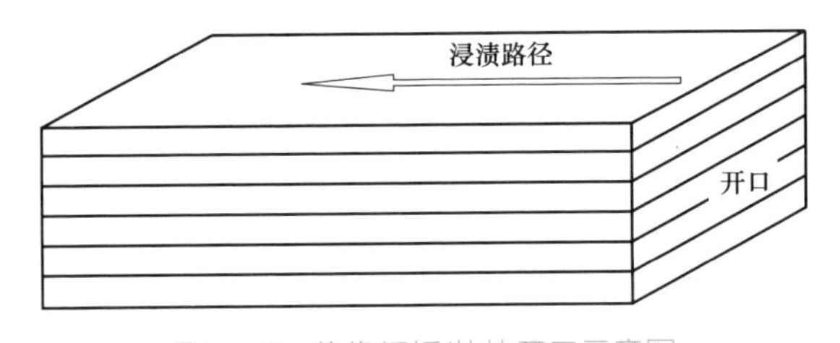

图 4－3　绝缘纸板/垫块开口示意图

将开口后的绝缘纸板/垫块分别放入室温（25℃）天然酯绝缘油和 60℃（厂家浸油工艺温度）天然酯绝缘油中，在不同时间（如 12、24、48、72、96、120h 等）观察纸板横截面内的油痕，根据油痕确定绝缘油进入绝缘纸板/垫块的深度（最小浸渍深度）。不同温度下，矿物绝缘油与天然酯绝缘油在绝缘纸板（纸板厚度 2mm）中的浸渍深度结果如图 4－4 所示。

由以上试验结果可知，随着浸渍时间的延长，浸渍速度越来越缓慢，绝缘纸板在热油中的浸渍速度要大大高于在冷油中的浸渍速度。同时，矿物绝缘油 25℃时在绝缘纸板中的浸渍速度与天然酯绝缘油 60℃时浸渍速度相当；而在油温同为 60℃时，矿物绝缘油在纸板中的浸渍速度约为天然酯绝缘油的 1.5 倍。因此，变压器在生产制造、出厂试验等环节，要求天然酯绝缘油变压器的静置时间应比矿物绝缘油变压器延长。天然酯绝缘油变压器电压等级越高，静置时间越长，各电压等级天然酯绝缘油变压器推荐静置时间见表 4－4，也可根据实际环境温度、变压器容量等适当延长或缩短静放时间。

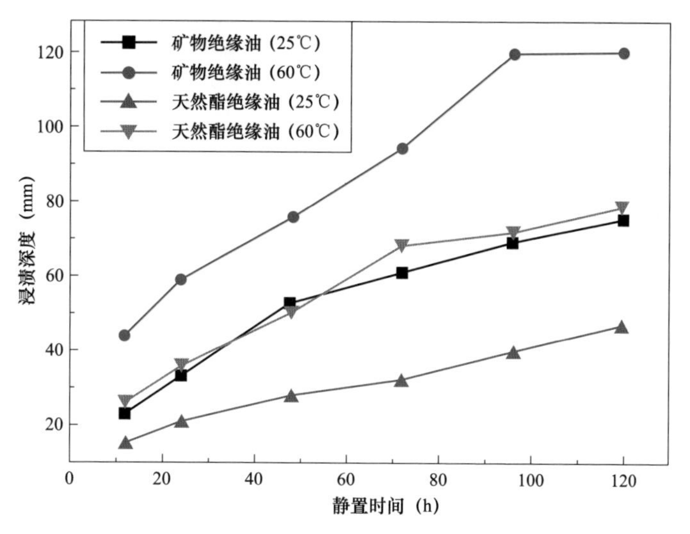

图 4-4　不同温度下绝缘油在绝缘纸板中的浸渍深度

表 4-4　天然酯变压器注油后静置时间

电压等级（kV）	静置时间（h）	电压等级（kV）	静置时间（h）
<35	≥24	110（66）	≥60
35	≥48	220	≥72

当静置时间满足要求后，对变压器中天然酯绝缘油进行取样测试，当天然酯绝缘油性能应满足表 4-2 的要求方可对天然酯变压器进行高压试验。

第5章 天然酯绝缘油变压器试验技术

变压器试验分为例行试验、型式试验、特殊试验等。其中，例行试验为每台变压器都要承受的试验，分为所有变压器的例行试验和设备最高电压 U_m>72.5kV 的变压器的附加例行试验；型式试验为在一台有代表性的变压器上所进行的试验，以证明被代表的变压器也符合规定要求，其项目包括温升试验、绝缘型式试验、对每种冷却方式的声级测定、风扇和油泵电机功率测量、在 90%和 110%额定电压下的空载损耗和空载电流测量五个试验项目；特殊试验为按制造方与用户协议所进行的试验，包含绝缘特殊试验、绕组热点温升测量等试验项目。跟矿物绝缘油变压器相比，应考虑天然酯绝缘油变压器的差异性，提出适用于天然酯绝缘油和天然酯绝缘油变压器的相关试验标准。本章主要介绍天然酯绝缘油和天然酯绝缘油变压器的试验项目、试验方法和试验要求等。

5.1 天然酯绝缘油试验项目及要求

5.1.1 天然酯绝缘油试验项目

天然酯绝缘油试验项目可分为型式试验、出厂（例行）试验、变压器投运前天然酯绝缘油的现场交接试验以及变压器运行中天然酯绝缘油试验，各类试验项目见表 5-1。

（1）型式试验。型式试验是指对一批有代表性的天然酯绝缘油进行的试验，以证明被代表的天然酯绝缘油也符合规定要求。如果天然酯绝缘油生产所用原材料相同、工艺配方相同，且在同一制造厂生产，则认为其中一批可以代表其他批绝缘油性能。天然酯绝缘油在下列情况下应进行型式试验：

1）新产品投产或产品定型鉴定时。

2）原材料、生产工艺等发生较大变化，可能影响产品质量时。

3）原材料、生产工艺等技术内容未知或不明确时。

4）出厂试验结果与上次型式试验结果有较大差异时。

（2）出厂试验。出厂试验是指对生产的每批产品都要进行的质量合格性检验试验。在原材料、生产工艺没有发生可能影响产品质量的变化时，氧化安定性、闪点、界面张力等试验可作为出厂试验每年检测一次。

（3）交接试验。天然酯绝缘油变压器投运前应对变压器中的天然酯绝缘油进行检测，其性能满足要求后变压器方可投入运行。

（4）运行试验。天然酯绝缘油变压器根据相关运行规程要求定期开展运行中的绝缘油试验，其性能满足要求后变压器方可继续运行。

表 5-1 天然酯绝缘油试验项目

试验项目	试验类型				方法及参考标准
	型式试验	出厂试验	交接试验	运行试验	
外观	●	●	●	●	目测
密度	●	●	—	—	GB/T 1884
酸值	●	●	●	●	IEC 62021－3 或 GB/T 264
腐蚀性硫	●	●	●	●	GB/T 25961 或 SH/T 0804
燃点	●	●	●	●	GB/T 3536
闪点	●	●	●	●	GB/T 261
水含量	●	●	●	●	GB/T 7600 或 NB/T 42140
运动黏度	●	●	●	●	GB/T 265
界面张力	○	○	●	●	GB/T 6541
二苄基二硫醚（DBDS）	●	●	●	—	GB/T 32508
击穿电压	●	●	●	●	GB/T 507
介质损耗因数	●	●	●	●	试验方法
总添加剂（质量分数）	●	●	—	●	IEC 60666 或其他方法
氧化安定性	●	○	—	—	DL/T 1811
带电倾向性	—	—	—	○	DL/T 385
糠醛含量	—	—	—	○	NB/SH/T 0812
颗粒度	—	—	○	○	DL/T 432
溶解气体分析	○	○	○	○	GB/T 17623

注 ●表示该试验项目需要做；○表示该试验项目可协商做；—表示该试验项目不做。

5.1.2 天然酯绝缘油试验要求

（1）未使用过的天然酯绝缘油试验要求。未使用过的天然酯绝缘油的性能参数应满足 DL/T 1811—2018《电力变压器用天然酯绝缘油选用导则》的要求，性能要求见表 5－2。

表 5－2 未使用过的天然酯绝缘油性能要求

<table>
<tr><th colspan="2">项目</th><th>技术指标</th><th>方法及参考标准</th></tr>
<tr><td colspan="4">1. 物理特性</td></tr>
<tr><td colspan="2">外观</td><td>清澈透明、无沉淀物和悬浮物</td><td>目测</td></tr>
<tr><td rowspan="3">运动黏度①（mm^2/s）</td><td>100℃</td><td>≤15</td><td rowspan="3">GB/T 265</td></tr>
<tr><td>40℃</td><td>≤50</td></tr>
<tr><td>0℃</td><td>≤500</td></tr>
<tr><td colspan="2">倾点（℃）</td><td>≤−10</td><td>GB/T 3535</td></tr>
<tr><td colspan="2">水含量（mg/kg）</td><td>≤200</td><td>GB/T 7600（必检）</td></tr>
<tr><td colspan="2">密度（20℃，kg/m^3）</td><td>≤1000</td><td>GB/T 1884</td></tr>
<tr><td colspan="4">2. 电气特性</td></tr>
<tr><td colspan="2">击穿电压②（2.5mm，kV）</td><td>≥40</td><td>GB/T 507（必检）</td></tr>
<tr><td colspan="2">介质损耗因数 $\tan\delta$（90℃）</td><td>≤0.04</td><td>GB/T 5654（必检）</td></tr>
<tr><td colspan="4">3. 化学特性</td></tr>
<tr><td colspan="2">酸值（以 KOH 计，mg/g）</td><td>≤0.06</td><td>IEC 62021－3 或 GB/T 264</td></tr>
<tr><td colspan="2">腐蚀性硫</td><td>非腐蚀性</td><td>GB/T 25961 或 SH/T 0804</td></tr>
<tr><td colspan="2">二苄基二硫醚（DBDS）</td><td>无</td><td>GB/T 32508</td></tr>
<tr><td colspan="2">总添加剂（质量分数）</td><td>≤5%</td><td>IEC 60666 或其他方法</td></tr>
<tr><td rowspan="4">氧化安定性</td><td>试验时间（h）</td><td>48</td><td rowspan="2">DL/T 1811 附录 A</td></tr>
<tr><td>总酸值（以 KOH 计，mg/g）</td><td>0.6</td></tr>
<tr><td>运动黏度（40℃）比初始值增加量</td><td>≤30%</td><td>GB/T 265</td></tr>
<tr><td>介质损耗因数 $\tan\delta$（90℃）</td><td>≤0.5</td><td>GB/T 5654</td></tr>
<tr><td colspan="2">燃点（℃）</td><td>≥300</td><td>GB/T 3536</td></tr>
<tr><td colspan="2">闪点（℃）</td><td>≥250</td><td>GB/T 261</td></tr>
</table>

① 当所提供的天然酯绝缘油倾点低于−20℃时，宜提供最低冷态投运温度对应的运动黏度值。

② 未使用过的天然酯绝缘油交付时的击穿电压测试值。

（2）变压器制造过程中天然酯绝缘油试验要求。在变压器制造过程中，天然酯绝缘油注入变压器后，应对绝缘油的性能进行检测，当其性能满足一定要求后方可对变压器进行带电试验检测，否则可能会因为天然酯绝缘油性能不满足绝缘要求而导致变压器试验不合格甚至内部绝缘损坏。根据 DL/T 1811—2018 规定，在变压器试验前，注入变压器中的天然酯绝缘油应满足表 5－3 的试验要求。

表 5－3 注入变压器后的天然酯绝缘油性能要求

项目	电压等级分类			方法及参考试验
	≤35kV	110（66）kV	220kV	
外观	清澈透明、无沉淀物和悬浮物			目测
击穿电压（2.5mm，kV）	≥40	≥45	≥50	GB/T 507
介质损耗因数（90℃）	≤0.05	≤0.04	≤0.04	GB/T 5654
酸值 （以 KOH 计，mg/g）	≤0.06	≤0.06	≤0.06	IEC 62021－3 或 GB/T 264
水含量（mg/kg）	≤300	≤150	≤100	GB/T 7600
运动黏度 （40°C，mm^2/s）	≤50	≤50	≤50	GB/T 265
闪点（°C）	≥250	≥250	≥250	GB/T 261

表 5－3 分别对天然酯绝缘油的击穿电压、介质损耗因数、酸值、水含量、运动黏度、闪点等性能要求进行了明确规定。实际应用过程中可精简试验项目，参考矿物绝缘油例行试验项目，可选取击穿电压、介质损耗因数和水含量等参数进行检测，也可以由供需双方协商确定。

（3）变压器运行过程中天然酯绝缘油试验要求。虽然国外有超过两百万台天然酯绝缘油变压器应用经验，但由于天然酯绝缘油的油基不同，且天然酯绝缘油变压器运行经验有限，目前天然酯绝缘油运行质量要求还没有形成统一标准。结合近年来中国天然酯绝缘油变压器的运行情况和天然酯绝缘油性能特点，投运前及运行中的天然酯绝缘油性能要求见表 5－4。

表 5－4 投运前及运行中天然酯绝缘油性能要求（变压器本体）

序号	项目	设备电压等级	质量指标		方法及参考标准
			投运前	运行中	
1	外观	各电压等级	清澈透明、无沉淀物和悬浮物		目测
2	酸值（以 KOH 计，mg/g）	各电压等级	≤0.06	≤0.3	IEC 62021－3 或 GB/T 264

续表

序号	项目	设备电压等级	质量指标		方法及参考标准
			投运前	运行中	
3	燃点（℃）	各电压等级	≥300		GB/T 3536
4	水含量（mg/kg）	≤35kV	≤200	≤300	GB/T 7600 或 NB/T 42140
		110（66）kV	≤150	≤200	
		220kV	≤100	≤150	
5	运动黏度（40℃，mm^2/s）	各电压等级	≤50	比投运前增长率≤10%	GB/T 265
6	介质损耗因数（90℃）	≤35kV	≤0.07	≤0.20	GB/T 5654
		110（66）kV	≤0.05	≤0.15	
		220kV	≤0.05	≤0.15	
7	击穿电压①（kV）	≤35kV	≥45	≥40	GB/T 507
		110（66）kV	≥55	≥50	
		220kV	≥60	≥55	
8	界面张力（mN/m）	各电压等级	≥20	≥20	GB/T 6541
9	溶解气体分析	各电压等级	见 T/CEC 291.3－2020		GB/T 17623
10	腐蚀性硫	各电压等级	非腐蚀性		GB/T 25961 或 SH/T 0804
11	带电倾向性（PC/mL）	各电压等级	—	需检测，并提供检测数据	DL/T 385
12	抗氧化剂添加剂含量②（质量分数，%）	各电压等级	—	≥70%（相比初始值）	IEC 60666 或其他
13	糠醛含量（质量分数，mg/kg）	各电压等级	—	需检测，并提供检测数据	NB/SH/T 0812

① 天然酯绝缘油击穿电压试验前静置时间不应小于 30min，击穿间隔 5min 以上。

② 与制造商确定天然酯绝缘油推荐的添加剂限值，必要时进行补加。

天然酯绝缘油变压器在投运的第一个月内，应进行 5 次以上取油样试验，如耐压值下降快，应对天然酯绝缘油进行滤油处理，如下降到 25kV/2.5mm 时，应停止运行；如发现油内有碳化物时，应进行吊罩检查。

5.2 天然酯绝缘油变压器例行试验

5.2.1 例行试验项目

天然酯绝缘油变压器和矿物绝缘油变压器的例行试验（出厂试验）项目和试

验方法相同。GB/T 1094.1—2013《电力变压器　第 1 部分：总则》规定的电力变压器例行试验（出厂试验）项目如下：

（1）绕组电阻测量。

（2）电压比测量和联结组标号检定。

（3）短路阻抗和负载损耗测量。

（4）空载损耗和空载电流测量。

（5）绕组对地及绕组间直流绝缘电阻测量。

（6）绝缘例行试验（见 GB/T 1094.3—2017《电力变压器　第 3 部分：绝缘水平、绝缘试验和外绝缘空气间隙》）。

（7）有载分接开关试验。

（8）内装电流互感器变比和极性试验。

（9）油浸式变压器压力密封试验。

（10）油浸式变压器铁芯和夹件绝缘检查。

（11）绝缘液试验。

最高电压 U_m＞72.5kV 的变压器的附加例行试验项目包括：

（1）绕组对地和绕组间电容测量。

（2）绝缘系统电容的介质损耗因数（$\tan\delta$）测量。

（3）除分接开关油室外的每个独立油室的绝缘液中溶解气体测量。

（4）在 90%和 110%额定电压下的空载损耗和空载电流测量。

5.2.2　例行试验要求

（1）绝缘油试验。由于天然酯绝缘油和矿物绝缘油的性能存在明显差异，对于例行试验中的绝缘液试验项目，两种绝缘液的试验方法相同，但试验合格标准不同。GB 2536—2011《电工流体　变压器和开关用的未使用过的矿物绝缘油》对未使用过的矿物绝缘油的试验项目和试验方法进行了明确规定；GB/T 7595—2017《运行中变压器油质量》对投入运行前及运行中矿物绝缘油的质量进行了规定，但以上规定均是针对矿物绝缘油。对于未使用过的新天然酯绝缘油应满足 DL/T 1811—2018《电力变压器用天然酯绝缘油选用导则》和 NB/T 10199—2019《电工流体　变压器及类似电气设备用未使用过的天然酯》，对投入运行前及运行中天然酯绝缘油可参考表 5－4 的规定。对于 35kV 以上电压等级天然酯绝缘油变压器，绝缘油试验还要开展油色谱分析试验。

（2）绝缘电阻试验。绝缘油大量实测表明，天然酯绝缘油变压器绕组连同套管的绝缘电阻、铁芯与夹件绝缘电阻均可能比矿物绝缘油变压器低一个数量级。

不宜按照矿物绝缘油变压器绝缘电阻限值要求天然酯绝缘油变压器；天然酯绝缘油变压器出厂试验测得绝缘电阻应换算至同一温度下与前期测试数据相比不应有显著变化。

（3）绕组连同套管的介质损耗因数测量。通常情况下天然酯绝缘油变压器绕组连同套管的介质损耗因数比矿物绝缘油变压器大，有时甚至会大一倍。例行试验（出厂试验）测得的天然酯变压器绕组连同套管的介质损耗因数不应有显著变化，不宜超过上次试验值的30%。

5.3 天然酯绝缘油变压器型式试验

5.3.1 型式试验项目

天然酯绝缘油变压器的型式试验项目和矿物绝缘油变压器相同，型式试验项目除例行试验（出厂试验）项目外，还包含如下试验项目：

（1）温升试验（见GB 1094.2—2013《电力变压器 第2部分：液浸式变压器的温升》）。

（2）绝缘型式试验（线端LI、LIC）。

（3）声级测量（见GB/T 1094.10—2003《电力变压器 第10部分：声级测定》）。

（4）风扇和油泵电机功率测量。

（5）在90%和110%额定电压下的空载损耗和空载电流测量。

5.3.2 型式试验要求

（1）温升试验。对于温升试验项目，天然酯绝缘油变压器试验方法参照GB 1094.2—2013执行。天然酯绝缘油变压器温升限值跟产品设计有关，如果被测天然酯绝缘油变压器按照矿物绝缘油变压器技术要求进行设计、制造，其温升限值则按照GB 1094.2—2013等标准或技术协议中的温升限值要求进行考核。但如果天然酯绝缘油变压器按照IEC 60076.14—2013《电力变压器 第14部分：采用高温绝缘材料的液浸式电力变压器的设计和应用》进行设计、制造，则该天然酯绝缘油变压器应根据变压器的绝缘系统类型进行温升限值考核，见表3-3。

对于8000kVA以上容量的天然酯绝缘油变压器，温升试验或过电流试验（施加 1.1 倍额定电流，持续时间不少于 4h）前后应取油样进行油中溶解气体分析，温升试验前后油中特征气体不应有明显增加。

35kV 及以下电压等级天然酯绝缘油配电变压器应具备短时过载能力，在最高运行油位下完成温升试验后再施加 1.5 倍额定负载，持续运行 2h 后应满足下列要求：

1）压力保护装置不动作。

2）无渗漏现象。

3）油箱波纹及片式散热器的变形量在规定范围内。

4）油箱外壳及套管的温升：常规绝缘系统和混合绝缘系统天然酯变压器不大于 85K，高温绝缘系统天然酯变压器不大于 110K。

（2）声级测量。天然酯绝缘油变压器的声级测量方法跟矿物绝缘油变压器相同，按照 GB/T 1094.10—2003《电力变压器　第 10 部分：声级测定》对天然酯绝缘油变压器进行声级测量。由于天然酯绝缘油运动黏度比矿物绝缘油大，且天然酯绝缘油的声阻抗比矿物绝缘油大，导致变压器铁芯磁致伸缩产生相同的振动噪声在天然酯绝缘油中更难以传播到变压器油箱壁，使得相同结构的变压器，采用天然酯绝缘油比矿物绝缘油的噪声低 2dB（A）左右。

其他型式试验项目跟现行矿物绝缘油变压器的试验方法和技术要求相同。

5.4　天然酯绝缘油变压器特殊试验

5.4.1　特殊试验项目

特殊试验是指除型式试验和例行试验外，按制造方与用户协议所进行的试验。所有特殊试验可以按照用户在询价和订货时的规定，在一台或特定设计的所有变压器上进行。天然酯绝缘油变压器特殊试验项目如下：

（1）绕组热点温升测量。

（2）绕组对地及绕组间电容测量。

（3）绝缘系统电容的介质损耗因数（$\tan\delta$）测量。

（4）暂态电压传输特性测定（见 GB/T 1094.3—2017《电力变压器　第 3 部分：绝缘水平、绝缘试验和外绝缘空气间隙》）。

（5）承受短路能力试验。

（6）三相变压器零序阻抗测量。

（7）油浸式变压器真空变形试验。

（8）油浸式变压器压力变形试验。

（9）油浸式变压器现场真空密封试验。

（10）频率响应测量（频率响应分析 FRA）。

（11）外部涂层检查。

（12）绝缘液中溶解气体测量。

（13）油箱运输适应性机械试验或评估（按用户规定）。

（14）运输质量测定（容量不大于 1.6MVA 的变压器采用整体测量，大型变压器采用测量或计算）。

5.4.2 特殊试验要求

（1）绕组热点温升测量。天然酯绝缘油变压器绕组热点温升试验方法跟矿物绝缘油相同，绕组热点温升限值满足表 3－3 的要求。

（2）绝缘液中溶解气体测量。天然酯绝缘油和矿物绝缘油类型和成分不同，两者油中溶解气体含量也存在差异。天然酯绝缘油中溶解气体测量详见第 6 章。

5.5 天然酯绝缘油变压器交接试验

5.5.1 交接试验项目

根据 GB 50150—2016《电气装置安装工程　电气设备交接试验标准》对电力变压器现场交接试验的规定，天然酯绝缘油变压器现场交接试验项目可参照该标准执行，具体交接试验项目如下：

（1）绝缘油试验。

（2）测量绕组连同套管的直流电阻。

（3）检查所有分接的电压比。

（4）检查变压器的三相接线组别和单相变压器引出线的极性。

（5）测量铁芯及夹件的绝缘电阻。

（6）非纯瓷套管的试验。

（7）有载调压切换装置的检查和试验。

（8）测量绕组连同套管的绝缘电阻、吸收比或极化指数。

（9）测量绕组连同套管的介质损耗因数（$\tan\delta$）与电容量。

（10）变压器绕组变形试验。

（11）绕组连同套管的交流耐压试验。

（12）绕组连同套管的长时感应耐压试验带局部放电测量。

（13）额定电压下的冲击合闸试验。

（14）检查相位。

（15）测量噪声。

由于天然酯绝缘油变压器密封要求较高，现场试验中宜增加变压器密封试验项目，应对投运前的天然酯绝缘油变压器密封性能进行试验考核，确保天然酯绝缘油变压器密封良好。

5.5.2　交接试验方法及要求

天然酯绝缘油变压器现场交接试验方法可参照 GB 50150—2016《电气装置安装工程　电气设备交接试验标准》执行。

考虑天然酯绝缘油的运动黏度比矿物绝缘油大，油浸渍绝缘纸所需时间更长，天然酯绝缘油变压器安装现场注油后、现场交接试验前的静置时间应比矿物绝缘油适当延长。35kV 及以下电压等级变压器一般带油运输，不需要现场注油，静置时间参照矿物绝缘油变压器执行；110（66）kV 变压器一般静置时间不少于 48h；对于 220kV 变压器，为减少运输重量不带油运输，即变压器完成出厂试验后，排尽变压器油箱中的绝缘油，现场安装时需重新注油、安装组部件等，现场安装完成后、现场交接试验前的静置时间建议大于 72h。

由于天然酯绝缘油和矿物绝缘油的特性存在差异，导致天然酯绝缘油变压器部分交接试验项目的技术要求跟矿物绝缘油变压器存在差异，主要有绝缘油试验，铁芯及夹件绝缘电阻测量，测量绕组连同套管绝缘电阻、吸收比或极化指数测量，测量绕组连同套管的介质损耗因数（tanδ）与电容量测量等试验项目。

其中，绝缘油试验项目及技术要求除满足 GB 50150—2016 外，还应满足表 5－3 对投运前天然酯绝缘油质量要求。对于 66kV 及以上电压等级天然酯绝缘油变压器，现场交接试验时，还需对天然酯绝缘油开展油中溶解气体色谱分析；对于电压等级为 110（66）kV 及以上时，还需对天然酯绝缘油变压器中的水含量进行测量；对电压等级为 330kV 及以上的变压器还需测量油中含气量。

现场交接试验测得的天然酯变压器的绝缘电阻换算至同一温度下与前期测试数据相比不应有显著变化，绝缘电阻值不宜低于出厂试验值（或上次试验值）

的 70%。跟例行试验（出厂试验）一样，交接试验时天然酯绝缘油变压器绕组连同套管的绝缘电阻、铁芯与夹件绝缘电阻均可能比矿物绝缘油变压器低一个数量级，天然酯绝缘油变压器的绝缘电阻一般不应小于 300MΩ，如果绝缘电阻值小于 300MΩ 时，应进行原因分析并与用户协商处理。

此外，现场交接试验测得的天然酯绝缘油变压器绕组连同套管的介质损耗因数不应有显著变化，不宜超过出厂试验值（或上次试验值）30%。通常情况下天然酯绝缘油变压器绕组连同套管的介质损耗因数比矿物绝缘油变压器高，甚至会高一倍。

第6章 天然酯绝缘油变压器油中溶解气体分析

采用油中溶解气体分析（Dissolved Gas Analysis，DGA）技术预测变压器内部潜伏性故障，是电力变压器等充油电气设备绝缘监督的重要手段。DL/T 596—1996《电力设备预防性试验规程》将油中溶解气体分析方法列为油浸变压器试验项目的首位，无论是在线监测还是离线监测，变压器运行分析时都离不开 DGA 数据。DGA 利用气相色谱或光声光谱等技术检测绝缘油中溶解气体，可以变压器在不停运状态下，对其绝缘状态进行分析，再结合其他诊断方法，可以得到可靠的结果。实践证明，油中溶解气体分析技术能有效地检测变压器内部的绝缘缺陷或故障，检测时不需要停电、不受外界电场干扰，可定期地对运行变压器内部状况进行诊断，将事故消灭在萌芽状态，这是其他绝缘监督手段所无法比拟的。

由于天然酯绝缘油与矿物绝缘油化学结构存在差异性，在变压器故障状态下产生的特征气体种类虽然相同，但在典型值、比率、产气率和产气特性上存在较大差异。矿物绝缘油 DGA 方法不能直接用于天然酯绝缘油，需研究适用于天然酯绝缘油变压器的 DGA 方法，为天然酯绝缘油变压器运行维护和故障诊断提供技术手段。

6.1 天然酯绝缘油产气特性

运行变压器内气体形成的主要原因是热应力和电应力。某些气体可表明正在运行的变压器可能存在异常，如局部或整体过热、放电性故障等。在电气设备中，这些异常被称为故障。绝缘油内部故障产生氢气（H_2）、甲烷（CH_4）、乙炔（C_2H_2）、乙烯（C_2H_4）、乙烷（C_2H_6）、一氧化碳（CO）和二氧化碳（CO_2）等气体产物，当有纤维素参与时，故障产生甲烷（CH_4）、氢气（H_2）、一氧化碳（CO）和二氧化碳（CO_2）。油中溶解气体组分含量分析用于判断故障类型，如特征气体法和三比值法等；产气速率用于判断故障的严重程度。当有一个以上的故障或当一种类型的故障变化成另一种类型时，很难通过单一气体进行判断，如由过热性故障发展成放电性故障，通常将现有 DGA 数据与历史数据相比较，观察其变化趋势，有助于识别变压器状态变化。

6.1.1 气体来源

天然酯绝缘油是由脂肪酸甘油三酯为主的酯类混合物组成，放电性故障或过热性故障可使其 C—H 键、C—O 键和 C—C 键断裂，伴随产生活泼的氢原子和自由基通过复杂的化学反应迅速化合成 H_2 和低分子烃类气体，如 CH_4、C_2H_6、C_2H_4、C_2H_2 等。非故障时也会产出杂散气体和氮气等。

（1）热应力产气。天然酯绝缘油在高温下会产生气体，这些气体主要源自天然酯绝缘油部分烃类的热分解、酯基的热分解、酸性基团的分解以及反应产生的杂散气体。天然酯绝缘油高温下的产气总量比矿物绝缘油多两倍以上。

1）酸性产物。天然酯绝缘油主要的热解反应之一是脂肪酸甘油三酯分解成两种游离脂肪酸、丙烯醛和来自第三种脂肪酸的乙烯酮。该反应并未产生气体产物，但每种产物进一步反应将产生碳氧化物、C_2H_4、CH_4 和 C_2H_6 等，总酸值随着反应的发生而升高。

2）碳氧化物。随着温度的升高，天然酯绝缘油的热分解会使得油中碳氧化物含量大量增加，相应的酸值也增加。在相同条件下天然酯绝缘油产生的碳氧化物相比矿物绝缘油数量级要大一个数量级。由于天然酯绝缘油的特殊化学特性，天然酯绝缘油在更高的温度下产生的 CO 含量会高于 CO_2 含量。天然酯绝缘油产生的碳氧化物含量可能远远超过纤维素绝缘纸产生的碳氧化物含量，这会影响对纤维素绝缘纸老化的分析。

3）可燃性气体。天然酯绝缘油在高温下会产生氢气和烃类可燃性气体，气体的含量和变化率取决于天然酯绝缘油的类型、含量和暴露时间等。可燃性气体比率的变化可提示设备状况恶化情况，可燃性气体变化率增加表明状态正在恶化，可燃性气体含量相对稳定表明状态相对稳定。可燃性气体的类型、变化率和比率发生变化时应采取措施，评估天然酯绝缘油变压器的状态并采取相应措施。

（2）电应力产气。大卫三角形分析法表明天然酯绝缘油和矿物绝缘油的局部放电和 D1 区产生的故障气体的相对比率非常相似。在相同的条件下，在天然酯绝缘油中产生的放电性故障气体含量相比矿物绝缘油低一个数量级。

1）局部放电。天然酯绝缘油变压器局部放电产生的可燃性气体主要是 H_2 和

CH_4。天然酯绝缘油和矿物绝缘油局部放电产气的相对比率非常相似。

2）电弧分解。天然酯变压器放电产生的气体主要包括 H_2、CH_4、C_2H_6、C_2H_4、C_2H_2、CO 和 CO_2。与矿物绝缘油相比，天然酯绝缘油中产生的 H_2 和碳氢化物比例相似，但速率不同；产生碳氧化物的比例和矿物绝缘油不同。

（3）纤维素热分解产气。纤维素绝缘纸热降解会产生大量的 CO 和 CO_2，CO_2 与 CO 的比率是判断过热温度的依据，这与矿物绝缘油类似。纤维素绝缘分解一般不会产生大量烃类气体。因此，没有烃类气体的干扰，有助于我们区分 400～450℃以下的天然酯过热和纤维素绝缘过热；高于这个温度范围时，从天然酯中产生的碳氧化物将会掩盖从纤维素绝缘中产生的该类气体。

由于绝缘纸开始降解的温度比绝缘油要低，因此绝缘纸分解产生的气体副产物在变压器正常运行温度下就能被发现。以升压变压器为例，在额定电压附近，通常会产生数百 uL/L 的 CO 和数千 uL/L 的 CO_2，却没有严重的发热点。当 CO_2 和 CO 的含量分别不低于 5000μL/L 和 500μL/L 时，CO_2 与 CO 的比率大于 7 可判断为纤维素绝缘纸热降解。当 CO 含量增加，CO_2 与 CO 的比率下降时，表明纤维素绝缘纸绝缘降解可能有异常。CO 和 CO_2 含量大幅增加时应及时检查，可能存在纤维素绝缘纸过热或天然酯绝缘油高温过热。纤维素老化加速和灭弧导致纤维素热解，可能会导致更高的 CO 和 CO_2 变化速率，而 CO 的产生取决于设备内部氧气浓度。

（4）其他气体源来源。天然酯绝缘油变压器中气体的来源除变压器内部故障产生气体外，还包括绝缘油中产生的杂散气体、绝缘油污染、油箱带油焊接、有载分接开关切换时导致绝缘油分解产生的气体和溶于绝缘油中的氮气和氧气等，应在 DGA 之前确定是否有其他气体源。

1）杂散产气。杂散产气是指变压器正常运行时从绝缘油中产生的气体。含有亚麻酸的天然酯绝缘油会产生杂散气体 C_2H_6，C_2H_6 是亚麻酸氧化的副产品。在设备正常运行条件下，亚麻酸含量较高的大豆基和菜籽基天然酯绝缘油中经常检测到一定量的 C_2H_6，浓度可以达到几百 μL/L，但随着时间的推移其浓度趋于稳定，应对杂散产气进行监测直到气体浓度稳定。由于暴露于氧气、光照和热量下会影响 C_2H_6 检测含量，应特别注意散装绝缘油和实验室样品的储存和操作。

2）氮气。天然酯绝缘油变压器油面通常会采取氮封处理，以防止绝缘液体接触过高浓度的氧气。氮气来源主要包括初始溶解氮气、空气中的氮气、变压器油面顶部空间或保护设备中的干燥氮气。当氮气浓度、氧气浓度或氧氮比率升高时，表明天然酯绝缘油质量变差或变压器密封存在问题，应采取措施识别气体来源，评估天然酯绝缘油的劣化程度并采取应对措施。

6.1.2 天然酯绝缘油中特征气体的溶解特性

天然酯绝缘油在各种故障工况下会产生 H_2、CH_4、C_2H_6、C_2H_4、C_2H_2、CO 和 CO_2 等特征气体。为了构建适用于天然酯绝缘油的油中溶解气体分析评判方法，首先要研究特征气体在天然酯绝缘油中的溶解扩散特性。基于绝缘油中气体溶解度、气液平衡的计算方法，开展绝缘油热膨胀系数(r)、特征气体含量、Ostwald 平衡常数（k）的规定和计算，找出天然酯绝缘油中特征气体的溶解特性。

6.1.2.1 气体溶解度的表示方法

气体溶解度一般指该气体在一定压强、一定温度时，溶解在 1 体积液体里达到饱和状态时气体的体积，描述的是气体—溶液两相平衡时的状态。气体溶解度常用表示法如下。

（1）Bunsen 吸收系数（α）。Bunsen 吸收系数（α）的定义为：在温度为 T，气体分压为 101.325kPa，气液达到平衡时，每单位体积的溶剂所含有的气体体积（换算到标态下：273.15K、101.325kPa）。如果气体服从理想气体行为并假定符合亨利定律，α 的表达式为

$$\alpha = \frac{V_g}{V_1} \times \frac{273.15}{T} \tag{6-1}$$

式中 V_g——被吸收的气体在标态下的体积；

V_1——最初溶剂体积。

（2）Ostwald 吸收系数（L）。Ostwald 吸收系数（L）的定义为：在温度为 T、气体分压为 P_g 的情况下达到气液平衡时，单位体积的溶剂所含有的气体的体积（换算到温度 T、压力 P_g），表达式为

$$L = \frac{V_g}{V_1} \tag{6-2}$$

式中 V_g——被吸收的气体在温度 T、压强 P_g 下体积；

V_1——最初溶剂体积。

如果气体服从理想气态方程，可将式（6-2）进行变形

$$L = \frac{V_g}{V_1} = \frac{n_g RT}{V_1 p_g} \tag{6-3}$$

式中 n_g——被吸收的气体的物质量；

R——理想气体常数，8.314J/（mol·K）。

（3）Ostwald 平衡常数（K）。Ostwald 平衡常数（K）的定义为：在温度 T、

总压 P 的情况下达到气液平衡时，气体在液相中的含量与其在气相中含量的比值，其定义式为

$$K = \frac{C_{a,l}}{C_{a,g}} \tag{6-4}$$

式中 $C_{a,l}$——气体 a 在液相中的浓度；

$C_{a,g}$——气体 a 在气相中的浓度。

气体在液相中的浓度 $C_{a,l}$ 可用式（6-5）表示

$$C_{a,l} = \frac{V_{a,l}}{V_l} \tag{6-5}$$

式中 $V_{a,l}$——溶解在液相中的气体 a 在温度 T、压力 P 时的体积；

V_l——温度 T 时液体的体积。

气体在气相中的 $C_{a,g}$ 可用式（6-6）表示

$$C_{a,g} = \frac{V_{a,g}}{V_g} = \frac{P_g}{P} \tag{6-6}$$

式中 $V_{a,g}$——气相中的气体 a 在温度 T、压力 P 时的体积；

V_g——温度 T 时气体的总体积；

P_g——气体 a 在气相中的分压。

由式（6-5）和式（6-6），式（6-4）可变成式（6-7）中的形式

$$K = \frac{V_{a,l}}{V_l} \times \frac{P}{P_g} \tag{6-7}$$

由理想气体方程则

$$V_{a,l} = \frac{n_g RT}{P} \tag{6-8}$$

式中 n_g——液相中气体 a 的物质量。

将式（6-8）带入式（6-7）中，可得

$$K = \frac{n_g RT}{P} \times \frac{1}{V_l} \times \frac{P}{P_g} = \frac{n_g RT}{V_l P_g} = L \tag{6-9}$$

由式（6-9）可以看出，Ostwald 平衡常数（K）和 Ostwald 吸收系数（L）实质上是等价的，只是具有不同的表达形式。

GB/T 17623—2017 绝缘油中溶解气体组分含量的气相色谱测定法》中给出的 50℃时矿物绝缘油的中特征气体的 Ostwald 平衡常数（K），见表 6-1。

表 6-1　　矿物绝缘油中特征气体的 Ostwald 平衡常数（K）（50℃）

气体	K	气体	K	气体	K
氢气（H_2）	0.06	一氧化碳（CO）	0.12	乙炔（C_2H_2）	1.02
氧气（O_2）	0.17	二氧化碳（CO_2）	0.92	乙烯（C_2H_4）	1.46
氮气（N_2）	0.09	甲烷（CH_4）	0.39	乙烷（C_2H_6）	2.30

（4）Henry 常数（h）。Henry 定律认为，某一气体的溶解度与该气体的气相分压成正比，最常用的 Henry 定律的形式为

$$P_g = hx \tag{6-10}$$

式中　h——Henry 常数；

x——气体的摩尔百分比浓度；

P_g——气体的分压。

Henry 常数是研究常压体系下气液溶解平衡时，应用最为广泛的溶解度表示方法。h 能够很好地表示气体的溶解量，但是只适用于溶解度很小的体系，并且不能用于压力较高的体系。在 Henry 的适用范围内，Henry 常数只是温度的函数，与压力无关。

（5）摩尔分数法。摩尔分数实际上是气液达到平衡时，气体在液相中的浓度（以摩尔比率表示）。对于二元系，摩尔分数表示为

$$x = \frac{n_l}{n_l + n_g} \tag{6-11}$$

式中　n_g——溶质的摩尔数；

n_l——溶剂的摩尔数。

用摩尔分数表示气体溶解度时，应指明气体的分压（或者体系总压）和体系的测定温度。

6.1.2.2　气液平衡的计算方法

（1）Henry 常数（h）和温度（T）的关系式。气体在液体中溶解度的计算以相平衡基本原理为基础。如果气相与液相达到平衡，则任一组分在两相中的自由能（化学势、逸度）必须相等。

对于气液平衡体系，气体溶质在溶液中的摩尔百分比含量为 x_a，气体的分压为 P_a。则溶质在气相和溶液中的化学势分别如式（6-12）和（6-13）所示

$$\mu_a^l(P,T,x_a) = \mu_a^l(p,T) + RT\ln x_a \tag{6-12}$$

式中 $\mu_a^l(P,T,x_a)$——温度为 T、压强为 P 时摩尔百分比浓度为 x_a 的物质 a 在溶液中的化学势；

$\mu_a^l(P,T)$——压强为 P、温度为 T 时液态的纯物质 a 的化学势。

$$\mu_a^g(T,P_a)=\mu_a^g(T,1\text{atm})+RT\ln\frac{p_a}{p^\theta} \quad (6-13)$$

式中 $\mu_a^g(T,P_a)$——温度为 T、分压为 P_a 的气体 a 的化学势；

$\mu_a^g(T,1\text{atm})$——温度 T、分压为 1atm 的气体 a 的化学势；

P^θ——标准大气压，1atm。

当气液平衡时

$$\mu_a^l(P,T,x_a)=\mu_a^g(P,T,P_a) \quad (6-14)$$

将式（6-12）和式（6-13）带入式（6-14）中，得

$$\mu_a^l(P,T)+RT\ln x_a=\mu_a^g(T,1\text{atm})+RT\ln\frac{P_a}{P^\theta} \quad (6-15)$$

由 Henry 常数 h 的定义，对式（6-15）变形，得

$$-[\mu_a^g(T,1\text{atm})-\mu_a^l(P,T)]=RT\ln\frac{P_a}{P^\theta}-RT\ln x_a=RT\ln\frac{P_a}{P^\theta x_a}=RT\ln\frac{h}{P^\theta} \quad (6-16)$$

式中 $\mu_a^g(T,1\text{atm})-\mu_a^l(P,T)$——压强为 P、温度为 T 条件下，分压为 1atm 的气态的纯物质 a 与液态的纯物质 a 的化学势之差。

$$\Delta G_a(P,T)=\mu_a^g(T,1\text{atm})-\mu_a^l(P,T) \quad (6-17)$$

则 $\Delta G_a(P,T)$ 为纯物质 a 从液态变为分压为 1atm 的气态时的相变自由能。

由热力学公式 $\Delta G=\Delta H-T\Delta S$，将式（6-16）变形，得

$$\ln h=-\frac{\Delta G_a(P,T)}{RT}+\ln P^\theta=-\frac{\Delta H_a(P,T)}{RT}+\frac{\Delta S_a(P,T)}{R}+\ln P^\theta \quad (6-18)$$

式中 $\Delta G_a(P,T)$——相变的偏摩尔自由能变；

$\Delta H_a(P,T)$——相变的偏摩尔熵变；

$\Delta S_a(P,T)$——相变的偏摩尔焓变。

假设物质 a 液态和气态下的恒压比热容 c_p 均不随温度的变化而变化，则由熵和焓的定义式（6-19）和（6-20）

$$\mathrm{d}H=c_p\mathrm{d}T \quad (6-19)$$

$$\mathrm{d}S=\frac{\mathrm{d}Q}{T}=\frac{c_p\mathrm{d}T}{T}=c_p\mathrm{d}\ln T \quad (6-20)$$

进行积分可以得到式（6－21）和式（6－22）

$$\Delta H_{\mathrm{a}}(P,T)=\Delta c_{\mathrm{p}}T+I_{1} \tag{6-21}$$

$$\Delta S_{\mathrm{a}}^{\theta}(P,T)=\Delta c_{\mathrm{p}}\ln T+I_{2} \tag{6-22}$$

式中 Δc_{p}——分压为1atm的气态物质a和液态物质a的摩尔恒压比热容之差；

I_1、I_2——积分常数。

将式（6－21）和（6－22）带入式（6－18）中，得

$$\ln h=-\frac{\Delta c_{\mathrm{p}}T+I_{1}}{RT}+\frac{\Delta c_{\mathrm{p}}\ln T+I_{2}}{R}+\ln P^{\theta}=\frac{-\Delta c_{\mathrm{p}}+I_{2}}{R}+\ln P^{\theta}-\frac{I_{1}}{R}\times\frac{1}{T}+\frac{\Delta c_{\mathrm{p}}}{R}\times\ln T \tag{6-23}$$

令

$$a=\frac{-\Delta c_{\mathrm{p}}+I_{2}}{R}+\ln P^{\theta}$$

$$b=-\frac{I_{1}}{R}$$

$$c=\frac{\Delta c_{\mathrm{p}}}{R}$$

则

$$\ln h=a+\frac{b}{T}+c\ln T \tag{6-24}$$

式中 a、b、c——与温度无关的常数。

式（6－24）为Henry常数h与温度T的关系方程。Valentiner也以相平衡和合理的假设为基础，通过其他的途径推导得到了形式的相同的结果。因此，式（6－24）也被称为Valentiner式。

（2）亨利常数（h）和Ostwald平衡常数（K）的关系式。对于稀溶液，由亨利常数的定义式可以得

$$h=\frac{P_{\mathrm{g}}}{x}=\frac{p_{\mathrm{g}}(n_{1}+n_{\mathrm{g}})}{n_{\mathrm{g}}}\approx\frac{P_{\mathrm{g}}n_{1}}{n_{\mathrm{g}}} \tag{6-25}$$

式中 n_1——液相中溶剂的物质量；

n_{g}——液相中溶质的物质量。

由物质量的定义，n_1可以用式（6－26）表示

$$n_{1}=\frac{\rho_{1}V_{1}}{M_{1}} \tag{6-26}$$

式中 ρ_1——液相溶剂的平均密度；

M_1——液相溶剂的平均分子量；

V_1——液相溶剂的体积。

将式（6－26）带入到式（6－25）中，得

$$h=\frac{\rho_1 V_1 P_g}{M_1 n_g} \tag{6-27}$$

将式（6－27）与 K 值的表达式（6－9）联立，得

$$h\times K=\frac{\rho_1 V_1 P_g}{M_1 n_g}\times\frac{n_g RT}{V_1 P_g}=\frac{RT\rho_1}{M_1} \tag{6-28}$$

因此，亨利常数（h）和 Ostwald 平衡常数（K）的关系式为

$$K=\frac{RT\rho_1}{M_1}\times\frac{1}{h} \tag{6-29}$$

（3）Ostwald 平衡常数（K）与温度（T）的关系式。在式（6－29）两边取自然对数，并将式（6－23）带入，得

$$\ln K=\ln\frac{RT\rho_1}{M_1}-\ln h=\ln\frac{RT}{M_1}+\ln\rho_1-\left(\frac{-\Delta c_p+I_2}{R}+\ln p^\theta-\frac{I_1}{R}\times\frac{1}{T}+\frac{\Delta c_p}{R}\times\ln T\right) \tag{6-30}$$

式中　ρ_1——液体的平均密度，是温度的函数。

在室温范围内 $\ln\rho_1$ 与 T 呈线性关系，令 $\ln\rho_1=m-\gamma T$，带入式（6－30）中，得到式（6－31）。其中 γ 为热膨胀系数，m 为常数。

$$\begin{aligned}\ln K&=\ln\frac{R}{M_1}+\ln T+m-\gamma T+\frac{\Delta c_p-I_2}{R}-\ln P^\theta+\frac{I_1}{R}\times\frac{1}{T}-\frac{\Delta c_p}{R}\times\ln T\\&=\left(\ln\frac{R}{M_1P^\theta}+m+\frac{\Delta c_p-I_2}{R}\right)+\frac{I_1}{R}\times\frac{1}{T}+\left(1-\frac{\Delta c_p}{R}\right)\ln T-\gamma T\end{aligned} \tag{6-31}$$

将常数项合并，令

$$a'=\ln\frac{R}{M_1P^\theta}+m+\frac{\Delta c_p-I_2}{R}$$

$$b'=\frac{I_1}{R}$$

$$c'=1-\frac{\Delta c_p}{R}$$

$$d'=-\gamma$$

则得到 Ostwald 平衡常数（K）与温度（T）的关系式（6－32）。

$$\ln K = a' + \frac{b'}{T} + c'\ln T + d'T \tag{6-32}$$

由式（6－32）中 K 和 T 的模型曲线，可以通过测定出不同温度下的 K 值，拟合出溶解平衡常数和温度的关系方程，得到气体的溶解平衡模型以及相关的热力学参数。

6.1.2.3 绝缘油热膨胀系数（γ）的测定方法

绝缘油中溶解气体的含量一般用标态（20℃，101.3kPa）下单位体积绝缘油中含有的气体的体积表示，常用单位为 μL/L。由于绝缘油在不同温度下，体积会发生改变，因此在测定过程中，需要使用热膨胀系数（γ）对绝缘油的体积进行校正。

GB/T 17623—2017《绝缘油中溶解气体组分含量的气相色谱测定法》中给出了矿物绝缘油的参考热膨胀系数 0.000 8/℃，并以此对绝缘油的体积进行校正。然而，此参数对于天然酯绝缘油并不适用，需要通过实验测定。

热膨胀系数（γ）是表征物体热膨胀性质的物理量，即表征物体受热时其长度、面积、体积增大程度的物理量。对天然酯绝缘油而言，热膨胀系数的定义为：温度上升 1℃时，单位体积液体的体积变化。其定义式如式（6－33）所示

$$\gamma = \frac{\Delta V}{V\Delta T} \tag{6-33}$$

将式（6－33）改为微分式，变形得到

$$\gamma = \frac{\Delta V}{V\Delta T} = \frac{\mathrm{d}V}{V\mathrm{d}T} = \frac{\mathrm{d}\ln V}{\mathrm{d}T} = \frac{\mathrm{d}\ln\dfrac{1}{\rho}}{\mathrm{d}T} = -\frac{\mathrm{d}\ln\rho}{\mathrm{d}T} \tag{6-34}$$

由式（3－34）可以看出，γ 为 $\ln\rho$—T 曲线上的点的切线斜率的相反数。实际上，对于大多数液体，在常温范围内热膨胀系数（γ）为常数，即 $\ln\rho$—T 曲线在常温范围内接近直线。使用密度法测定热膨胀系数的测试方法如下：

参照 GB/T 1884—2002《原油和液体石油产品密度实验室测定法（密度计法）》，将绝缘油处理至合适的温度并转移到和油温大致一样的量筒中，将量筒置于恒温水浴锅中，再把合适的密度计垂直放入试样中并让其稳定，等温度达到平衡状态后，读取密度计刻度的读数并记下油的温度。在 20～70℃之间均匀选取 5 个点，分别测定 4 种绝缘油在 5 个温度下的密度，每个温度下测 3 次并取平均值，做出 $\ln\rho - T$ 的曲线，对曲线进行线性拟合，斜率的相反数即为该温度范围内的热膨胀系数（γ）。

6.1.2.4　特征气体含量的测定方法

采用气相色谱法对绝缘油中特征气体的含量进行测定，使用气相色谱仪为一次进样，双柱并联二次控制，气路如图 6－1 所示。

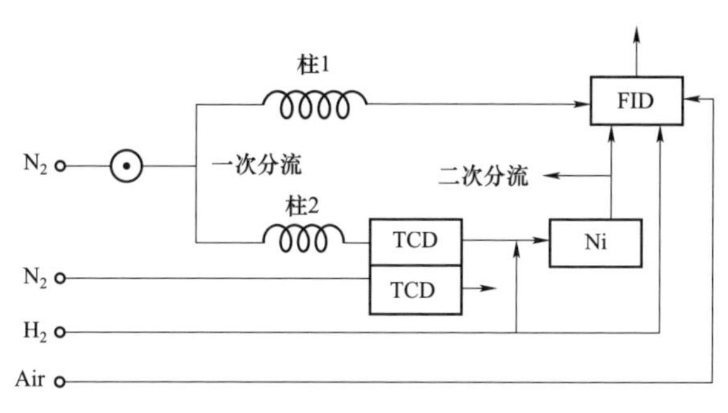

图 6－1　检测特征气体含量的气相色谱气路图

烃类气体 CH_4、C_2H_2、C_2H_4、C_2H_6 通过柱 1 进行分离，在氢火焰检测器（FID）中检测；H_2、CO 和 CO_2 通过柱 2 与烃类气体分离，H_2 在热导池检测器（TCD）中检测；CO 和 CO_2 通过 Ni 催化转化炉变成 CH_4 后在氢火焰检测器（FID）中检测。各种气体的含量转化为电信号在色谱图中显现，各气体对应的峰面积乘以该物质的响应因子，即为其含量。

采用外标法测定气体校正因子，即对已知含量的各特征气体的混合标准气体（简称标气）进行测定，计算得到响应因子，然后通过样品在色谱图中的峰面积，计算出样品的气体含量。

6.1.2.5　Ostwald 平衡常数（*K*）的测定和计算方法

根据 Ostwald 平衡常数（K）的定义，测定气体物质在液相中的溶解平衡常数需要测定该气体分别在气相和液相中的含量。气体在气相中的含量可以通过气相色谱法测定，然而气体在液相中的含量目前并没有直接的测定方法。因此，需要改变可控条件，通过平衡关系进行间接的测定。

目前常见的测定方法主要有两类：改变体系中物质的总量和改变气液体积比。GB/T 17623—2017《绝缘油中溶解气体组分含量的气相色谱测定法》附录 F 中给出的两次溶解平衡的测定方法属于前者。参照 GB/T 17623—2017 附录中给出的方法对天然酯绝缘油中溶解气体 Ostwald 平衡常数（K）以及相关的参数进行测定。

1. 测定方法

K 值的测定步骤如下：

（1）在空白油中加入一定量的标气，在温度 T 下进行第一次振荡平衡，将气体部分完全取出，测定各组分的浓度 C_1。

（2）向剩下的油样里加入一定量的高纯氮气，在温度 T 下进行第二次振荡平衡，将气体部分完全取出。将油和气体部分放至室温 t，分别读取两者的体积 V_1 和 V_g，并测定气体中各组分的浓度 C_2。

（3）计算 K 值。

2. 计算方法

在完成实验数据测定后，需要通过计算得到 K 值，以下为 K 值的推导过程以及计算公式。

对于两次振荡平衡，由 K 值的定义有

$$KC_1 = C_{a,1,1} \tag{6-35}$$

$$KC_2 = C_{a,1,2} \tag{6-36}$$

式中　$C_{a,l,1}$、$C_{a,l,2}$——两次平衡后液相中的气体含量。

假设两次振荡平衡后试油体积不改变，由物料守恒以及式（6-35）和（6-36）可以得

$$\frac{C_2}{C_1 - C_2} = \frac{KC_2}{KC_1 - KC_2} = \frac{C_{a,1,2}}{C_{a,1,1} - C_{a,1,2}} = \frac{V_{a,1,2}}{V_{a,g,2}} \tag{6-37}$$

式中　$V_{a,l,2}$——第二次振荡后液相中的气体在平衡条件下的体积；

$V_{a,g,2}$——第二次振荡后气相中的气体在平衡条件下的体积。

将室温 t 和实验压力下第二次平衡后的气体体积 V_g 与试油体积 V_1 校正到平衡条件（T，当前压力）时的体积 V_g' 和 V_1'。计算公式为

$$V_g' = V_g \times \frac{273+T}{273+t} \tag{6-38}$$

$$V_1' = V_1[1+\gamma\times(T-t)] \tag{6-39}$$

式中　γ——绝缘油的热膨胀系数。

对于第二次平衡，由 K 值的定义以及式（6-38）和（6-39）可以得

$$K = \frac{C_{a,1}}{C_{a,g}} = \frac{V_{a,1,2}}{V_1'} \times \frac{V_g'}{V_{a,g,2}} = \frac{C_2}{C_1 - C_2} \times \frac{V_g'}{V_1'} = V_g \times \frac{273+T}{273+t} \times \frac{1}{V_1[1+\gamma\times(T-t)]} \times \frac{C_2}{C_2 - C_1} \tag{6-40}$$

因此，K 值为

$$K = \frac{273+T}{273+t} \times \frac{1}{[1+\gamma\times(T-t)]} \times \frac{C_2}{C_1 - C_2} \times \frac{V_g}{V_1} \tag{6-41}$$

式中　T——平衡时的温度；

t——室温；

γ——绝缘油的热膨胀系数；

C_1——第一次振荡平衡后气相中特征气体的含量；

C_2——第二次振荡平衡后气相中特征气体的含量；

V_g——第二次振荡平衡后，放置至室温的气体的体积；

V_1——第二次振荡平衡后，放置至室温的油样的体积。

6.1.2.6　测试结果

以 25 号矿物绝缘油、甲酯化菜籽绝缘油、精炼大豆绝缘油和 FR3 天然酯绝缘油为测定对象，进行热膨胀系数（γ）、特征气体含量和各特征气体 Ostwald 平衡常数（K）的测定，测试结果如下。

1. 热膨胀系数（γ）的测定。

在 20～70℃范围内，测定各油样的 $\ln\rho-T$ 曲线，结果如图 6-2 所示。

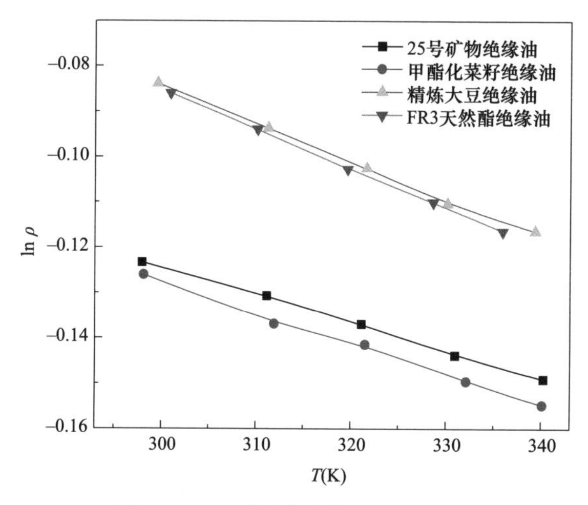

图 6-2　四种绝缘油的 $\ln\rho-T$ 曲线

从图 6-2 中可以看出，同种绝缘油的 $\ln\rho-T$ 测量点基本呈线性。对各曲线进行线性拟合，拟合方程为 $\ln\rho=m-\gamma T$ 对以上各曲线进行拟合，拟合结果如表 6-2 所示。

由表 6-2 可以看出，四个拟合方程的相关系数 R^2 均大于 0.99，说明 $\ln\rho-T$ 曲线的线性拟合良好。从 4 种油的 γ 值可以看出，FR3 天然酯绝缘油和精炼大豆绝缘油的热膨胀系数最大，分别为 8.71/℃和 8.63×10^{-4}/℃，两者数值基本相当；其次是甲酯化菜籽绝缘油，热膨胀系数为 6.76×10^{-4}/℃；25 号矿物绝缘油的热膨胀系数最低，为 8.63×10^{-4}/℃。

表 6-2　四种绝缘油的 $\ln\rho-T$ 曲线的线性拟合参数

油类别	m	γ	相关系数 R^2
25 号矿物绝缘油	0.062	6.19×10^{-4}	0.997 8
甲酯化菜籽绝缘油	0.075	6.76×10^{-4}	0.994 6
FR3 天然酯绝缘油	0.176	8.71×10^{-4}	0.999 6
精炼大豆绝缘油	0.176	8.63×10^{-4}	0.997 3

2. 气相色谱校正因子的测定

在气相色谱仪开机基线稳定后，每隔半小时取 5ml 标气（见表 6-3）进样，连续进 7 个样，读取峰面积数据。标气中各特征气体的色谱图如图 6-3 所示。

表 6-3　标 气 的 成 分 组 成

气体种类	H_2	CO	CO_2	CH_4	C_2H_4	C_2H_6	C_2H_2	N_2
气体含量（μL/L）	498.5	505.9	2590	100.5	99.4	99.3	51.5	剩余

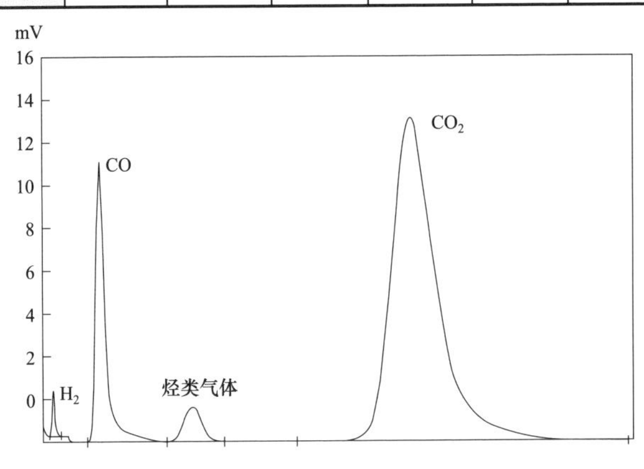

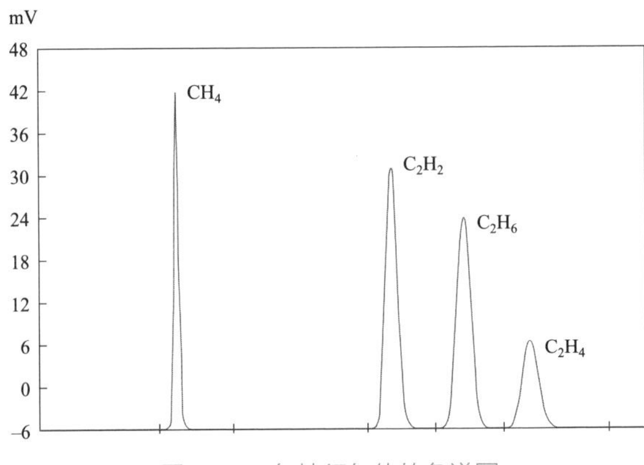

图 6-3　各特征气体的色谱图

从图 6-3 中可以看出，7 种特征气体在色谱柱中的分离效果很好。峰面积数据以及校正因子的计算如表 6-4 所示。

表 6-4 标气中各组分的峰面积数据以及校正因子

项目	H_2	CO	CO_2	CH_4	C_2H_4	C_2H_6	C_2H_2
1	8495	215 057	1 191 854	124 751	239 346	236 775	114 019
2	8340	212 880	1 168 008	123 073	236 146	233 554	111 325
3	8077	213 647	1 173 399	125 303	238 058	235 018	111 666
4	7970	211 600	1 063 483	126 462	239 419	237 290	105 564
5	7897	211 137	1 104 074	122 401	232 844	230 510	103 012
6	8118	212 825	1 114 286	129 484	248 753	246 557	115 689
7	8189	213 684	1 186 601	130 557	249 396	246 976	120 174
均值	8155	212 976	1 143 101	126 004	240 566	238 097	111 636
标准偏差	208	1328	49 159	3074	6235	6331	5864
相对标准偏差（RSD）	2.55%	0.62%	4.30%	2.44%	2.59%	2.66%	5.25%
标气含量（μL/L）	498.5	505.9	2590	100.5	99.4	99.3	51.5
校正因子	61.127×10^{-3}	2.375×10^{-3}	2.266×10^{-3}	0.798×10^{-3}	0.413×10^{-3}	0.417×10^{-3}	0.461×10^{-3}

从表 6-4 中可以看出，7 种特征气体的重复进 7 次样的相对标准偏差（RSD）均在 5%以内，说明该仪器和方法对特征气体含量测定的重复性良好。各气体的响应因子和氢火焰检测器（FID）以及热导池检测器（TCD）的检测原理有关。由表 6-4 中的数据可以看出，烃类气体的响应因子均很接近，而 CO 和 CO_2 的响应因子接近，H_2 的响应因子最大。

然而，通过后续多次的标气测定实验发现，每次仪器开机稳定后到关机前的周期内，重复测定标气中特征气体的校正因子，结果重复性良好。但是，不同批次之间的测试结果有些许差异。这说明每次开机时的电压、实际载气流量等因素对气相色谱仪的测定均有影响。因此，在测定油中特征气体含量的实验中，每次开机稳定后，都会进 3～5 次标气样，测定实时校正因子。

3. 油中溶解气体 Ostwald 平衡常数（K）的测定

按照 6.1.2.5 中的测定方法，测定 25 号矿物绝缘油、甲酯化菜籽绝缘油、精炼大豆绝缘油和 FR3 天然酯绝缘油在不同温度下的 K 值。单次实验中取 3 次平衡气体进样，取平均值计算 K 值，每种油样每个温度下测试 3 次，测试结果见表 6-5。

表 6-5　特征气体在各绝缘油中的 Ostwald 平衡常数（K）的测试值

特征气体	温度（℃）	25 号矿物绝缘油			FR3 天然酯绝缘油			精炼大豆绝缘油			甲酯化菜籽绝缘油		
		1	2	3	1	2	3	1	2	3	1	2	3
H_2	30	0.054	0.053	0.053	0.045	0.045	0.044	0.043	0.043	0.044	0.048	0.047	0.047
	40	0.056	0.056	0.057	0.048	0.048	0.048	0.046	0.047	0.046	0.054	0.054	0.055
	50	0.060	0.060	0.060	0.055	0.056	0.056	0.052	0.052	0.053	0.062	0.062	0.061
	60	0.064	0.064	0.064	0.064	0.064	0.064	0.061	0.061	0.060	0.077	0.076	0.078
	70	0.071	0.071	0.071	0.076	0.076	0.076	0.071	0.072	0.071	0.098	0.098	0.096
	80	—			—			0.085	0.087	0.084	0.131	0.127	0.130
CO	30	0.114	0.113	0.114	0.093	0.094	0.094	0.096	0.097	0.097	0.136	0.138	0.141
	40	0.116	0.116	0.117	0.100	0.100	0.100	0.101	0.101	0.102	0.137	0.137	0.138
	50	0.119	0.119	0.120	0.109	0.109	0.109	0.106	0.107	0.108	0.140	0.140	0.140
	60	0.123	0.123	0.123	0.120	0.121	0.121	0.112	0.113	0.115	0.143	0.143	0.143
	70	0.128	0.129	0.129	0.132	0.132	0.133	0.119	0.119	0.120	0.148	0.148	0.148
	80	—			—			0.133	0.132	0.133	0.154	0.154	0.155
CO_2	30	1.630	1.600	1.665	2.591	2.534	2.564	2.563	2.560	2.496	3.582	3.662	3.642
	40	1.281	1.240	1.268	1.835	1.878	1.845	1.937	1.859	1.943	2.731	2.785	2.709
	50	0.988	0.997	1.038	1.472	1.512	1.534	1.433	1.454	1.490	2.056	2.026	2.052
	60	0.811	0.825	0.816	1.264	1.229	1.301	1.260	1.242	1.249	1.305	1.378	1.324
	70	0.731	0.733	0.728	1.069	1.034	1.073	1.069	1.024	1.054	1.038	1.006	1.153
	80	—			—			0.941	0.942	0.941	1.026	0.938	1.064
CH_4	30	0.447	0.440	0.437	0.353	0.352	0.352	0.348	0.344	0.344	0.535	0.539	0.531
	40	0.400	0.398	0.395	0.326	0.327	0.325	0.309	0.309	0.310	0.460	0.461	0.458
	50	0.381	0.374	0.378	0.313	0.313	0.314	0.286	0.287	0.284	0.403	0.391	0.395
	60	0.360	0.361	0.364	0.303	0.304	0.301	0.273	0.273	0.274	0.357	0.356	0.352
	70	0.349	0.349	0.348	0.291	0.291	0.290	0.261	0.263	0.263	0.334	0.330	0.331
	80	—			—			0.255	0.255	0.254	0.317	0.318	0.312
C_2H_4	30	1.813	1.807	1.814	1.962	1.974	1.936	1.950	1.923	1.937	1.855	1.867	1.872
	40	1.523	1.518	1.507	1.697	1.715	1.715	1.620	1.650	1.624	1.659	1.661	1.644
	50	1.316	1.321	1.319	1.492	1.463	1.467	1.419	1.402	1.411	1.504	1.503	1.501

续表

特征气体	温度（℃）	25 号矿物绝缘油			FR3 天然酯绝缘油			精炼大豆绝缘油			甲酯化菜籽绝缘油		
		1	2	3	1	2	3	1	2	3	1	2	3
C_2H_4	60	1.155	1.165	1.166	1.257	1.264	1.279	1.316	1.328	1.296	1.346	1.345	1.341
	70	1.076	1.067	1.069	1.098	1.107	1.096	1.149	1.147	1.143	1.266	1.255	1.288
	80	—			—			1.082	1.079	1.085	1.223	1.233	1.238
C_2H_6	30	3.742	3.731	3.728	3.171	3.182	3.175	3.148	3.151	3.147	3.554	3.579	3.592
	40	2.948	2.951	2.947	2.707	2.718	2.682	2.751	2.747	2.758	2.563	2.504	2.483
	50	2.577	2.579	2.542	2.326	2.301	2.376	2.341	2.323	2.318	1.918	1.965	1.944
	60	2.031	1.964	1.961	2.056	2.052	2.081	2.043	2.062	2.067	1.641	1.698	1.652
	70	1.642	1.656	1.720	1.851	1.853	1.859	1.898	1.890	1.895	1.282	1.301	1.303
	80	—			—			1.808	1.802	1.800	1.102	1.085	1.111
C_2H_2	30	1.157	1.147	1.160	2.759	2.714	2.789	2.829	2.771	2.712	2.965	2.995	3.015
	40	1.042	1.041	1.034	2.316	2.382	2.338	2.460	2.483	2.489	2.323	2.304	2.283
	50	0.934	0.936	0.936	1.959	1.991	1.974	2.014	2.042	1.986	1.688	1.665	1.644
	60	0.880	0.888	0.875	1.784	1.743	1.774	1.704	1.757	1.748	1.341	1.398	1.352
	70	0.839	0.836	0.834	1.524	1.489	1.491	1.347	1.268	1.344	0.982	1.001	1.003
	80	—			—			1.038	0.986	0.943	0.892	0.885	0.911

从表 6-5 中可以看出，同一组的 3 次 K 值测试结果均很接近，说明实验中 K 值的测试方法重复性好。50℃时特征气体在 25 号矿物绝缘油的 Ostwald 平衡常数测定值与 GB/T 17623—2017 给出的结果基本一致，见表 6-6。

表 6-6　50℃下特征气体在 25 号矿物绝缘油中的 Ostwald 平衡常数 K

特征气体类别	H_2	CO	CO_2	CH_4	C_2H_4	C_2H_6	C_2H_2
测定值	0.06	0.12	0.95	0.38	1.32	2.57	0.92
GB/T 17623—2017	0.06	0.12	0.92	0.39	1.46	2.30	1.02
IEC 60599—2007	0.05	0.12	1.00	0.40	1.40	1.80	0.90

4. 同种特征气体在不同绝缘油的 K—T 趋势线的对比

由表 6-5 中的数据，同种特征气体在四种绝缘油中的 K—T 曲线如图 6-4 所示。

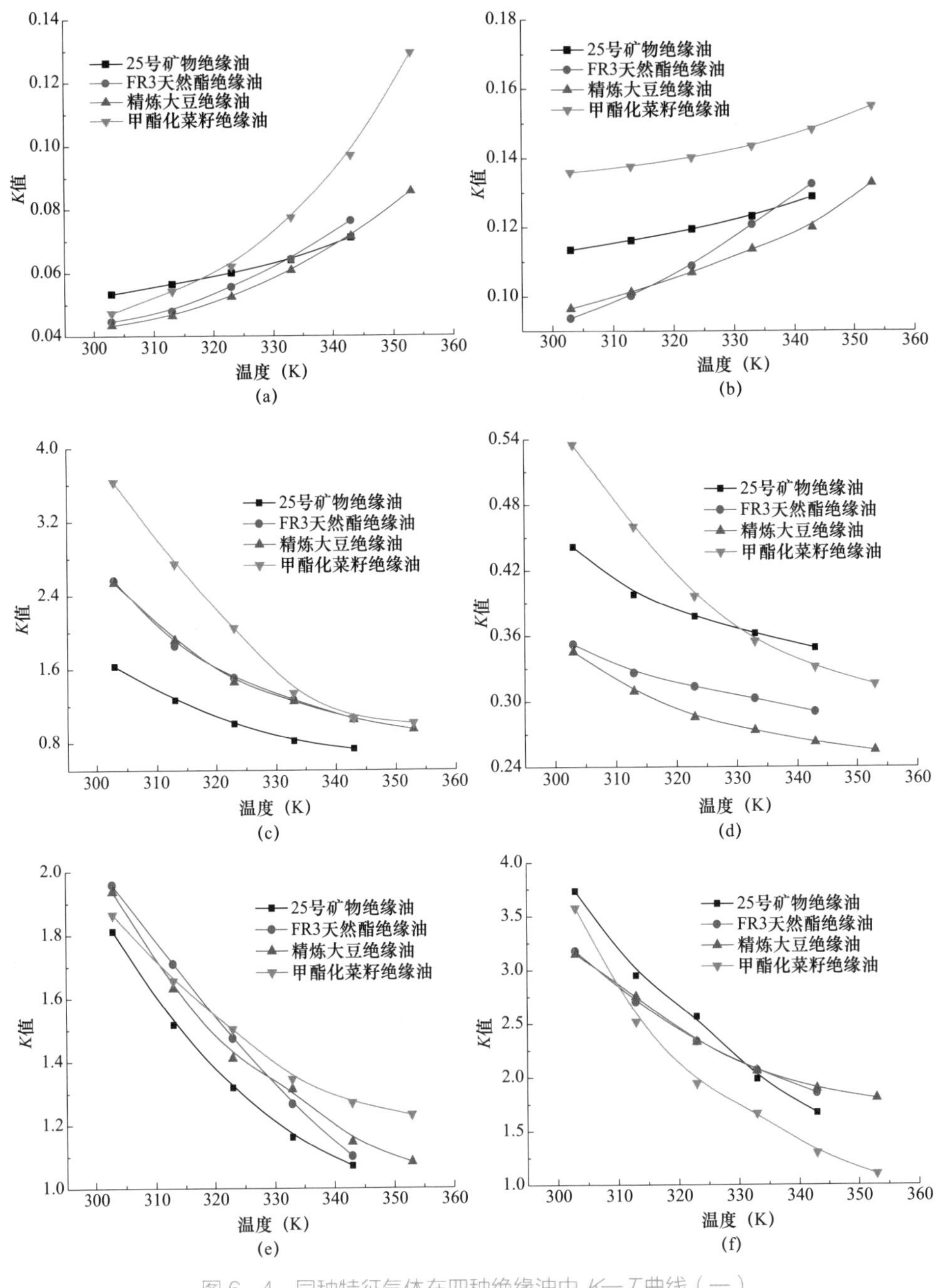

图 6-4 同种特征气体在四种绝缘油中 *K*—*T* 曲线（一）

（a）H_2；（b）CO；（c）CO_2；（d）CH_4；（e）C_2H_4；（f）C_2H_6

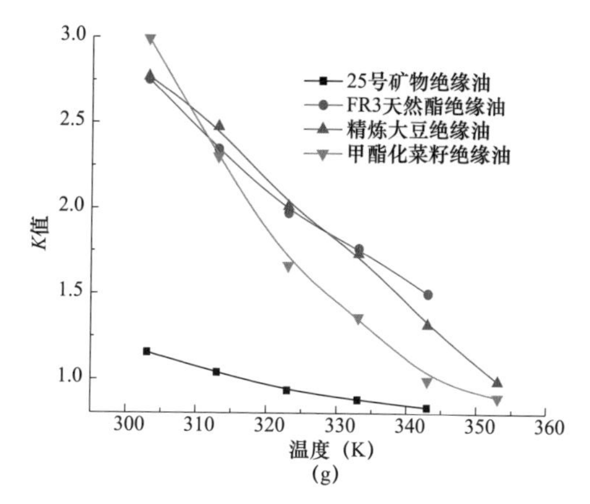

图 6–4　同种特征气体在四种绝缘油中 *K*—*T* 曲线（二）

（g）C_2H_2

由 *K*—*T* 变化曲线，可以看出 H_2、CO、CO_2、CH_4、C_2H_4、C_2H_6、C_2H_2 这 7 种特征气体在 4 种绝缘油中随温度的变化趋势。由 K 值的定义可知，在外压和气体分压不变的条件下，*K* 值与气体在油中的溶解度成正比。因此，图 6–4 中，CO_2、CH_4、C_2H_4、C_2H_6、C_2H_2 在四种绝缘油中的溶解度随温度的升高而降低，符合一般的气体溶解规律，而 H_2 和 CO 却正好相反。

根据 pierotti 溶解理论，气体溶于溶剂的过程分为两个阶段，首先溶剂形成容纳溶质分子的空穴，溶质分子填充于其中；然后，溶质分子和溶剂分子发生相互作用形成实际流体。在研究气体在水中的溶解度时，把第一个阶段称为填隙过程，把第二个过程称为结合过程，气体的溶解度受这两个过程的共同影响。通过计算发现，温度升高时，填隙过程对溶解度的贡献增大，而结合过程对溶解度的贡献减小。并且填隙过程的贡献程度和分子体积有关，分子体积越小，有效间隙度越大。

根据以上的理论，由气体溶解度随温度的升高而减小的一般规律可知，对于大多数气体而言，结合过程的影响占主导地位。然而，对于分子体积小的气体，填隙过程的影响比一般的气体要大，可能会导致在一定温度范围内，填隙过程占主导地位，从而气体的溶解度随温度的升高而升高，这可以解释 H_2 和 CO 这两种分子体积最小的气体，溶解度随着温度升而升高的异常现象。

另外，从图 6–4 中也可以看出，各种气体在 4 种绝缘油中的溶解度均略有差异，主要是由于绝缘油的理化性质以及化学结构造差异造成。其中，FR3 天然酯绝缘油和精练大豆绝缘油中特征气体的 K—T 曲线非常接近，是因为两者都是以天然大豆油为原料制备的，理化性质接近，主成分基本相同。

5. 不同特征气体在同种绝缘油中的 K—T 趋势线的对比

各同种绝缘油各特征气体的 K—T 曲线如图 6－5 所示。

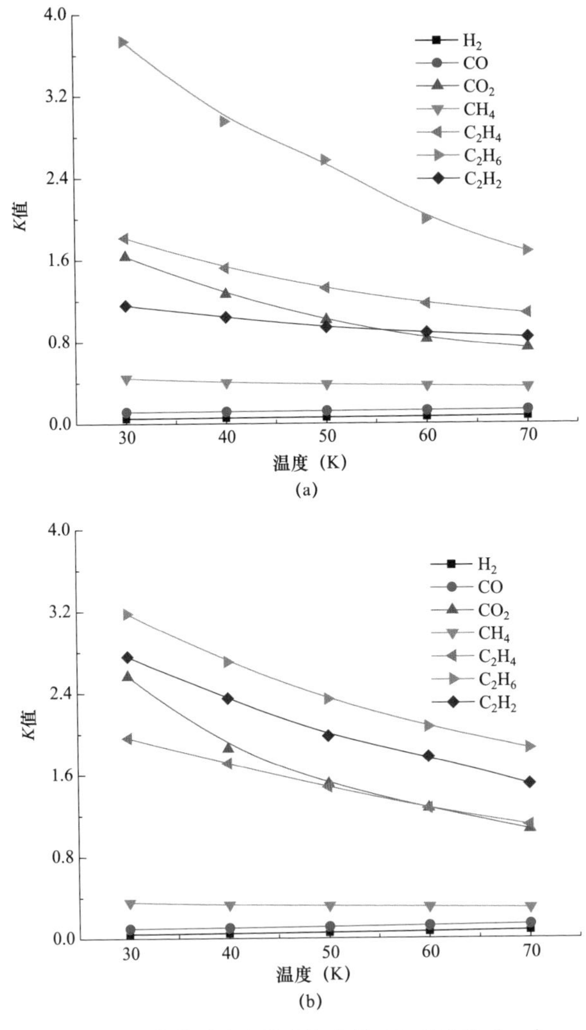

图 6－5　绝缘油中各特征气体的 K—T 曲线（一）

（a）25 号矿物绝缘油；（b）FR3 天然酯绝缘油

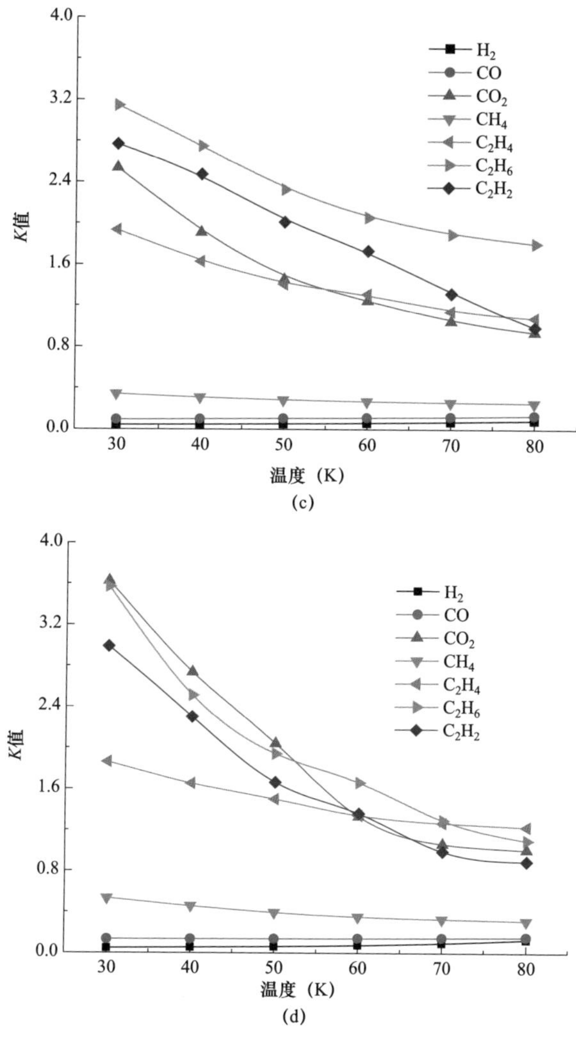

图6-5 绝缘油中各特征气体的 *K*—*T* 曲线（二）

（c）精炼大豆绝缘油；（d）甲酯化菜籽绝缘油

7种特征气体按组成分可分为两类，一类是烃类气体 CH_4、C_2H_6、C_2H_4、C_2H_2，另一类是非烃类气体 H_2、CO 和 CO_2。从图6-5中可以看到，在四种绝缘油中，烃类气体的K值大小顺序为 $C_2H_6 > C_2H_4 \approx C_2H_2 > CH_4$，而非烃类气体的K值大小顺序为 $CO_2 > CO > H_2$。

这种溶解度上的差异可以从化学结构上来解释。气体溶解在绝缘油里的过程中，对溶解度影响最大的气体分子和绝缘油分子间的结合过程。不管是矿物绝缘油还是天然酯绝缘油，组成成分中最主要的化学结构单元都是饱和碳链结构（—C—C—），碳碳单键键长为154pm。在烃类气体中，C_2H_6中的碳碳单键的键长与绝缘油中饱和碳链结构相当，具有很好的空间匹配性，结合能力最强；C_2H_4中的碳碳双键（—C═C—，键长134pm）和C_2H_2中的碳碳三键（—C≡C—，键长120pm）则略短，结合能力较弱；而CH_4中不存在碳碳键，其中的碳氢键较短（—C—H，键长109pm），并且碳原子和氢原子的范德华半径相差较大，和饱和碳链结构（—C—C—）的空间匹配性差，因此CH_4的结合能力最弱。对于非烃类气体而言也是类似的，CO_2中碳氧双键（—C═O，键长为120pm）键长与饱和碳链中的碳碳单键最为接近，其次是CO（C≡O，键长112.8pm），H_2（H—H键长74pm）最小。

6. Ostwald平衡常数（K）与温度（T）的拟合方程

由6.1.3.2中的公式推导过程可知，Ostwald平衡常数（K）与温度（T）满足式（6－32）中的方程。将表6－5中的测试结果按式（6－32）进行拟合，拟合方程的参数如表6－7所示。

表6－7　$K-T$方程拟合参数

油类别	特征气体种类	拟合参数				
		a'	b'	c'	d'	相关系数R^2
25号矿物绝缘油	H_2	−71.8	2610	10.6	−0.000 62	0.986
	CO	−62.6	2556	9.1	−0.000 62	0.994
	CO_2	−89.4	6062	12.3	−0.000 62	0.993
	CH_4	−133.7	6772	19.4	−0.000 62	0.986
	C_2H_4	−86.5	5270	12.2	−0.000 62	0.997
	C_2H_6	−6.1	2037	0.2	−0.000 62	0.991
	C_2H_2	−118.2	6295	17.1	−0.000 62	0.997
FR3天然酯绝缘油	H_2	−83.9	2548	12.7	−0.000 87	0.986
	CO	−109.4	4259	16.3	−0.000 87	0.998
	CO_2	−143.2	8734	20.2	−0.000 87	0.988
	CH_4	−70.4	3635	10.1	−0.000 87	0.990
	C_2H_4	25.3	26	−4.3	−0.000 87	0.997
	C_2H_6	−79.1	4932	11.2	−0.000 87	0.998
	C_2H_2	−9.5	1749	0.9	−0.000 87	0.994

续表

油类别	特征气体种类	拟合参数				
		a'	b'	c'	d'	相关系数 R^2
精炼大豆绝缘油	H_2	−102.2	3409	15.4	−0.000 86	0.988
	CO	−104.7	4308	15.5	−0.000 86	0.991
	CO_2	−119.1	7566	16.7	−0.000 86	0.993
	CH_4	−131.9	6764	19.0	−0.000 86	0.997
	C_2H_4	−122.4	6895	17.6	−0.000 86	0.994
	C_2H_6	−127.7	7175	18.4	−0.000 86	0.994
	C_2H_2	97.7	−3020	−15.1	−0.000 86	0.975
甲酯化菜籽绝缘油	H_2	−96.2	2478	14.9	−0.000 68	0.979
	CO	−71.3	3056	10.4	−0.000 68	0.995
	CO_2	−0.1	2578	−1.2	−0.000 68	0.986
	CH_4	−166.6	8897	23.9	−0.000 68	0.997
	C_2H_4	−110.6	6071	16.0	−0.000 68	0.994
	C_2H_6	−125.5	8176	17.5	−0.000 68	0.991
	C_2H_2	−35.8	3997	4.2	−0.000 68	0.995

表6−7中的拟合参数结果，即代表着7种特征气体在4中绝缘油中的28个Ostwald平衡常数（K）与温度（T）的关系模型，可用于推算不同温度下某种特征气体的在某种绝缘油中的Ostwald平衡常数。表中，参数d为绝缘油热膨胀系数（γ）的相反数，由测试值直接设定。R^2为各模型的相关系数，R^2均大于0.95，说明所有拟合结果良好，$K-T$关系模型可靠性高。

6.1.3 天然酯绝缘油产气规律试验

天然酯绝缘油和矿物绝缘油的试验原料分别为FR3天然酯绝缘油和25号矿物绝缘油。

1. 试验样品的准备

（1）将FR3天然酯绝缘油在空气中吸潮48h，得到吸潮试油。

（2）将吸潮试油在50Pa、90℃条件下进行真空减压蒸馏，脱气除水。控制减压蒸馏时间2、1、0.5h，得到不同微水含量的FR3油样A、B、C。

（3）取FR3天然酯绝缘油样A、B、C分别每60mL密封于100mL磨口锥形瓶中，制成不同微水含量的老化试品组 A、B、C。

（4）在氮气氛围下，取 FR3 天然酯绝缘油样 B 每 60mL 密封于 100mL 磨口锥形瓶中，制成氮气保护下的老化试品组 D。

（5）取 25 号矿物绝缘油每 60mL 密封于 100mL 磨口锥形瓶中，制成对比的老化试品组 E。

根据 GB/T 7600—2014 使用卡尔费休微水测试仪测定了试品组 A、B、C、D、E 的微水含量，结果如表 6－8 所示。

表 6－8　不同老化试品的微水含量

老化试品组	A	B	C	D	E
微水含量（μL/L）	50.5	98.3	189.6	100.1	29.6

2. 试验方法

将老化试品组 A、B、C、D、E 置于 120℃烘箱内进行加速老化。每隔一段时间，从每个试品组中各取一个锥形瓶出烘箱，避光放置 24h 后，测定油中溶解气体含量，总老化周期 456h。五组老化试验组在 120℃下加速老化 456h 过程中，特征气体含量如表 6－9 和表 6－10 所示。

表 6－9　老化试品 A、B、C 组中特征气体的含量　μL/L

老化试验组	特征气体	老化时间（h）							
		0	48	120	168	216	310	382.5	456
A	H_2	0	0	7.2	19.2	29.5	30.6	27.8	29.8
	CO	22.5	41.7	126.2	143.3	139.9	160.6	155.5	158.9
	CO_2	1897	1966	3100	3758	4126	3757	4024	4327
	CH_4	0.9	1.8	17.4	20.3	21.4	19.3	22.1	21.3
	C_2H_4	0.2	1.6	7.1	7	7.9	6.4	6.8	7.2
	C_2H_6	12.2	830.1	2965	2709	2989	2868	3000	3000
	C_2H_2	0	0	0	0	0	0	0	0
B	H_2	0	11.4	31	28	29.8	30.7	27.8	30.2
	CO	21.2	82.6	120.4	137.8	145.2	141.6	147.7	151.2
	CO_2	1892	3280	3691	4333	4593	4630	4571	4737
	CH_4	0.9	10.1	19.5	22.4	21.5	19.8	22.9	19.3

续表

老化试验组	特征气体	老化时间（h）							
		0	48	120	168	216	310	382.5	456
B	C_2H_4	0.6	5	7.1	8.1	7.8	6.2	7.4	7.4
	C_2H_6	10.8	1554	2004	2236	2001	1873	2109	2247
	C_2H_2	0	0	0	0	0	0	0	0
C	H_2	0	13.3	44.5	49	31.4	29.8	30.2	31.2
	CO	20.9	72.1	136.9	139.2	148.3	155.6	158.5	159.9
	CO_2	1800	3716	4197	4883	4608	4708	5090	5368
	CH_4	0.9	10.7	21.6	23.9	20.1	17.9	18.9	17.7
	C_2H_4	0	4.7	7.5	9.1	10.2	9.8	9.9	9.3
	C_2H_6	4.9	1388	2000	2006	1992	1824	2001	2259
	C_2H_2	0	0	0	0	0	0	0	0

表 6-10　　老化试品 D、E 组中特征气体的含量　　μL/L

老化试验组	特征气体	老化时间（h）								
		0	47.5	119.5	183.5	215.5	287.5	335.5	383.5	456
D（氮气保护）	H_2	0	18.8	13.3	11.9	17.1	21.6	28.1	26.3	28.5
	CO	16	67.5	148.7	188.3	208.6	277	261	262.7	267
	CO_2	1878	1999	2212	2336	2210	2431	2951	3099	3106
	CH_4	0.9	8.5	12.4	14.7	11.6	10.9	16.6	14.8	15.9
	C_2H_4	0.6	3.1	3.1	2.3	3	4.1	5.6	5.2	6.1
	C_2H_6	6.3	724.5	718.1	721.8	854.4	1121	974.8	1187	1210
	C_2H_2	0	0	0	0	0	0	0	0	0
E（矿物绝缘油）	H_2	0	0	0	0	0	0	0	6.2	7.8
	CO	12.6	10.7	14.6	11.2	9.2	12.5	11.7	13.4	14.8
	CO_2	1805	2145	1991	2080	2132	1788	2006	1919	2230
	CH_4	0.9	1.1	1.2	1	1	1.3	2.2	2.9	3.5
	C_2H_4	0	0.9	0.7	0.9	0.6	4.1	5.4	8.3	9.2
	C_2H_6	0	2	1.9	1.4	3.6	3.8	4.6	4.3	5.2
	C_2H_2	0	0	0	0	0	0	0	0	0

3. 天然酯绝缘油与矿物绝缘油的产气规律对比

将微水含量最低的天然酯绝缘油老化组 A 与矿物绝缘油老化组 E 进行对比，各特征气体的产气规律如图 6-6 所示。

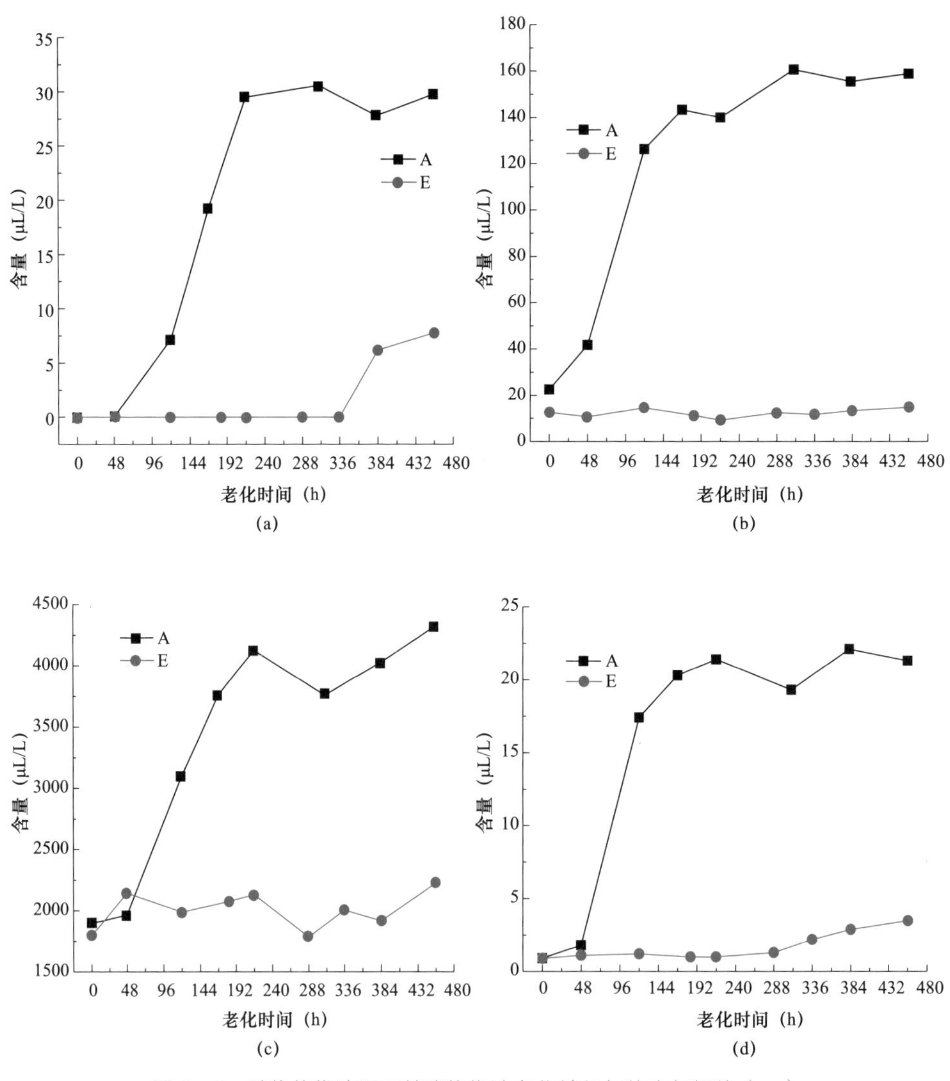

图 6-6　矿物绝缘油和天然酯绝缘油老化特征气体产气规律（一）

（a）H_2；（b）CO；（c）CO_2；（d）CH_4

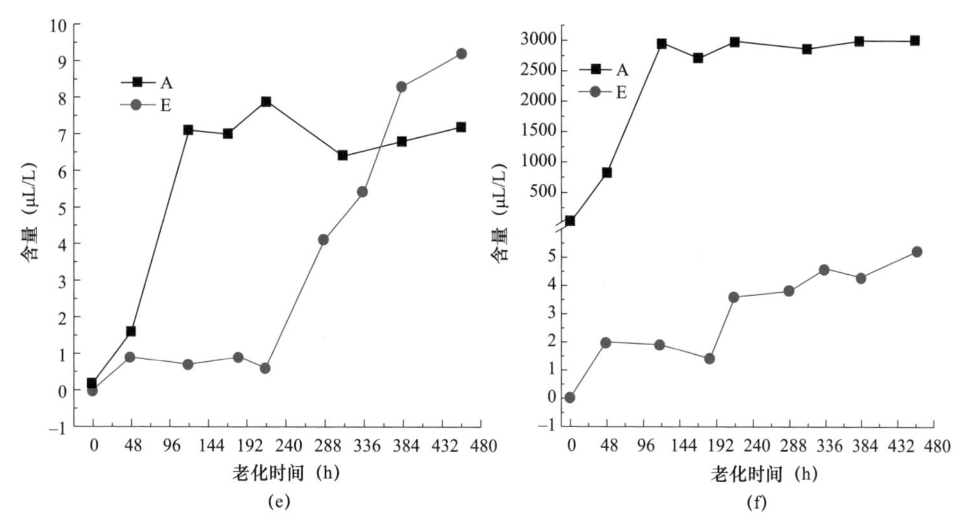

图 6-6 矿物绝缘油和天然酯绝缘油老化特征气体产气规律（二）

（e）C_2H_4；（f）C_2H_6

由表 6-9 和表 6-10 中的数据以及图 6-6 中天然酯绝缘油和矿物绝缘油在 120℃加速老化 456h 的过程中产气规律的对比，可以看出如下规律：

（1）天然酯绝缘油在老化过程中产生了 6 种特征气体：H_2、CO、CO_2、CH_4、C_2H_4 和 C_2H_6。而矿物绝缘油在老化过程中明显增长的只有 4 种特征气体：H_2、CH_4、C_2H_4 和 C_2H_6。

两种绝缘油老化产气的差异是由两者的化学成分差异造成的。对于矿物绝缘油，其主要成分是烃类。因此在链式自由基反应的最终，会由小分子的烃类自由基生成各种烃类的小分子气体。而在矿物绝缘油老化的链引发阶段，虽然有氧气的参与生成了各种过氧自由基（ROO •）以及烃氧自由基（RCH_2O •）。但是这些含氧自由基并不能通过自由基反应断键直接生成 CO 和 CO_2，只会在氧化过程最终生成醛、酮、羧酸等氧化产物。虽然这些氧化终产物通过分解或降解，也可能会产生 CO 和 CO_2 气体，但是这种由氧化产物生成的间接产物与链式自由基反应的直接生成的烃类气体相比，含量极少，并且也只会出现在绝缘油氧化产物已生成的老化后期。因此在矿物绝缘油的老化过程中，一般只会生产 CH_4、C_2H_6 等烃类气体以及 H_2，而没有 CO 和 CO_2。

而对于天然酯绝缘油，其主要成分是脂肪酸甘油三酯及其衍生物，其中含有大量的酯基（$-\overset{\overset{\large O}{\|}}{C}-O-$）。酯基在链式自由基反应中会断键生成如下的两种自

由基$-\overset{O}{\overset{\|}{C}}\cdot$和$-\overset{O}{\overset{\|}{C}}-O\cdot$，继而通过断键生成 CO 和 CO_2。另外，天然酯绝缘油中的脂肪链部分则和烃类一样是碳氢链结构，在链式自由基反应最终也产生各种烃类气体。因此，天然酯绝缘油在老化过程中会产生烃类气体、H_2 以及 CO 和 CO_2。

天然酯绝缘油和矿物绝缘油的老化过程中均没有 C_2H_2 产生，这是由于 C_2H_2 的生成需要极高的能量，而热老化过程中不足以提供所需的能量。

（2）老化过程中，天然酯绝缘油的产气速率比矿物绝缘油快，产气量也远大于矿物绝缘油。

天然酯绝缘油中的 6 种特征气体均在 192h 之内增长迅速，之后含量趋于稳定。而矿物绝缘油中的 4 种特征气体在 240h 之后才有明显的增长，产气速率远慢于天然酯绝缘油。老化结束后，两种绝缘油特征气体产气量对比如表 6－11 所示（产气量为溶解气体含量终值与初值之差，矿物绝缘油中 CO_2 含量差为波动值，不考虑）。

表 6－11　　天然酯绝缘油和矿物绝缘油产气量对比　　μL/L

油类别	H_2	CO	CO_2	CH_4	C_2H_4	C_2H_6
A（FR3 天然酯绝缘油）	28.5	251	1228	15	5.5	1204
E（矿物绝缘油）	7.8	—	—	2.6	9.2	5.2

从表 6－11 中看出，天然酯绝缘油老化过程中的产气量要远远高于矿物绝缘油。天然酯绝缘油中产气量最大的是 CO_2 和 C_2H_6，其次是 CO，H_2 和 CH_4 略少，C_2H_4 最少。而矿物绝缘油中产气量最大的是 C_2H_4，其次是 H_2、C_2H_6、CH_4。

天然酯绝缘油产气速率和产气量均高于矿物绝缘油，这是由天然酯绝缘油中的不饱和碳碳双键造成的。天然酯绝缘油及其衍生物中含有大量的不饱和脂肪酸链，碳碳双键 α 位的氢原子很容易被氧气进攻，生成类似于丙烯基自由基的稳定的三电子三中心共轭结构。

由于自由基电子与双键形成的共轭稳定结构大大降低了链引发反应的活化能，使得天然酯绝缘油的链引发反应的发生比矿物绝缘油容易得多。这意味着，在同等条件下，天然酯绝缘油的老化过程要比矿物绝缘油进行得快，并且反应程度更深。这就导致了天然酯绝缘油老化过程中的小分子气体要比矿物绝缘油产生得更快、更多。

4. 不同微水含量对天然酯绝缘油老化产气的影响

微水含量不同的三组老化试品组 A、B、C 中特征气体的变化趋势如图 6－7 所示。

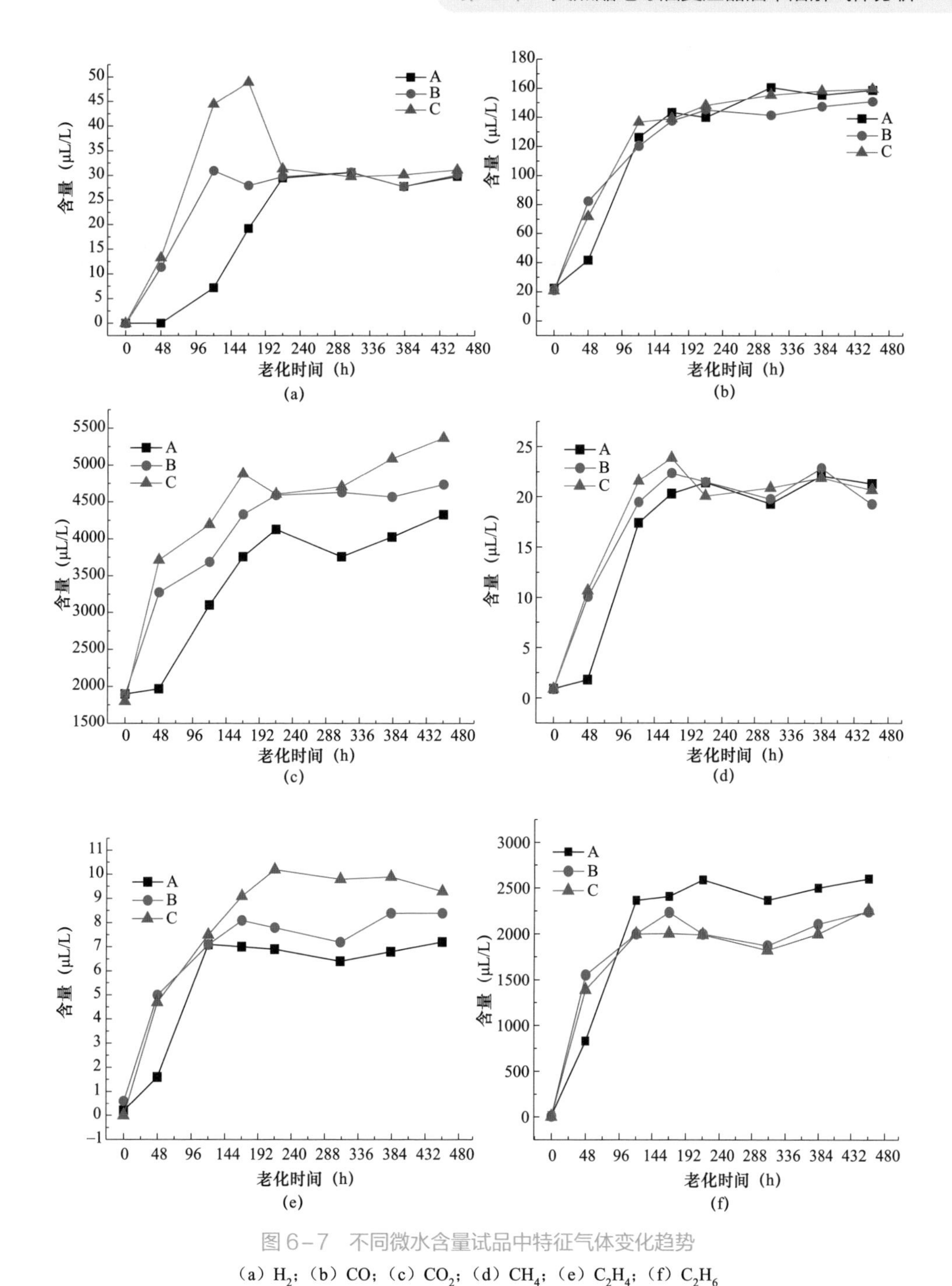

图6-7　不同微水含量试品中特征气体变化趋势

（a）H_2；（b）CO；（c）CO_2；（d）CH_4；（e）C_2H_4；（f）C_2H_6

对比图 6－7 中 A、B、C 不同微水含量下各特征气体的变化趋势可以看出，随着微水含量的变大，H_2、C_2H_6、C_2H_4 在同阶段的气体含量也随之变大，但是变幅很小，而 CO 和 CH_4 的含量则没有明显区别。这说明，在设定微水含量区间内（50～200μL/L），微水含量对老化产气的影响很小。

而从链式自由基原理上来说，水也会参与到绝缘油老化的自由基反应中。相对于天然酯绝缘油分子，水分子更便于自由基抽提氢产生小分子气体。理论上来说，水的含量越高，特征气体的产气量就越高。可能由于天然酯绝缘油的饱和含水率远大于矿物绝缘油，天然酯绝缘油中的微水含量相对较小，所以微水含量对其老化产气量影响并不明显。

5. 氧气对天然酯绝缘油老化产气的影响

有无氮气保护的试品组 B 和 D 老化过程中特征气体的变化趋势如图 6－8 所示。

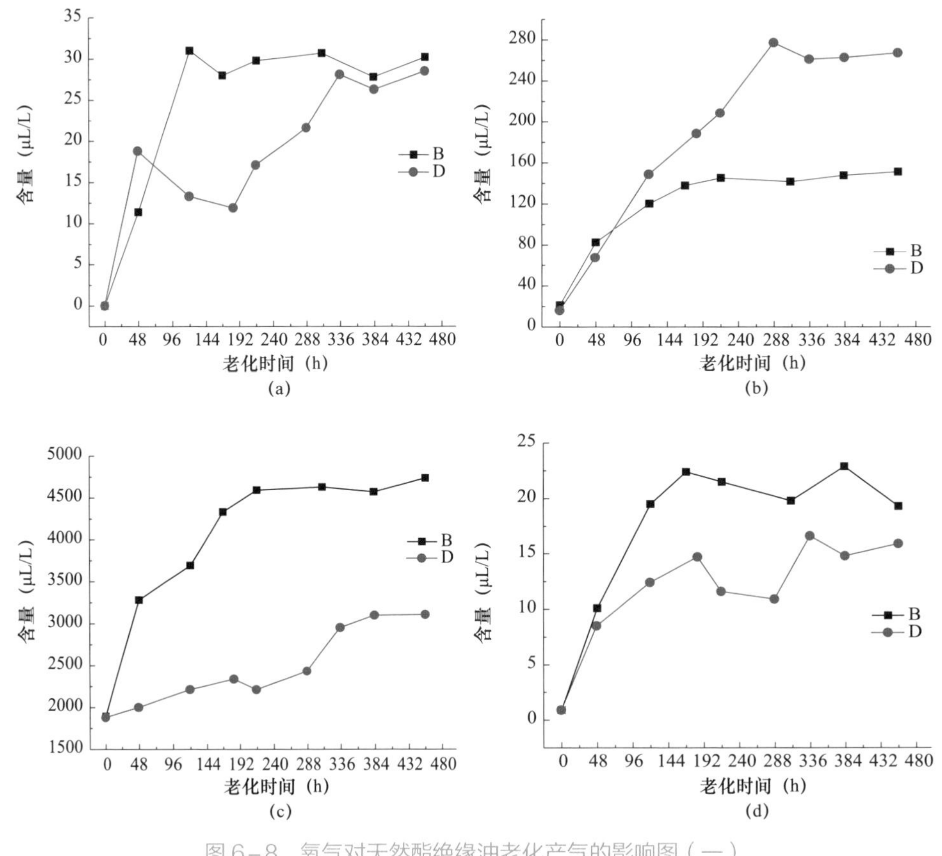

图 6－8　氧气对天然酯绝缘油老化产气的影响图（一）

（a）H_2；（b）CO；（c）CO_2；（d）CH_4

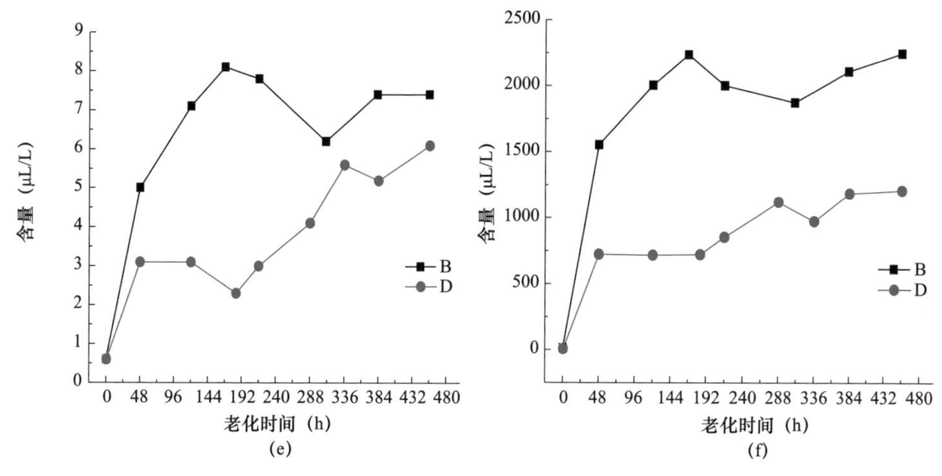

图 6-8　氧气对天然酯绝缘油老化产气的影响图（二）

（e）C_2H_4；（f）C_2H_6

由图 6-8 可以看出以下规律：无氮气保护的老化组 B 中 H_2、CO_2、CH_4、C_2H_6 和 C_2H_4 的产气速率和产气量明显要高于有氮气保护的老化组 D，而 CO 却正好相反。

造成以上现象的原因是，氧气的存在降低了自由基链引发反应的自由能，加速了天然酯绝缘油老化反应的速率，从而导致无氮气保护的老化组 B 中 H_2、CO_2、CH_4、C_2H_6 和 C_2H_4 的气体的产气速率和产气量高于老化组 D。而 CO 和其他气体的规律不同的原因是，天然酯绝缘油中 CO 主要通过自由基 $-\overset{\overset{\large O}{\|}}{C}\cdot$ 继续断键生成，而当氧气存在时，该自由基则会与之结合生成另外一种过氧自由基 $-\overset{\overset{\large O}{\|}}{C}-O-O\cdot$ 参与其他的反应。因此，氧气的存在会阻碍 CO 气体的产生，导致了老化组 B 中 CO 的产气速率和产气量比老化组 D 低。

6.2　典型过热性故障模拟试验

绝缘油在发生过热性故障时，热点处的绝缘油温度升高，平均分子动能升高，这些能量被绝缘油分子用于克服能垒进行断键分解反应。在不同的过热温度时，能量高低的不同导致绝缘油分子按不同的反应历程分解，而各种特征气体的产生速率也各不一致。正是根据不同温度下产生的特征气体含量之间的关系，油中溶解气体分析诊断方法中建立了三比值法用于判断绝缘油的过热温度。在油中溶解气体分析故障诊断的三比值法中，过热性故障分为三类：低温过热性故障（＜300℃）、中温过热性故障（300～700℃）和高温过热性故障（＞700℃）。

6.2.1 典型过热性故障模拟试验试验方法

1. 低温过热性故障模拟试验装置

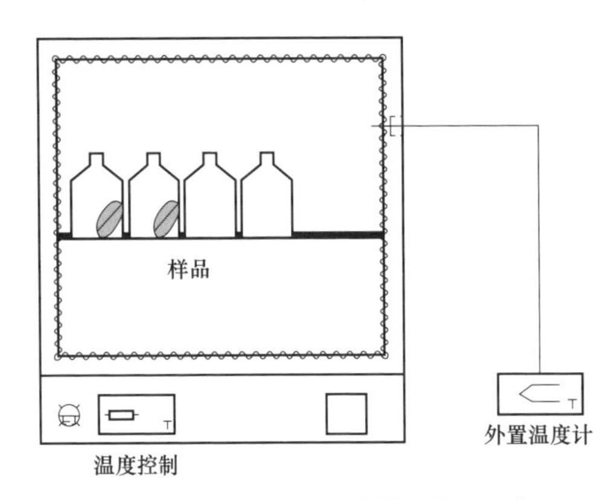

图6-9 低温过热性故障模拟装置示意图

低温过热性故障模拟装置由热老化不锈钢罐、老化箱、温度控制柜三部分构成。图6-9为低温过热性故障模拟装置示意图，低温过热性故障试验验装置见图6-10。各部分的组成、作用如下：

（1）热老化不锈钢罐。热老化不锈钢罐是用于绝缘油纯油及油浸纸在不同温度和不同时间的热老化模拟试验。该部分由304材质制备的罐体、盖子、螺丝和由聚四氟乙烯制备的密封圈构成。

（2）老化箱。老化箱负责提供热量实现不同温度下的过热性故障模拟，同时承担着测温和控温的作用。该部分由不锈钢箱体、温度计、鼓风设备及温度控制器组成。

（3）温度控制。温度控制负责调节老化箱的温度，并通过显示屏将数值显示。

(a)

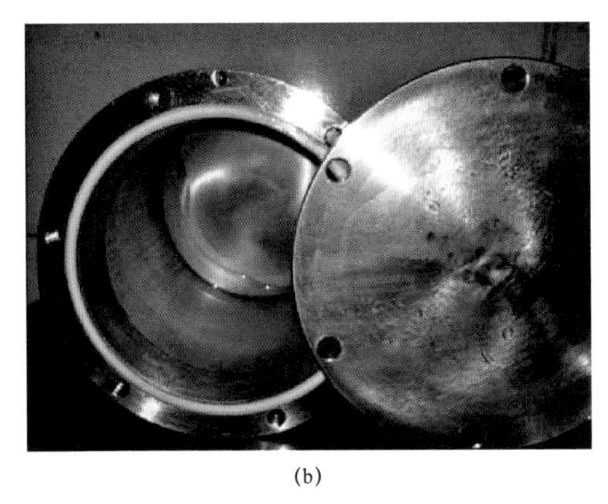

(b)

图6-10 低温过热性故障试验验装置

（a）老化箱；（b）老化试验罐

2. 中高温过热性故障模拟试验装置

采用管式炉模拟中高温过热性故障，管式炉过热性故障模拟装置由管式电阻炉、“L”形特制不锈钢容器和温度控制系统组成。图 6－11 为管式炉过热性故障模拟装置图。

图 6－11　管式炉过热性故障模拟装置图

6.2.2　典型过热性故障模拟试验结果

选取 FR3 天然酯绝缘油、山茶籽绝缘油、25 号矿物绝缘油和绝缘纸作为研究对象，进行过热性故障模拟实验。

（1）低温过热性故障模拟试验步骤如下：

1）实验前，将预处理过的纯油或油浸纸（油纸重量比为 15:1）约 0.5L 放入 1L 的不锈钢罐中，随后盖上不锈钢盖子，并拧紧螺丝，保证不锈钢罐内始终是密封状态，模拟变压器运行环境。

2）将老化箱温度调整成实验所需温度，待温度达到所需温度并保持恒定。

3）放入不锈钢老化罐，以放入老化罐的时间为基础记录老化时间。

4）老化至设定时间后，取出老化罐并静置，待老化罐冷却至室温后打开不锈钢密封盖，并用 100mL 玻璃注射器取 50mL 样品，测量油中溶解气体含量，每个试验取样 2 次。

预处理后的纯油样品和油纸样品分别置入 90、120、150、200、250℃恒温干燥箱中以模拟低温（＜300℃）过热性故障。低温过热性故障模拟试验的加热时间如表 6－12 所示。

表 6－12　低温过热性故障模拟试验的加热时间表

温度（℃）	90	120	150	200	250
时间（h）	168	168	168	2	1

（2）中高温过热性故障模拟试验步骤如下：

1）将管式电阻炉的温度调整成实验所需的温度，待温度达到所需温度并保持恒定。

2）放置约 0.5L 的试品于不锈钢容器中，并将容器的一端置于管式炉中，约

30mL 试样品置于管式炉中。

3）以放入不锈钢容器的时间开始记录老化时间。

4）老化至设定时间后，取出不锈钢容器并等待不锈钢容器冷却至室温，打开不锈钢密封盖，并用 100mL 玻璃注射器取 50mL 样品，测量油中溶解气体含量，每个试验取样 2 次。

中高温过热性故障模拟试验的加热时间如表 6－13 所示。

表 6－13　　中高温过热性故障模拟试验的加热时间表

温度（℃）	300	500	700	800
时间（min）	15	5	3	2.5

6.2.2.1　低温过热性故障下的产气分析

1. 纯油低温过热性故障下的产气分析

由于不同温度下的过热性故障模拟实验的加热时间不一样，不能直接比较故障气体总含量，仅比较过热性故障产气的相对含量。在纯矿物绝缘油热分解过程中，由于油与氧气结合产生的自由基在高温反应过程中生成醛、酮、羧酸等氧化产物，因此不会产生 CO 和 CO_2。可以认为在矿物绝缘油中 CO、CO_2 含量的变化是由装置中残存的 CO 和 CO_2 测量时的误差造成的，试验数据并不与纯矿物绝缘油过热性故障试验不产生 CO、CO_2 的结论相矛盾。因此，两种气体均不在矿物绝缘油过热性故障产气的讨论范围内。纯油低温过热性故障模拟试验油中溶解气体如表 6－14 所示，三种绝缘油低温过热性故障下的产气数据如表 6－15 所示。

表 6－14　　纯油低温过热性故障模拟试验中油中溶解气体　　μL/L

油类别	温度（℃）	时间（h）	H_2	CH_4	C_2H_4	C_2H_6	C_2H_2	总烃	CO	CO_2
FR3 天然酯绝缘油	90	168	29.50	2.79	0.28	127.85	0.00	130.93	10.06	614.38
	120	168	16.90	5.59	1.51	236.06	0.00	243.16	20.21	643.79
	150	168	17.17	13.76	6.47	382.40	0.00	402.64	52.00	1146.81
	200	2	7.45	8.50	4.55	214.07	0.00	227.12	53.57	552.22
	250	1	20.92	64.54	131.83	835.51	0.00	1031.88	565.14	3157.86
山茶籽绝缘油	90	168	85	4.53	1.03	14.6	0.00	20.16	50.4	1030
	120	168	133	10.53	2.95	62.96	0.00	76.44	79	1230

续表

油类别	温度（℃）	时间（h）	H_2	CH_4	C_2H_4	C_2H_6	C_2H_2	总烃	CO	CO_2
山茶籽绝缘油	150	168	131.56	12.24	3.23	78.68	0.00	94.15	101.8	1249.2
	200	2	98	18.08	8.49	48.15	0.00	74.72	64.23	1189.58
	250	1	68.41	22.07	11.29	72.39	0.00	105.75	123.43	2236.29
矿物绝缘油	90	168	8.5	6.7	2.3	4.15	0.00	13.15	15.19	464.69
	120	168	12.52	9.8	5.2	7.5	0.00	22.50	15.89	485.21
	150	168	11.72	10.6	7.2	8.9	0.00	26.70	16.21	512.05
	200	2	23.9	25.5	10.9	13.8	0.00	50.20	17.53	490.72
	250	1	35.6	39.8	2.3	23.4	0.00	65.50	18.05	479.52

表 6-15　　三种绝缘油低温过热性故障下的产气数据　　%

油类别	特征气体种类	温度（℃）				
		90	120	150	200	250
FR3 天然酯绝缘油	H_2	3.76	1.83	1.06	0.89	0.44
	CH_4	0.36	0.60	0.85	1.01	1.35
	C_2H_4	0.04	0.16	0.40	0.54	2.76
	C_2H_6	16.29	25.55	23.63	25.48	17.49
	C_2H_2	0.00	0.00	0.00	0.00	0.00
	CO	1.28	2.19	3.21	6.37	11.84
	CO_2	78.28	69.67	70.85	65.71	66.12
山茶籽绝缘油	H_2	7.17	8.76	8.34	6.87	2.70
	CH_4	0.38	0.69	0.78	1.27	0.87
	C_2H_4	0.09	0.19	0.20	0.60	0.45
	C_2H_6	1.23	4.15	4.99	3.38	2.86
	C_2H_2	0.00	0.00	0.00	0.00	0.00
	CO	4.25	5.20	6.46	4.50	4.87
	CO_2	86.88	81.01	79.23	83.38	88.25
矿物绝缘油	H_2	39.26	35.75	30.50	32.25	35.21
	CH_4	30.95	27.98	27.59	34.42	39.37
	C_2H_4	10.62	14.85	18.74	14.71	2.27
	C_2H_6	19.17	21.42	23.17	18.62	23.15
	C_2H_2	0.00	0.00	0.00	0.00	0.00

从表 6－14 和表 6－15 中可以看出，矿物绝缘油在 90～250℃低温过热性故障下未产生 C_2H_2，其在低温过热性故障下产生的气体百分比含量大小关系为 $H_2>CH_4>C_2H_6>C_2H_4$。矿物绝缘油低温过热性故障产气趋势图如图 6－12 所示。

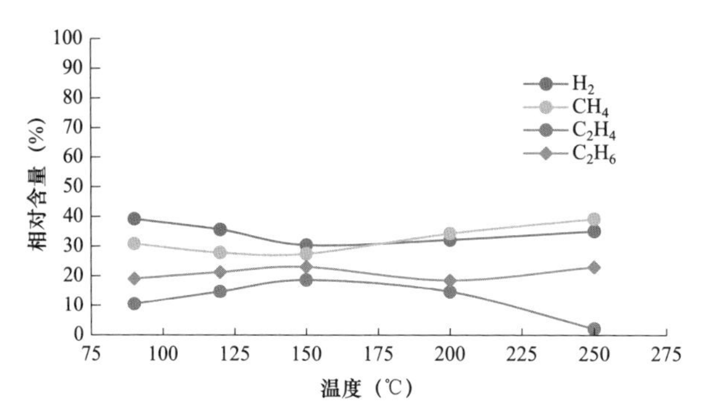

图 6－12　矿物绝缘油低温过热性故障产气趋势图

由图 6－12 可知，矿物绝缘油在 90～150℃时，H_2 和 CH_4 的百分比含量随温度的升高而减小，C_2H_6 和 C_2H_4 则随着温度的升高而增大；但在 150～250℃时，H_2 和 CH_4 的百分比含量随温度的升高而增大，C_2H_6 随着温度的升高而波动变化，C_2H_4 则随着温度的升高而减小。

两种天然酯绝缘油在 90～250℃之间过热都没有产生 C_2H_2，其他六种特征气体按百分比含量可分为两类：一类是主要气体，包括 CO、CO_2 和 C_2H_6；另一类为次要气体，包括 H_2、CH_4、C_2H_4。

（1）主要气体 CO、CO_2、C_2H_6 的产气规律。两种天然酯绝缘油低温过热性故障主要气体 CO、CO_2、C_2H_6 的含量如图 6－13 所示。

由图 6－13 可知，FR3 天然酯绝缘油和山茶籽绝缘油在 90～250℃低温过热性故障模拟试验中，CO、CO_2、C_2H_6 三种气体的总和均占到 90%以上，为低温过热性故障特征气体的主要成分。其中，FR3 天然酯绝缘油中 CO 的含量随温度的上升而增加，山茶籽油中 CO 和 C_2H_6 的含量则随温度变化不明显。

对于 FR3 天然酯绝缘油，三种气体的百分比含量大小关系为 $CO_2>C_2H_6>CO$。对于山茶籽绝缘油，三种气体的百分比含量大小关系为 $CO_2>CO\geqslant C_2H_6$。CO_2 的百分比含量远远大于 CO 和 C_2H_6，是最主要的低温过热性故障的特征气体。

（2）次要气体 H_2、CH_4、C_2H_4 的产气规律。两种天然酯绝缘油低温过热性故障次要气体 H_2、CH_4、C_2H_4 的含量如图 6－14 所示。

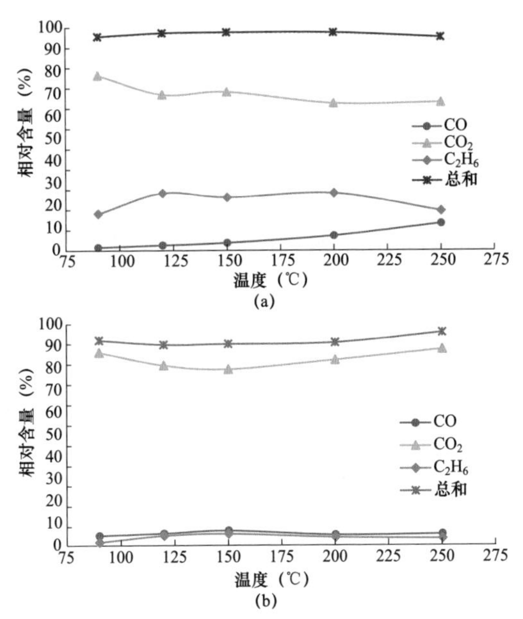

图6-13　天然酯绝缘油低温过热性故障主要气体产气趋势图

（a）FR3天然酯绝缘油；（b）山茶籽绝缘油

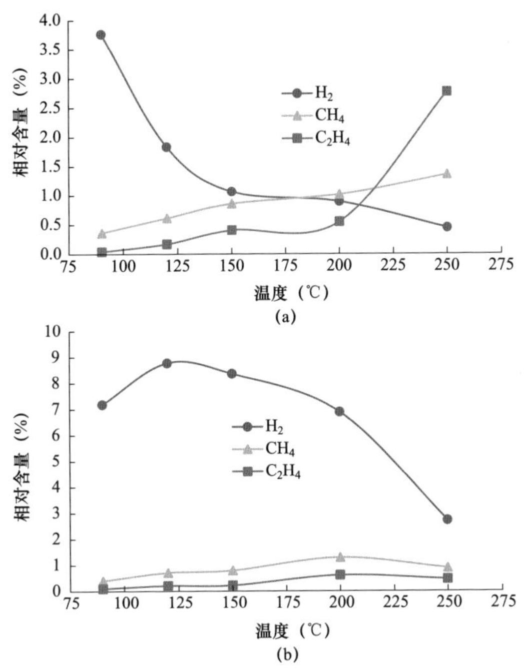

图6-14　天然酯绝缘油低温过热性故障次要气体产气趋势图

（a）FR3天然酯绝缘油；（b）山茶籽绝缘油

由图 6－14 可知，FR3 天然酯绝缘油和山茶籽绝缘油在 90～250℃低温过热性故障模拟试验中，H_2、CH_4 和 C_2H_4 的气体含量很少，均在 9%以下，为低温过热性故障特征气体的次要成分。

对于 FR3 天然酯绝缘油，H_2 的含量随温度的上升而减小，趋势明显，C_2H_4 的含量随温度的上升而增加，而 CH_4 含量则随温度变化不明显。对于山茶籽绝缘油，H_2 的含量在 125℃出现峰值，然后随温度的上升而减小。而 CH_4 和 C_2H_4 的含量则随温度变化不明显。

对于 FR3 天然酯绝缘油，在 90～125℃之间，三种气体的百分比含量大小关系为 $H_2>CH_4>C_2H_4$；在 125～200℃之间，三种气体的百分比含量基本相当；在 250℃时，$C_2H_4>CH_4>H_2$。对于山茶籽绝缘油，三种气体的百分比含量大小关系为 $H_2>CH_4\approx C_2H_4$。

综上所述，在纯油低温过热性故障下，矿物绝缘油的特征气体是 H_2 和 CH_4，天然酯绝缘油的特征气体是 CO_2 和 C_2H_6，在不同种类的天然酯绝缘油中，故障气体的比例有一定差异，这可能与两种天然酯绝缘油中甘油三酯种类及其含量比例有关。

2. 油纸低温过热性故障产气分析

变压器内部绝缘主要是由绝缘油和绝缘纸（纸板）构成。当故障涉及固体绝缘时，会引起绝缘油中 CO 和 CO_2 气体含量的明显增长。为研究绝缘纸（纸板）过热性故障产生的油中溶解气体规律，按照油纸重量比 15:1，在油样中加入绝缘纸样片，以模拟变压器中油纸绝缘系统发生过热性故障情况。

油纸低温过热性故障模拟试验中油中溶解气体见表 6－16。与模拟纯油过热性故障的结果相比，加入绝缘纸后，绝缘油中的含气量明显增多，尤其是 CO、CO_2 的含量非常大。在过热性故障时，矿物绝缘油（含纸）中 CO_2 约为纯油故障的 6 倍，天然酯绝缘油（含纸）中 CO_2 含量约为纯油的 2.5 倍。这主要是由于纤维素中苷键和 C—C 键断开，发生脱羟、脱羧、脱羰反应，形成各种烃类、醇类、醛类和酸类等物质，随后这些大分子物质又二次裂解为 CO_2、CO 等小分子气体。FR3 油中总烃类气体含量明显高于矿物绝缘油。

三种绝缘油油纸低温过热性故障下的产气数据见表 6－17。

表 6－16　油纸低温过热性故障模拟试验中油中溶解气体　μL/L

油纸组合	温度（℃）	时间（h）	H_2	CH_4	C_2H_4	C_2H_6	C_2H_2	总烃	CO	CO_2
FR3 天然酯绝缘油浸纸	90	168	35.13	3.61	0.45	167.30	0.00	171.36	29.95	1379.33
	120	168	25.36	6.89	2.12	198.26	0.00	207.27	36.24	1234.56

续表

油纸组合	温度（℃）	时间（h）	H_2	CH_4	C_2H_4	C_2H_6	C_2H_2	总烃	CO	CO_2
FR3 天然酯绝缘油浸纸	150	168	25.55	11.85	2.39	243.50	0.00	257.74	221.86	13 201.86
	200	2	16.15	10.68	3.43	261.01	0.00	275.12	454.19	11 334.77
	250	1	25.34	13.36	3.84	295.52	0.00	312.72	389.71	7417.98
山茶籽绝缘油浸纸	90	168	196	3.64	0.87	27.84	0.00	32.35	65.98	1478
	120	168	173.09	11.23	2.92	80.23	0.00	94.38	148.92	5432
	150	168	183.23	14.52	3.75	90.45	0.00	108.72	250.67	7568
	200	2	221.79	25.02	11.66	61.23	0.00	97.91	150.56	1760.68
	250	1	127.65	33.5	7.24	32.41	0.00	73.15	127.56	2830.76
矿物绝缘油浸纸	90	168	28.5	9.7	2.3	4.15	0.00	16.15	95.13	819.32
	120	168	31.72	13.6	7.2	8.9	0.00	29.70	126.10	1372.59
	150	168	58.6	18.3	13.1	15.8	0.00	47.20	159.28	1874.26
	200	2	26.9	23.5	10.9	13.8	0.00	48.20	132.9	965.8
	250	1	47.5	39.8	23.4	26.7	0.00	89.90	148.7	1688.41

表 6-17　三种绝缘油油纸低温过热性故障下的产气数据　%

油纸组合	特征气体种类	温度（℃）				
		90	120	150	200	250
FR3 天然酯绝缘油浸纸	H_2	2.17	1.69	0.19	0.13	0.31
	CH_4	0.22	0.46	0.09	0.09	0.16
	C_2H_4	0.03	0.14	0.02	0.03	0.05
	C_2H_6	10.36	13.19	1.78	2.17	3.63
	C_2H_2	0.00	0.00	0.00	0.00	0.00
	CO	1.85	2.41	1.61	3.78	4.78
	CO_2	85.37	82.11	96.31	93.80	91.07
山茶籽绝缘油浸纸	H_2	11.06	2.96	2.26	9.94	4.04
	CH_4	0.21	0.19	0.18	1.12	1.06
	C_2H_4	0.05	0.05	0.05	0.52	0.23
	C_2H_6	1.57	1.37	1.12	2.74	1.03
	C_2H_2	0.00	0.00	0.00	0.00	0.00
	CO	3.72	2.55	3.09	6.75	4.04
	CO_2	83.39	92.88	93.30	78.93	89.60

续表

油纸组合	特征气体种类	温度（℃）				
		90	120	150	200	250
矿物绝缘油浸纸	H_2	63.84	51.65	55.39	35.82	34.57
	CH_4	21.72	22.14	17.30	31.29	28.97
	C_2H_4	5.15	11.72	12.38	14.51	17.03
	C_2H_6	9.29	14.49	14.93	18.38	19.43
	C_2H_2	0.00	0.00	0.00	0.00	0.00

从表 6－16 和表 6－17 中可以看出，矿物绝缘油的油纸绝缘在 90～250℃低温过热性故障下未产生 C_2H_2，其在低温过热性故障下产生的气体百分比含量大小关系为 $H_2>CH_4>C_2H_6>C_2H_4$。矿物绝缘油油纸低温过热性故障产气趋势图如图 6－15 所示。

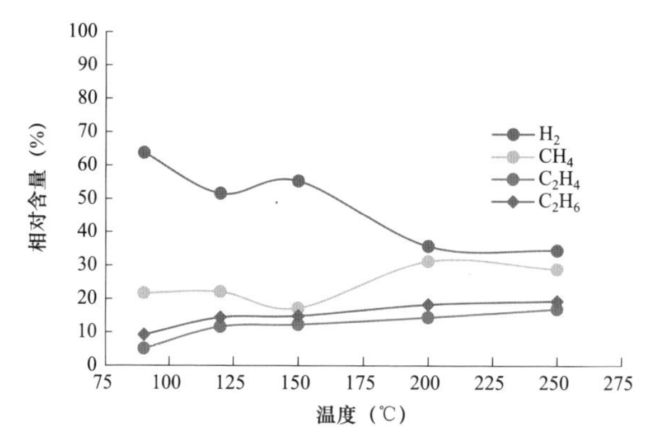

图 6－15　矿物绝缘油油纸低温过热性故障产气趋势图

由图 6－15 可知，矿物绝缘油油纸绝缘在 90～250℃时，H_2 的百分比含量随温度的升高而减小，CH_4、C_2H_6 和 C_2H_4 则随着温度的升高而呈现微弱的增大趋势。

两种天然酯绝缘油的油纸绝缘在 90～250℃低温过热性故障下都没有产生 C_2H_2，其他六种特征气体按百分比含量可分为两类；一类是主要气体，包括 CO、CO_2 和 C_2H_6；另一类为次要气体，包括 H_2、CH_4、C_2H_4。

（1）主要气体 CO、CO_2、C_2H_6 的产气规律。两种天然酯绝缘油油纸绝缘低温过热性故障主要气体 CO、CO_2、C_2H_6 的含量如图 6－16 所示。

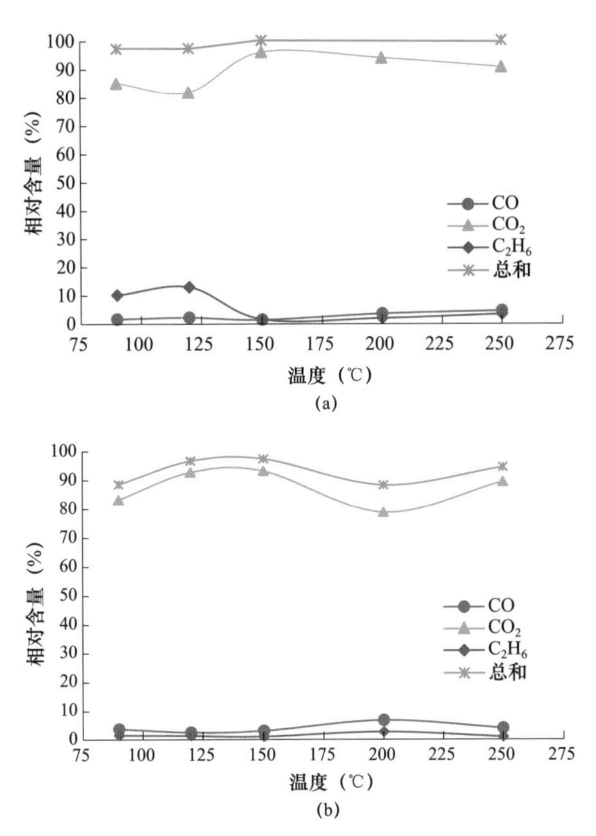

图 6-16　天然酯热绝缘油油纸低温过热性故障主要气体产气趋势图

（a）FR3 天然酯绝缘油；（b）山茶籽绝缘油

由图 6-16 可知，FR3 天然酯绝缘油和山茶籽绝缘油的油纸绝缘在 90～250℃低温过热性故障模拟试验中，CO、CO_2、C_2H_6 三种气体的总和均达到 90%以上，为低温过热性故障主要特征气体。对于 FR3 天然酯绝缘油油纸绝缘，CO_2 的含量随温度上升有增加趋势，在 150℃时达到峰值；C_2H_6 的含量在 150℃时骤降然后随着温度的上升变化不明显；CO 含量则随温度变化不明显。对于山茶籽绝缘油纸绝缘，CO_2 的含量随温度上升呈现上下波动趋势，在 150℃时达到最大，在 200℃时达到最小。CO 和 C_2H_6 的含量随温度变化不明显。

对于 FR3 天然酯绝缘油油纸绝缘，三种气体的百分比含量大小关系为 $CO_2 > C_2H_6 \geq CO$；对于山茶籽绝缘油油纸绝缘，三种气体的百分比含量大小关系为 $CO_2 > CO \geq C_2H_6$。CO_2 的百分比含量远远大于 CO 和 C_2H_6，是最主要的低温过热性故障的特征气体。

（2）次要气体 H_2、C H_4、C_2H_4 的产气规律。两种天然酯绝缘油油纸绝缘低

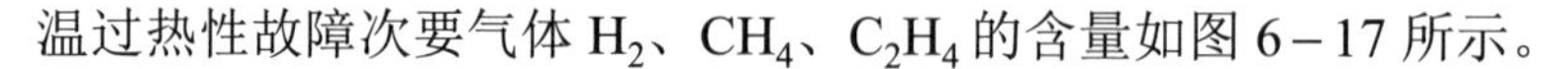

温过热性故障次要气体 H_2、CH_4、C_2H_4 的含量如图 6-17 所示。

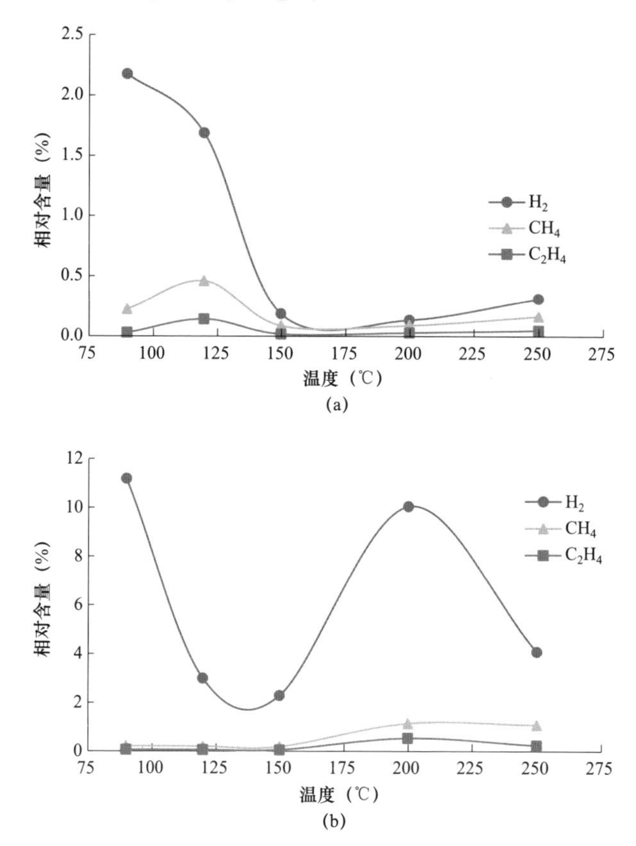

图 6-17　天然酯绝缘油油纸低温过热性故障次要气体产气趋势图

（a）FR3 天然酯绝缘油；（b）山茶籽绝缘油

由图 6-17 可知，FR3 天然酯绝缘油和山茶籽绝缘油的油纸绝缘在 90～250℃低温过热性故障模拟试验中，H_2、CH_4 和 C_2H_4 的气体含量很少，均在 12%以下，为过热性故障特征气体的次要成分。

对于 FR3 天然酯绝缘油油纸绝缘，在 90～150℃时，H_2 的含量随温度的上升而减小，趋势明显；在 150～250℃时，H_2 的含量随温度的上升而呈现微弱增加趋势。CH_4 和 C_2H_4 的含量随温度变化不明显。

对于山茶籽绝缘油油纸绝缘，H_2 的含量随温度上升呈现上下波动趋势，在 90～150℃时，H_2 的含量随温度的上升而减小；在 150～200℃之间时，H_2 的含量随温度的上升而增加；在 200～250℃时，H_2 的含量随温度的上升而减小。CH_4 和 C_2H_4 的含量随温度变化不明显。

对于 FR3 天然酯绝缘油油纸绝缘，三种气体的百分比含量大小关系为 $H_2>CH_4>C_2H_4$；对于山茶籽油油纸绝缘，三种气体的百分比含量大小关系为 $H_2>CH_4\approx C_2H_4$。

综上所述，在油纸低温过热性故障下，矿物绝缘油油纸绝缘的特征气体是 H_2 和 CH_4，天然酯绝缘油油纸绝缘的特征气体是 CO_2 和 C_2H_6，在不同种类的天然酯绝缘油中，各故障气体比例有一定差异，这可能与两种天然酯绝缘油中甘油三酯种类及其含量差异有关。

6.2.2.2 中高温过热性故障下的产气分析

1. 纯油中高温过热性故障产气分析

纯油中高温过热性故障模拟试验中油中溶解气体如表 6－18 所示，三种绝缘油中高温过热性故障下的产气数据如表 6－19 所示。

表 6－18 纯油中高温过热性故障模拟试验中油中溶解气体 μL/L

油类别	温度（℃）	时间（min）	H_2	CH_4	C_2H_4	C_2H_6	C_2H_2	总烃	CO	CO_2
FR3 天然酯绝缘油	400	5	33.3	21.9	5.9	309.5	0.00	337.3	434.6	2430.7
	500	5	46.15	291.92	86.19	3706.17	0.00	4084.28	1146.39	17 244.15
	600	4	160.73	460.42	144.37	5886.72	0.00	6491.51	2555.29	21 302.70
	700	3	128.9	401.9	138.6	8774.4	0.00	9443.8	1553.3	8945.1
山茶籽绝缘油	400	5	65.95	27.3	15.3	79.61	0.00	122.21	169.78	2795.43
	500	5	294.16	176.98	141.78	465.97	0.00	784.73	1502	13 809.04
	600	4	370.35	254.67	205.88	630.1	0.00	1090.65	1638.86	16 539.67
	700	3	265.99	181.29	152.78	462.64	0.00	796.71	1794.56	19 874.45
矿物绝缘油	400	5	24.2	225.7	35.9	21.2	0.00	282.8	250.8	2038.8
	500	5	74.79	570.10	79.45	28.63	0.00	678.18	334.66	4060.67
	600	4	61.28	1708.63	804.19	331.87	0.00	2855.90	1539.25	10 578.84
	700	3	163.7	1718.3	761.7	576.8	0.00	3056.9	1797.9	9845.1

由表 6－18 可知，中高温过热性故障下产气规律和低温过热性故障下产气规律类似。从总绝对产气量来看，矿物绝缘油与山茶籽绝缘油相差不大，而 FR3 天然酯绝缘油则明显高于前两者。单从烃类气体来看，山茶籽绝缘油产气量最低，矿物绝缘油略高，而 FR3 天然酯绝缘油则明显高于其他两者。

表 6-19　三种绝缘油中高温过热性故障下的产气数据　%

油类别	特征气体种类	温度（℃）			
		400	500	600	700
FR3 天然酯绝缘油	H_2	1.03	0.20	0.53	0.66
	CH_4	0.68	1.30	1.51	2.06
	C_2H_4	0.18	0.38	0.47	0.71
	C_2H_6	9.56	16.46	19.29	44.90
	C_2H_2	0.00	0.00	0.00	0.00
	CO	13.43	5.09	8.38	7.95
	CO_2	75.12	76.57	69.82	45.78
山茶籽绝缘油	H_2	2.09	1.79	1.89	1.17
	CH_4	0.87	1.08	1.30	0.80
	C_2H_4	0.49	0.87	1.05	0.67
	C_2H_6	2.52	2.84	3.21	2.04
	C_2H_2	0.00	0.00	0.00	0.00
	CO	5.38	9.16	8.34	7.89
	CO_2	88.65	84.25	84.22	87.43
矿物绝缘油	H_2	7.88	9.93	2.11	5.08
	CH_4	73.52	75.71	58.80	53.36
	C_2H_4	11.69	10.55	27.67	23.65
	C_2H_6	6.91	3.80	11.42	17.91
	C_2H_2	0.00	0.00	0.00	0.00

矿物绝缘油在 400～700℃中高温过热性故障下未产生 C_2H_2，其在中高温过热性故障下产生的气体百分比含量大小关系为 $CH_4>C_2H_4>C_2H_6\approx H_2$。矿物绝缘油中高温过热性故障产气趋势图如图 6-18 所示。

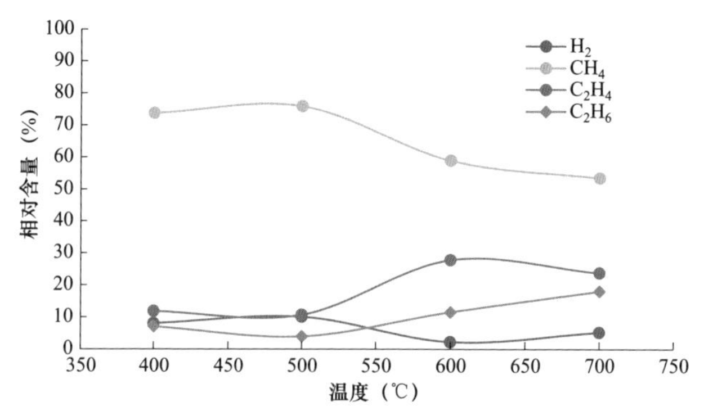

图 6-18　矿物绝缘油中高温过热性故障产气趋势图

由图 6－18 可知，对于矿物绝缘油，CH_4 的含量随温度的上升而减小，C_2H_4 和 C_2H_6 随温度的上升呈现略微增加趋势，H_2 含量随温度变化基本不变。

两种天然酯绝缘油在 400～700℃中高温过热性故障下都没有产生 C_2H_2，其他六种特征气体按百分比含量可分为两类：一类是主要气体，包括 CO、CO_2 和 C_2H_6；另一类为次要气体，包括 H_2、CH_4、C_2H_4。

（1）主要气体 CO、CO_2、C_2H_6 的产气规律。两种天然酯绝缘油中高温过热性故障主要气体 CO、CO_2、C_2H_6 的含量如图 6－19 所示。

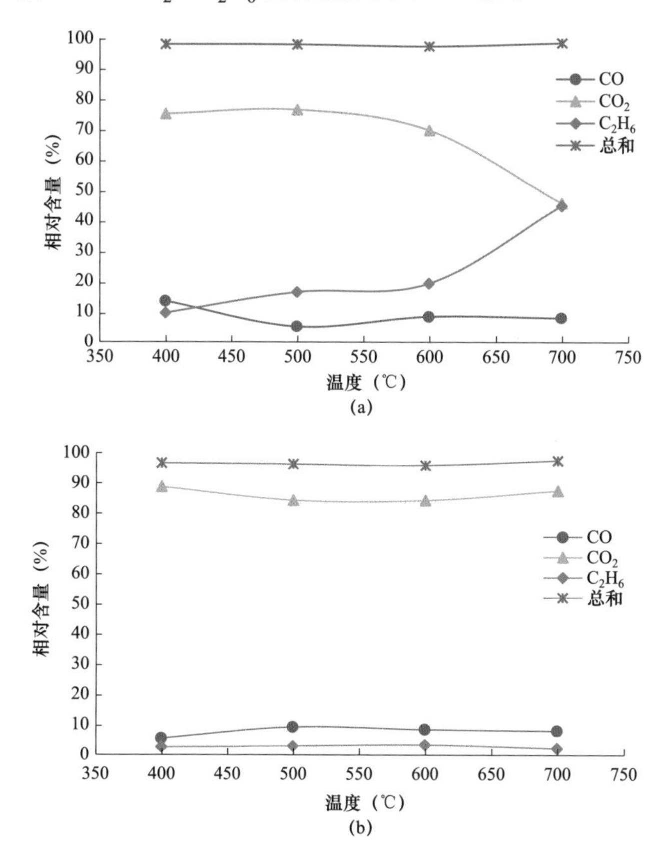

图 6－19 天然酯绝缘油中高温过热性故障主要气体产气趋势图

（a）FR3 天然酯绝缘油；（b）山茶籽绝缘油

由图 6－19 可知，FR3 天然酯绝缘油和山茶籽绝缘油在 400～700℃中高温过热性故障模拟试验中，CO、CO_2、C_2H_6 三种气体的总和均占到 90%以上，为中高温过热性故障特征气体的主要成分。对于 FR3 天然酯绝缘油，CO_2 的含量随温度的上升而减小，C_2H_6 的含量随温度的上升而增大，CO 的含量则随温度变化不明显。对于山茶籽绝缘油，三种气体的含量均随温度变化不明显。

对于 FR3 天然酯绝缘油，三种气体的百分比含量大小关系为 $CO_2>C_2H_6>CO$；对于山茶籽绝缘油，三种气体的百分比含量大小关系为 $CO_2>CO\geqslant C_2H_6$。CO_2 的百分比含量远远大于 CO 和 C_2H_6，是最主要的中高温过热性故障的特征气体。

（2）次要气体 H_2、CH_4、C_2H_4 的产气规律。两种天然酯绝缘油中高温过热性故障次要气体 H_2、CH_4、C_2H_4 的含量如图 6－20 所示。

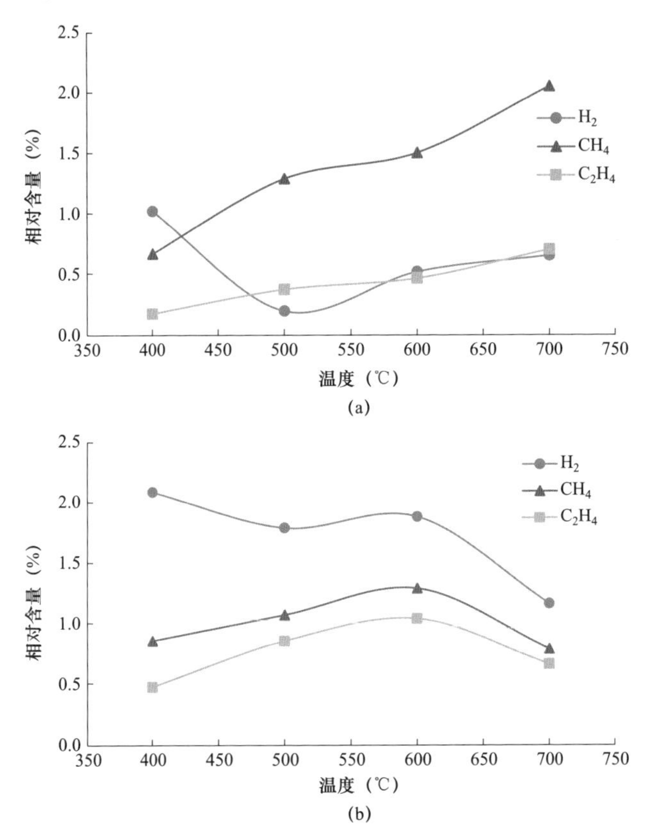

图 6－20　天然酯绝缘油中高温过热性故障次要气体产气趋势图

（a）FR3 天然酯绝缘油；（b）山茶籽绝缘油

由图 6－20 可知，FR3 天然酯绝缘油和山茶籽绝缘油在 400～700℃中高温过热性故障模拟试验中，H_2、CH_4 和 C_2H_4 的气体含量很少，均在 3%以下，为中高温过热性故障特征气体的次要成分。对于 FR3 天然酯绝缘油，在 400～500℃之间，H_2 的含量随温度的上升而减小；在 500～700℃之间，H_2 的含量随温度的上升而略微增加。CH_4 和 C_2H_4 的含量随温度的上升而增加。对于山茶籽绝缘油，

H_2 的含量随温度上升而减小，CH_4 和 C_2H_4 的含量则先随温度上升而增大而后随温度上升而减小，在温度为 600℃时达到峰值。对于 FR3 天然酯绝缘油，三种气体的百分比含量大小关系为 $CH_4>H_2\approx C_2H_4$；对于山茶籽绝缘油，三种气体的百分比含量大小关系为 $H_2>CH_4>C_2H_4$。

综上所述，在中高温过热性故障下，矿物绝缘油中特征气体是 CH_4，天然酯绝缘油中特征气体是 CO_2 和 C_2H_6。此外，FR3 天然酯绝缘油和山茶籽绝缘油在中高温故障下的各故障气体的百分含量比差别也较大。

2. 油纸中高温过热性故障下的产气分析

油纸中高温过热性故障模拟试验中油中溶解气体如表 6－20 所示，与表 6－18 纯油的中高温过热性故障的结果相比，各种过热性故障气体绝对含量变化不大，但 CO，CO_2 气体产量增加较为显著。三种绝缘油油纸中高温过热性故障产气数据如表 6－21 所示。

表 6－20　油纸中高温过热性故障模拟试验中油中溶解气体　μL/L

油类别	温度（℃）	时间（min）	H_2	CH_4	C_2H_4	C_2H_6	C_2H_2	总烃	CO	CO_2
FR3 天然酯绝缘油	400	5	49.00	27.90	11.70	146.00	0.00	185.60	171.50	3536.20
	500	5	72.29	250.09	52.71	312.14	0.00	687.23	1466.57	42 156.56
	600	4	124.36	392.59	90.98	711.47	0.00	1195.04	1590.00	18 497.25
	700	3	104.40	322.50	99.00	715.30	0.00	1136.80	1487.30	21 527.10
山茶籽绝缘油	400	5	154.14	36.76	19.53	146.27	0.00	202.56	200.85	3828.38
	500	5	296.33	60.32	53.31	141.41	0.00	255.04	1763.99	16 543.43
	600	4	377.10	196.55	113.18	276.52	0.00	586.25	3192.46	19 807.89
	700	3	422.41	199.24	140.40	228.45	0.00	568.09	2892.38	22 481.13
矿物绝缘油	400	5	17.30	64.20	36.50	24.30	0.00	125.00	61.80	3160.10
	500	5	39.71	121.52	40.61	22.02	0.00	184.15	480.80	16 453.94
	600	4	64.11	213.03	114.04	43.69	0.00	370.76	1159.68	26 826.53
	700	3	27.10	370.70	138.90	97.61	0.00	607.21	2517.20	43 957.30

表 6－21　三种绝缘油中高温过热性故障下的产气数据　%

油类别	特征气体种类	温度（℃）			
		400	500	600	700
FR3 天然酯绝缘油	H_2	1.24	0.16	0.58	0.43
	CH_4	0.71	0.56	1.83	1.33
	C_2H_4	0.30	0.12	0.43	0.41
	C_2H_6	3.70	0.70	3.32	2.95

续表

油类别	特征气体种类	温度（℃）			
		400	500	600	700
FR3 天然酯绝缘油	C_2H_2	0.00	0.00	0.00	0.00
	CO	4.35	3.31	7.43	6.13
	CO_2	89.70	95.15	86.41	88.75
山茶籽绝缘油	H_2	3.51	1.57	1.57	1.60
	CH_4	0.84	0.32	0.82	0.76
	C_2H_4	0.45	0.28	0.47	0.53
	C_2H_6	3.33	0.75	1.15	0.87
	C_2H_2	0.00	0.00	0.00	0.00
	CO	4.58	9.35	13.32	10.97
	CO_2	87.29	87.73	82.67	85.27
矿物绝缘油	H_2	12.16	17.74	14.74	4.27
	CH_4	45.13	54.28	48.99	58.44
	C_2H_4	25.66	18.14	26.22	21.90
	C_2H_6	17.08	9.84	10.05	15.39
	C_2H_2	0.00	0.00	0.00	0.00

从表 6－20 和表 6－21 中可以看出，矿物油的油纸绝缘在 400～700℃中高温过热性故障下未产生 C_2H_2，其在中高温过热性故障下产生的气体百分比含量大小关系为 $CH_4 > C_2H_4 > H_2 \geqslant C_2H_6$。矿物油油纸绝缘中高温过热性故障产气趋势图如图 6－21 所示。

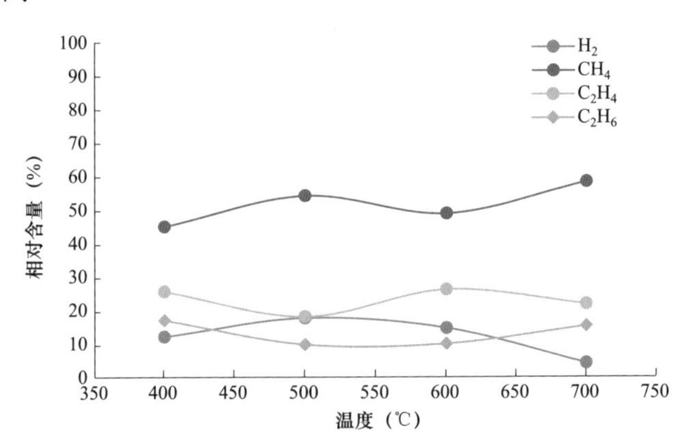

图 6－21　矿物油油纸绝缘中高温过热性故障产气趋势图

由图6－21可知，矿物绝缘油的油纸绝缘在400～700℃时，CH_4百分比含量随温度的升高呈现增大趋势，在400～500℃时，H_2含量随温度上升而增加，C_2H_6含量随温度上升而减小；在500～700℃时，H_2含量随温度上升而减小，C_2H_6含量随温度上升而增加。C_2H_4含量则随温度变化有微弱上下波动。

两种天然酯绝缘油油纸绝缘在400～700℃中高温过热性故障下都没有产生C_2H_2，其他六种特征气体按百分比含量可分为两类：一类是主要气体，包括CO、CO_2和C_2H_6；另一类为次要气体，包括H_2、CH_4、C_2H_4。

（1）主要气体CO、CO_2、C_2H_6的产气规律。两种天然酯绝缘油油纸绝缘中高温过热性故障主要气体CO、CO_2、C_2H_6的含量如图6－22所示。

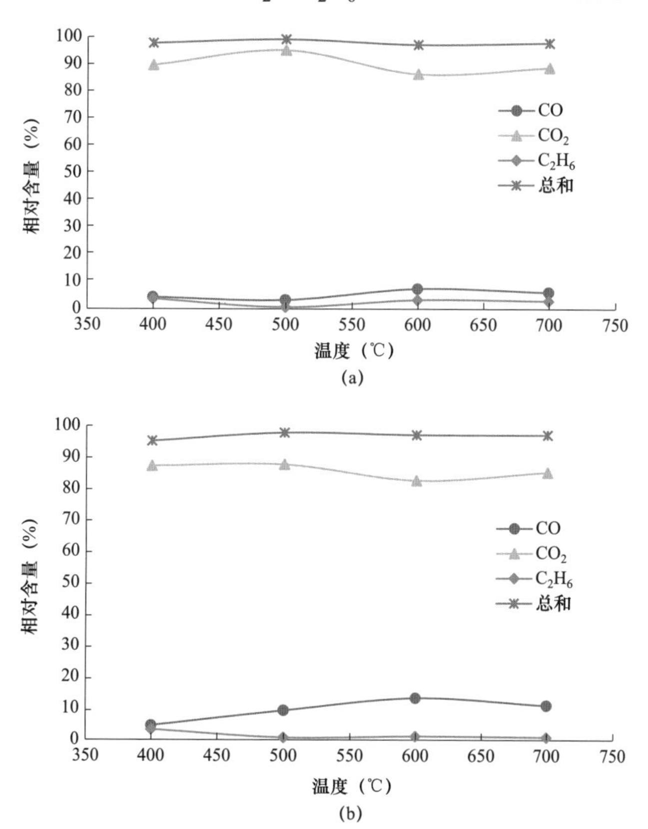

图6－22　天然酯绝缘油油纸绝缘中高温过热性故障主要气体产气趋势图

（a）FR3天然酯绝缘油；（b）山茶籽绝缘油

由图6－22可知，FR3天然酯绝缘油和山茶籽绝缘油籽油纸绝缘在400～700℃中高温过热性故障模拟试验中，CO、CO_2、C_2H_6三种气体总和均占到90%

以上，为中高温过热性故障特征气体的主要成分。其中，对于 FR3 天然酯绝缘油油纸绝缘，CO_2 的含量随温度上升呈现上下波动趋势，在 500℃时达到最大，CO 和 C_2H_6 的含量随温度变化不明显。对于山茶籽绝缘油油纸绝缘，CO 的含量随温度上升而增大，趋势明显，C_2H_6 的含量随温度上升而减小，CO_2 的含量随温度变化不明显。

对于 FR3 天然酯绝缘油油纸绝缘，三种气体的百分比含量大小关系为 $CO_2 > CO \geqslant C_2H_6$；对于山茶籽绝缘油油纸绝缘，三种气体的百分比含量大小关系为 $CO_2 > CO > C_2H_6$。CO_2 的百分比含量远远大于 CO 和 C_2H_6，是最主要的中高温过热性故障的特征气体。

（2）次要气体 H_2、CH_4、C_2H_4 的产气规律。两种天然酯绝缘油油纸绝缘中高温过热性故障次要气体 H_2、CH_4、C_2H_4 的含量如图 6－23 所示。

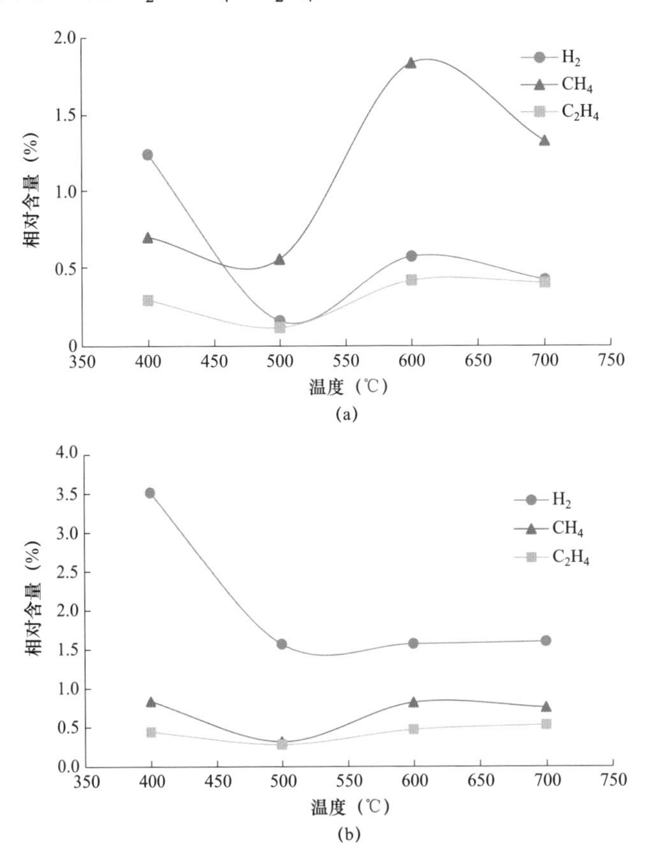

图 6－23　天然酯绝缘油油纸绝缘中高温过热性故障次要气体产气趋势图

（a）FR3 天然酯绝缘油；（b）山茶籽绝缘油

由图 6-23 可知，FR3 天然酯绝缘油和山茶籽绝缘油的油纸绝缘在 400～700℃中高温过热性故障模拟试验中，H_2、CH_4 和 C_2H_4 的气体含量很少，均在 4%以下，为中高温过热性故障特征气体的次要成分。

对于 FR3 天然酯绝缘油油纸绝缘，在 400～500℃之间时，H_2、CH_4 和 C_2H_4 的含量均随温度的上升而减小；在 500～600℃之间时，H_2、CH_4 和 C_2H_4 的含量均随温度的上升而增；在 600～700℃之间时，H_2、CH_4 和 C_2H_4 的含量均随温度的上升而减小。

对于山茶籽绝缘油油纸绝缘，H_2 的含量在 500～600℃时大幅度减小，随后趋于平稳。CH_4 的含量随温度上升呈现上下波动趋势，在 500℃时达到最小，其余温度下含量值趋于稳定。C_2H_4 的含量随温度变化不明显。

对于 FR3 天然酯绝缘油油纸绝缘，三种气体的百分比含量大小关系为 $C_2H_4 > H_2 > CH_4$；对于山茶籽绝缘油油纸绝缘，三种气体的百分比含量大小关系为 $H_2 > CH_4 > C_2H_4$。

综上所述，在油纸中高温过热性故障下，矿物绝缘油油纸绝缘的特征气体是 H_2 和 CH_4，天然酯绝缘油油纸绝缘的特征气体是 CO_2 和 CO，在不同种类的天然酯绝缘油中，故障气体的比例有一定的差异，这可能与两种天然酯绝缘油中甘油三酯种类及其含量的比例有关。

6.2.2.3 天然酯绝缘油过热性故障产气特征分析

为了更进一步研究天然酯绝缘油过热性故障下的产气特性，以 FR3 天然酯绝缘油、精炼大豆绝缘油和甲酯化菜籽绝缘油进行对比试验。三种绝缘油在 200～700℃过热性故障下的产气数据含量如表 6-22 所示。

表 6-22　　三种天然酯绝缘油不同温度的故障下的产气数据　　%

油类别	特征气体种类	温度（℃）					
		200	300	400	500	600	700
FR3 天然酯绝缘油	H_2	0.81	0.30	0.20	0.85	1.16	0.81
	CO	3.50	11.65	11.68	26.21	28.74	21.13
	CO_2	56.34	46.96	46.10	62.89	56.23	68.78
	CH_4	1.14	0.58	1.43	0.75	1.09	0.82
	C_2H_4	0.00	0.43	1.41	3.18	5.19	3.36
	C_2H_6	38.21	40.08	39.18	6.12	7.59	5.10
	C_2H_2	0.00	0.00	0.00	0.00	0.00	0.00
精炼大豆绝缘油	H_2	0.72	0.29	0.19	0.91	1.25	1.00
	CO	3.62	12.05	11.79	25.09	27.72	22.39
	CO_2	48.51	38.70	39.44	62.35	57.34	65.34

续表

油类别	特征气体种类	温度（℃）					
		200	300	400	500	600	700
精炼大豆绝缘油	CH_4	1.45	0.60	1.25	0.68	0.99	0.75
	C_2H_4	0.00	1.18	1.02	3.42	5.42	4.98
	C_2H_6	45.70	47.18	46.31	7.55	7.28	5.54
	C_2H_2	0.00	0.00	0.00	0.00	0.00	0.00
甲酯化菜籽绝缘油	H_2	0.34	0.16	1.09	0.58	0.33	0.29
	CO	30.68	7.03	14.48	11.15	10.58	13.01
	CO_2	8.41	28.36	27.69	43.04	44.18	50.42
	CH_4	0.51	0.81	4.15	2.03	1.94	1.73
	C_2H_4	0.11	0.92	5.07	3.59	4.15	5.22
	C_2H_6	59.95	62.72	47.52	39.61	38.82	29.33
	C_2H_2	0.00	0.00	0.00	0.00	0.00	0.00

从表 6－22 中可以看出，三种绝缘油在 700℃以下过热均没有产生 C_2H_2，其他 6 种特征气体按百分比含量，可分为两类：一类是主要气体，包括 CO、CO_2 和 C_2H_6；另一类为次要气体，包括 H_2、CH_4、C_2H_4。

（1）主要气体 CO、CO_2、C_2H_6 的产气规律。三种天然酯绝缘油过热性故障主要气体 CO、CO_2、C_2H_6 的含量如图 6－24 所示。

从图 6－24 中可以看出以下规律：

1）这三种天然酯绝缘油在 200～700℃的过热性故障模拟实验中，CO、CO_2、C_2H_6 三种气体的总和均占到 90%以上，为过热性故障特征气体的主要成分。其中，CO 和 CO_2 的含量均随着温度的上升而增加，C_2H_6 含量的变化规律则正好相反。

2）对于 FR3 天然酯绝缘油和精炼大豆绝缘油，在 200～400℃时三种气体的百分比含量大小关系为 $CO_2 \approx C_2H_6 > CO$。在 500℃时，C_2H_6 含量大幅下降，而 CO、CO_2 的含量平缓上升。在 500～700℃范围内，三种气体的百分比含量大小关系为 $CO_2 > CO > C_2H_6$。

3）对于甲酯化菜籽绝缘油，C_2H_6 含量在 300℃时开始明显降低。三种气体的百分比含量大小关系，在 500℃之前为 $C_2H_6 > CO_2 > CO$，500℃之后是 $CO_2 > C_2H_6 > CO$。

（2）次要气体 H_2、CH_4、C_2H_4 的产气规律。三种天然酯绝缘油过热性故障次要气体 H_2、CH_4、C_2H_4 的含量如图 6－25 所示。

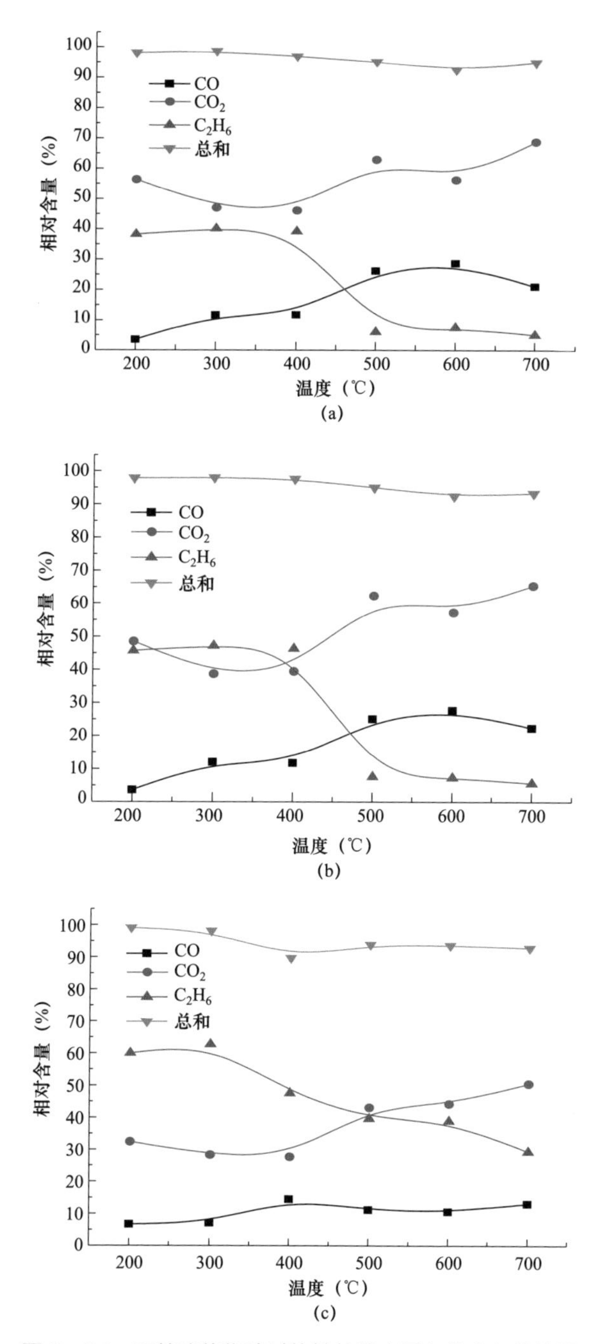

图 6-24　天然酯绝缘油过热性故障主要气体产气趋势图

（a）FR3 天然酯绝缘油；（b）精炼大豆绝缘油；（c）甲酯化菜籽绝缘油

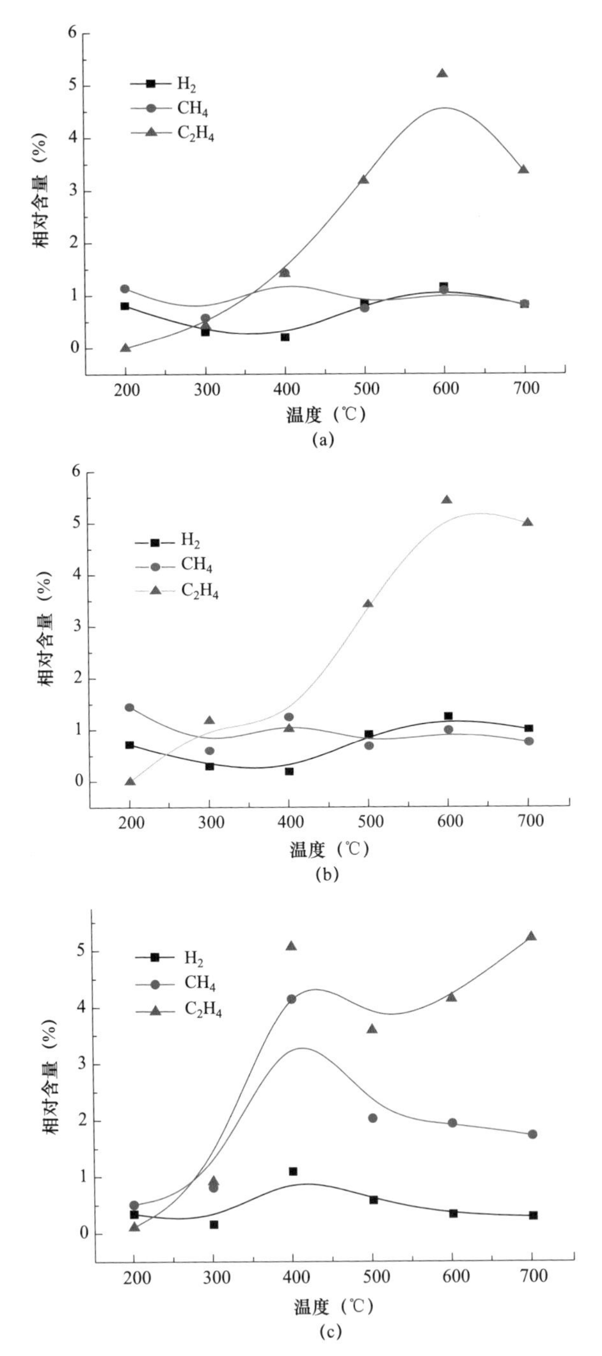

图 6-25 天然酯绝缘油过热性故障次要气体产气趋势图

（a）FR3 天然酯绝缘油；（b）精炼大豆绝缘油；（c）甲酯化菜籽绝缘油

从图6-25中可以看出以下规律：

（1）这三种天然酯绝缘油在200～700℃的过热性故障模拟实验中，H_2、CH_4、C_2H_4三种气体的含量很少，均在6%以下，为过热性故障特征气体的次要成分。其中，C_2H_4的含量随温度的上升而增加，趋势明显。而H_2、CH_4的含量在不同温度下的变化不大。

（2）对于FR3天然酯绝缘油和精炼大豆绝缘油，在400℃之前，三种气体的百分比含量基本相当。400℃后C_2H_4的含量大幅增加，三种气体的百分比含量大小关系为$C_2H_4>CH_4\approx H_2$。

（3）对于甲酯化菜籽绝缘油，C_2H_4的含量从200℃开始就逐渐升高。三种气体百分比含量大小关系为$C_2H_4>CH_4>H_2$。

6.3 典型放电性故障模拟试验

放电性故障是指在变压器等充油电力设备内部，由高电场强度作用而导致的内绝缘性能下降或劣化。产生放电性故障的常见部位有绕组匝间、层间、相间绝缘以及引线断裂处等。电性故障按能量密度分为电弧放电、火花放电、局部放电。

（1）电弧放电。电弧放电在变压器中的任何部位都可能发生，以线圈匝间、层间击穿最为多见，包括局部高能量或短路造成的闪络；绕组的匝间绝缘击穿；低压绕组对地、接头之间、绕组与铁芯之间等的短路；过电压引起的内部绝缘闪络；铁芯的绝缘螺丝、固定铁芯的金属环之间的放电。

（2）火花放电。包括绕组、屏蔽环中的相邻导体间，连线开焊处等，由接触不良形成的不同电位或悬浮电位造成的火花放电或电弧；夹件间、套管与箱壁、线饼内的高压对地放电；绝缘垫块、绝缘结构件胶合处，沿围屏纸板表面或夹层的爬电；油击穿、选择开关的切断电流以及在电场很不均匀或畸变下也可能产生火花放电等。

（3）局部放电。包括受潮的纸、油及空隙等造成的局部放电；金属尖端之间局部放电；冲片棱角或冲片间局部放电等。

放电性故障，尤其是匝间、层间和围屏的局部放电危害严重，在故障潜伏初期难以有效监测到，随着绝缘缺陷逐渐发展扩大，引起变压器油纸绝缘的劣化，最终以突发性事故暴露出来，对输变电设备的安全运行构成极大的威胁。

6.3.1 典型放电性故障模拟试验方法

根据变压器等充油电气设备中典型放电性故障特点，建立典型放电性故障试验模型，搭建故障模拟试验回路，测量天然酯绝缘油在典型放电性故障时油中溶解气体特征。

6.3.1.1 典型放电性故障模拟试验装置

放电性故障模拟试验装置如图 6－26 所示，主要是由模拟放电部分和高压控制部分组成，其中模拟放电部分主要由油杯及电极组成；高压控制部分由任意波形发生器、示波器、高压放大器等组成。任意波形发生器输出波形及电压，经过高压放大器将信号进行放大，并输出在油杯上电极，示波器接在分压电阻上，读取实测数据。升压变压器提供试验电压；保护电阻 R 起限流保护作用；耦合电容器 C_k 的电容值为 2000pF，两端可耐受 50kV 电压，用来耦合放电脉冲电流。

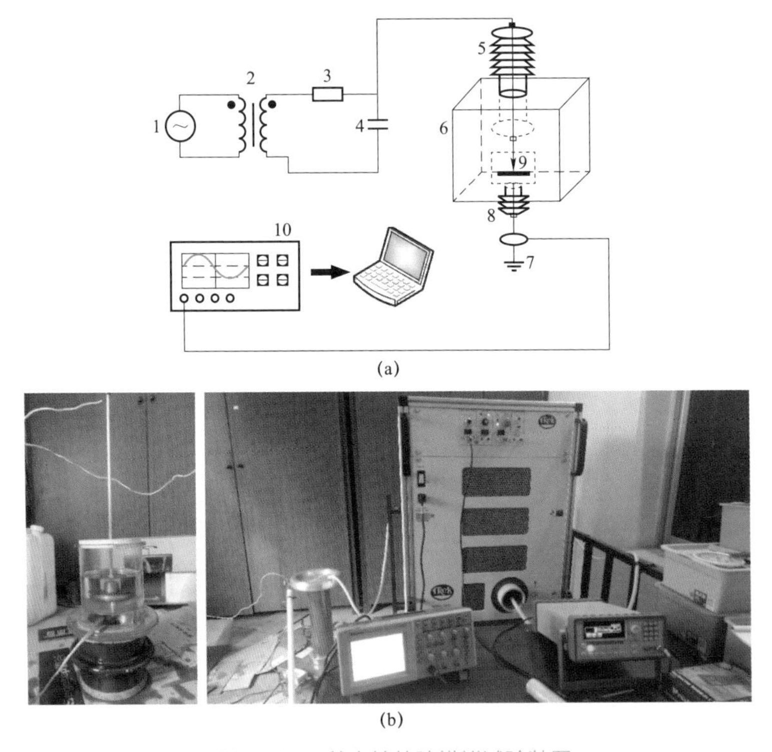

(a)

(b)

图 6－26　放电性故障模拟试验装置

（a）放电性故障模拟试验装置原理图；（b）放电性故障模拟试验装置实物图

1—交流电源；2—升压变压器；3—保护电阻 R；4—耦合电容器 C_k；5—高压套管；6—油箱；7—接地线；8—小套管；9—绝缘缺陷；10—示波器

在进行电故障模拟试验之前，需要对试验材料进行真空干燥处理，以消除水分对放电和局部放电的影响。试验过程中采集油样后，也应将油样密封保存好，防止油样中的气体溢出以及空气中的气体进入导致的检测结果不准确。

6.3.1.2　典型放电模型

在油浸变压器中常见的放电性故障包括火花放电、电弧放电和局部放电。为更好地模拟这三种常见的放电性故障，研究绝缘油在放电性故障下的油中溶解气体特性，设计了火花放电及油纸击穿放电、电弧放电、局部放电三种模型。

（1）火花放电及油纸击穿放电模型。火花及油纸击穿放电模型分为三种：球—板、柱—板和针—板放电，如图 6－27 所示。试验中所用电极均为黄铜材料，电极表面均打磨处理，避免表面尖角毛刺影响电场。

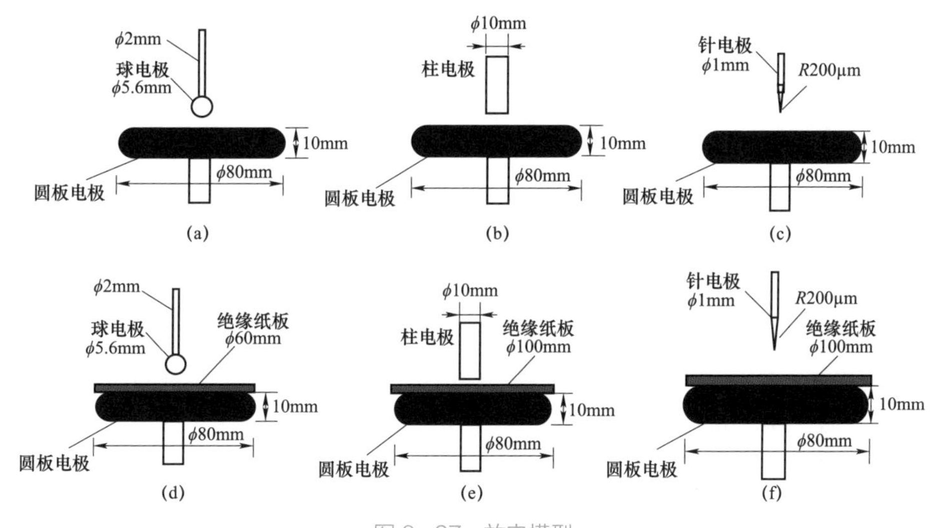

图 6－27　放电模型

（a）纯油球—板电极；（b）纯油柱—板电极；（c）纯油针—板电极；
（d）油纸绝缘球—板电极；（e）油纸绝缘柱—板电极；（f）油纸绝缘针—板电极

（2）电弧放电模型。电弧放电故障是高能放电故障，采用针—板电极模型，如图 6－27（c）所示，通过减小模拟故障试验装置电路中保护电阻大小，并调节针板距离，使之可以在绝缘油击穿情况下产生持续电弧。试验步骤与击穿放电试验相同，将电压从零开始匀速升压至样品击穿，并使之放电 10s 后切断电源，待溶解平衡后，取油样并测量其油中溶解气体含量。

（3）局部放电模型。在变压器中引起局部放电的主要原因有局部位置存在毛刺、尖角，金属部件、导体间接触不良，绝缘纸沿面滑闪放电等，这些放电形式多位于油隙、固体沿面或有悬浮电位的金属导体上。因此，综合考虑局部放电原因及发生位置，设计了三种油浸变压器局部放电模型，分别是油中沿面放电模型、油中悬浮电极放电模型和油中电晕放电模型，如图 6-28 所示。

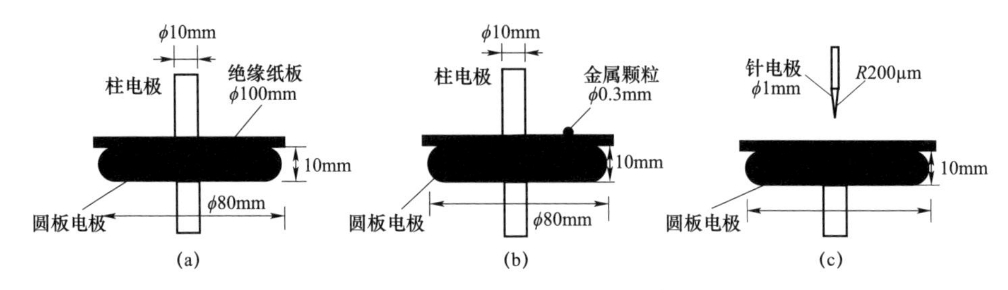

图 6-28　三种典型的绝缘缺陷模型

（a）油中沿面放电模型；（b）油中悬浮电极放电模型；（c）油中电晕放电模型

采用恒压法对三种局部放电模型试品进行试验。试验中，首先缓慢均匀地将电压升到示波器第一次观察到放电脉冲，即局部放电起始电压，然后缓慢升高电压至试验电压并保持稳定至 12h 放电结束，随后取油样并测量其油中溶解气体含量。

6.3.2　典型放电性故障试验结果

6.3.2.1　击穿放电故障

1. 纯油击穿放电故障试验

对矿物绝缘油、FR3 天然酯绝缘油、山茶籽绝缘油进行击穿试验，对油中溶解气体进行色谱分析，击穿故障后油中溶解气体的含量见表 6-23，三种绝缘油不同电极模型击穿故障下的产气数据见表 6-24，击穿故障的产气百分含量图如图 6-29 所示。

表 6-23　击穿故障时绝缘油中溶解气体含量　μL/L

电极模型	油类别	H_2	CO	CO_2	CH_4	C_2H_4	C_2H_6	C_2H_2	总烃
针—板电极	矿物绝缘油	22.62	13.13	524.54	13.12	54.54	7.42	340.95	416.03
	FR3 天然酯绝缘油	10.34	67.3	223.3	1.05	7.34	2.67	39.87	50.93
	山茶籽绝缘油	31.24	55.25	508.09	7.1	25.78	7.01	103.72	143.61
球—板电极	矿物绝缘油	18.95	14.13	520.76	14.71	63.57	8.47	407.80	494.55
	FR3 天然酯绝缘油	23.08	89.61	234.18	4.86	13.03	9.63	97.92	125.44
	山茶籽绝缘油	42.36	47.85	567.28	10.06	35.73	7.31	136.79	189.89
柱—板电极	矿物绝缘油	179.29	16.76	535.52	38.15	90.97	10.80	773.41	913.33
	FR3 天然酯绝缘油	24.24	76.84	301.05	5.33	11.11	5.7	74.15	96.29
	山茶籽绝缘油	86.18	75.13	604.31	9.65	44.43	6.88	176.65	237.61

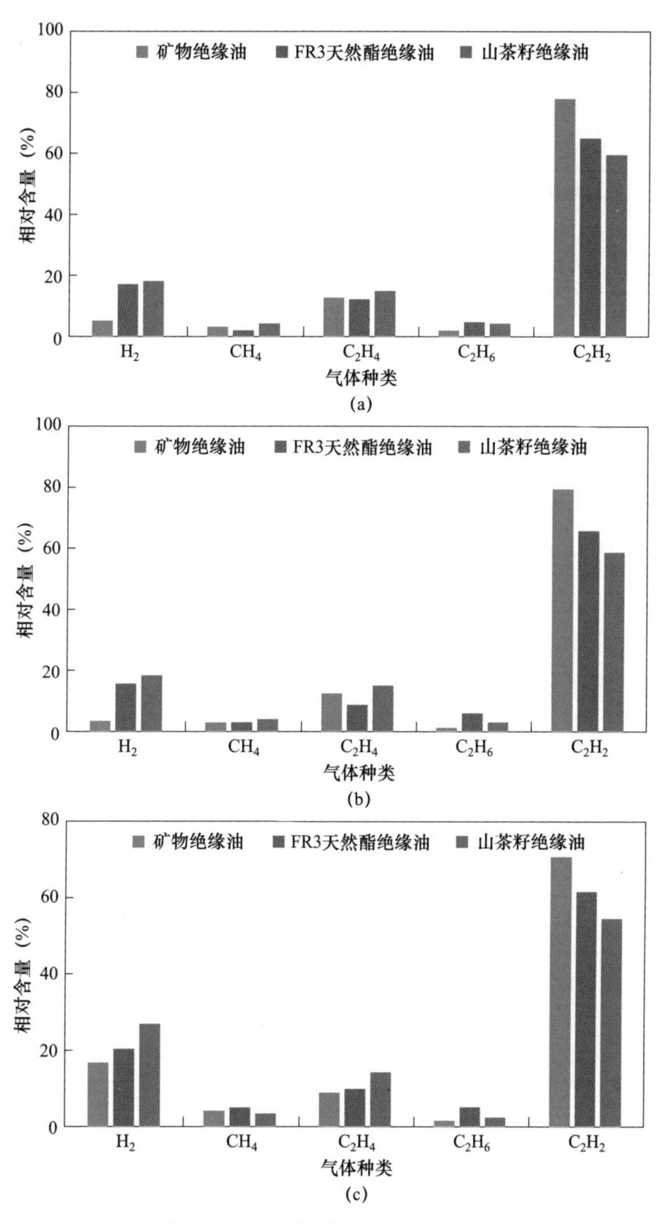

图6-29 击穿故障的产气百分含量图

（a）针—板电极；（b）球—板电极；（c）柱—板电极

表 6－24　三种绝缘油不同电极模型击穿故障下的产气数据　%

电极模型	油类别	H_2	CH_4	C_2H_4	C_2H_6	C_2H_2
针—板电极	矿物绝缘油	5.16	2.99	12.43	1.69	77.73
	FR3 天然酯绝缘油	16.88	1.71	11.98	4.36	65.07
	山茶籽绝缘油	17.87	4.06	14.74	4.01	59.32
球—板电极	矿物绝缘油	3.69	2.86	12.38	1.65	79.42
	FR3 天然酯绝缘油	15.54	3.27	8.77	6.48	65.94
	山茶籽绝缘油	18.24	4.33	15.38	3.15	58.90
柱—板电极	矿物绝缘油	16.41	3.49	8.33	0.99	70.78
	FR3 天然酯绝缘油	20.11	4.42	9.22	4.73	61.52
	山茶籽绝缘油	26.62	2.98	13.72	2.12	54.56

由表 6－23 和表 6－24 可知，矿物绝缘油的 CH_4、C_2H_2 和 C_2H_4 产气量均高于天然酯绝缘油，而天然酯绝缘油的 CO 产气量远高于矿物绝缘油。天然酯绝缘油的主要特征气体是 CO_2、CO 和 C_2H_2，矿物绝缘油的主要特征气体是 CO_2、C_2H_4 和 C_2H_2。

由图 6－29 可知，三种电极模型的击穿故障试验下，产气的相对含量具有相似的趋势，C_2H_2 的百分含量远高于其余几种特征气体，其中，矿物绝缘油的 C_2H_2 的百分含量依然高于 FR3 天然酯绝缘油和山茶籽绝缘油。两种天然酯绝缘油的 H_2 的百分含量则均高于矿物绝缘油。三者的 CH_4、C_2H_4 和 C_2H_6 的百分含量则差异不大。

2. 油纸绝缘电击穿故障试验

实际中电力变压器等充油电气设备中绝缘介质并不是单一介质，常用的是油纸绝缘结构。因此，对 FR3 天然酯绝缘油及油纸绝缘进行故障模拟试验，对经过击穿试验后油中溶解气体进行色谱分析，试验结果见表 6－25。

表 6－25　击穿故障时天然酯绝缘油中溶解气体　μL/L

试样编号	H_2	CO	CO_2	CH_4	C_2H_6	C_2H_4	C_2H_2	总烃
V1S1T1	25.3	58.0	155.6	12.5	2.5	1.3	2.5	18.8
V1S1T2	38.9	86.0	268.5	11.3	3.1	1.908	3.7	19.1
V1S1T3	181.3	87.0	389.4	14.9	2.9	2.1	5.0	24.9
V1S2T1	645.4	187.0	1515.8	45.4	5.7	2.4	0.9	54.4
V1S2T2	874.6	298.0	3480.5	61.8	19.3	5.9	3.1	90.1
V1S2T3	1123.8	487.0	5670.2	167.3	30.2	9.1	6.3	212.9

续表

试样编号	H_2	CO	CO_2	CH_4	C_2H_6	C_2H_4	C_2H_2	总烃
V1S3T1	158.2	192.3	1984.0	8.2	0.5	6.3	2.5	17.4
V1S3T2	294.3	240.0	2408.6	15.4	4.6	7.7	6.3	32.6
V1S3T3	487.5	277.3	3079.5	9.8	5.6	8.0	8.1	25.5
V1S4T1	315.2	257.4	769.8	68.3	16.3	2.4	2.9	89.9
V1S4T2	339.4	330.2	894.3	84.3	9.5	2.7	4.8	99.5
V1S4T3	357.1	397.1	1876.3	154.1	18.3	4.0	7.2	183.6
V1S5T1	897.5	456.3	4730.0	73.0	28.2	14.1	12.1	127.4
V1S5T2	1540.2	566.0	6978.4	103.8	46.2	28.7	14.5	193.4
V1S5T3	1873.4	730.1	10 745.0	123.6	59.3	43.2	17.2	243.4
V2S1T1	39.5	57.0	253.2	10.2	2.1	0.9	3.2	16.4
V2S1T2	69.5	104.2	372.9	10.5	2.5	1.2	4.6	18.5
V2S1T3	201.4	111.2	491.8	14.8	2.1	1.75	9.8	19.7
V2S2T1	627.9	194.0	1448.8	34.1	2.1	1.57	5.3	43.8
V2S2T2	743.9	251.6	2571.0	58.2	4.8	2.01	7.9	72.9
V2S2T3	958.1	504.3	4956.3	90.0	27.3	2.3	10.8	121.5
V2S3T1	188.2	123.5	1475.3	18.4	5.0	6.0	6.4	35.8
V2S3T2	236.3	165.9	1908.8	25.6	4.7	6.9	8.7	45.9
V2S3T3	500.6	299.2	2671.5	29.5	5.7	7.8	13.6	46.6
V2S4T1	284.3	269.5	845.0	76.5	7.6	3.0	5.9	93.0
V2S4T2	393.0	348.2	1540.3	142.0	8.5	4.1	11.6	166.2
V2S4T3	489.2	387.3	1684.3	94.6	9.1	2.6	15.4	122.2
V2S5T1	1124.4	512.6	5142.1	84.0	31.2	21.0	8.9	146.2
V2S5T2	1357.2	698.8	6713.5	93.7	42.4	30.5	12.5	179.1
V2S5T3	1978.8	743.3	7942.9	115.0	50.2	17.4	13.3	192.6

注 1. 试样编号中 V1 表示在电极距离为 2.5mm 的针一板电极下的试验；V2 表示在电极距离为 3mm 的柱一板电极下；Sl～S5 表示 1～5 个样本；T1～T3 表示击穿试验次数 1～3。
2. 样本中绝缘纸均为 O.5mm 厚、直径为 120mm 的圆形平展普通绝缘纸。

对于油纸绝缘，无论是矿物绝缘油还是天然酯绝缘油，绝缘油中均产生较多的 CO、CO_2 气体，这主要是在高电场能量作用下，纤维素中 C—O 键迅速断裂，产生较多的 O_2，在高温下 O_2 与纤维素中的 C 反应产生较多的 CO、CO_2 气体。此外，矿物绝缘油比天然酯绝缘油产生更多的 C_2H_2 气体，但矿物绝缘油中的 CO_2 含量随击穿次数的增加变化不明显，天然酯绝缘油中溶解 CO_2 的浓度随击穿次数增加有明显增加。

6.3.2.2 火花放电故障

试验采用针—板电极，针电极曲率半径 r=3μm，绝缘纸的厚度为0.5、1mm两种，表6－26为两种放电模型在不同电压下的放电数据。

表6－26　放电模型的放电数据

放电模型	电极间距2.5cm 针—板纯油	电极间距2.5cm 针—板油纸（0.5mm）	电极间距2.5cm 柱—板油纸（1mm）
放电量（pC）	4.5×10^4	5.9×10^4	5.8×10^4
试验电压（kV）	25	30	30

各放电模型下测量3组平行试验数据，试验结果见表6－27和表6－28所示。

表6－27　天然酯绝缘油火花放电模型时油中溶解气体　μL/L

试样		H_2	CO	CO_2	CH_4	C_2H_6	C_2H_4	C_2H_2	总烃
2.5cm针—板纯油	1	197	65	1457	9.8	2.1	2.9	0	14.8
	2	214	53	1524	7.4	3.4	3.8	0	14.6
	3	182	76	1832	10.3	6.4	4.7	0	21.4
2.5cm针—板油纸（0.5mm纸板）	1	338	156	2534	22.0	4.2	2.0	0.4	28.6
	2	305	198	2438	31.0	5.8	2.6	0.6	40.0
	3	321	177	2396	25.0	3.6	2.3	0.5	31.4
2.5cm柱—板油纸（1mm纸板）	1	198	265	2704	21.2	3.2	3.6	0.7	28.7
	2	214	248	2916	24.5	2.6	4.5	0.6	32.2
	3	178	239	2879	19.3	2.4	3.5	0.9	26.21

表6－28　天然酯绝缘油火花放电模型下的产气数据　%

试样		H_2	CH_4	C_2H_6	C_2H_4	C_2H_2
2.5cm针—板纯油	1	93.01	4.63	0.99	1.37	0.00
	2	93.61	3.24	1.49	1.66	0.00
	3	89.48	5.06	3.15	2.31	0.00
2.5cm针—板油纸（0.5mm纸板）	1	92.19	6.00	1.15	0.55	0.11
	2	88.41	8.99	1.68	0.75	0.17
	3	91.10	7.09	1.02	0.65	0.14
2.5cm柱—板油纸（1mm纸板）	1	87.34	9.35	1.41	1.59	0.31
	2	86.92	9.95	1.06	1.83	0.24
	3	87.21	9.46	1.18	1.71	0.44

注　表中数据为除去CO、CO_2气体之后各种故障气体的百分比含量。

火花放电能使绝缘油分解，产气量大。当放电点附近有气体产生时，溶解平衡就被破坏，产生气泡后放电将转变为油中气泡放电，使放电激化以致最终造成绝缘的完全破坏，即击穿。从表6-27和表6-28中可以看出，放电时主要特征气体为CO_2、H_2、CO，总烃含量不高；当油中浸有绝缘纸时有少量C_2H_2产生。

图6-30表示的是除去CO、CO_2气体之后各种故障气体的百分含量，图中分别表示的是纯油放电时三种模型：球—板电极，针—板电极和柱—板电极。从图6-30中可以看出，在模拟纯油放电故障时，C_2H_2气体的相对含量在两种油中均是最高的，其次是H_2，CH_4和C_2H_6气体的百分含量非常低。

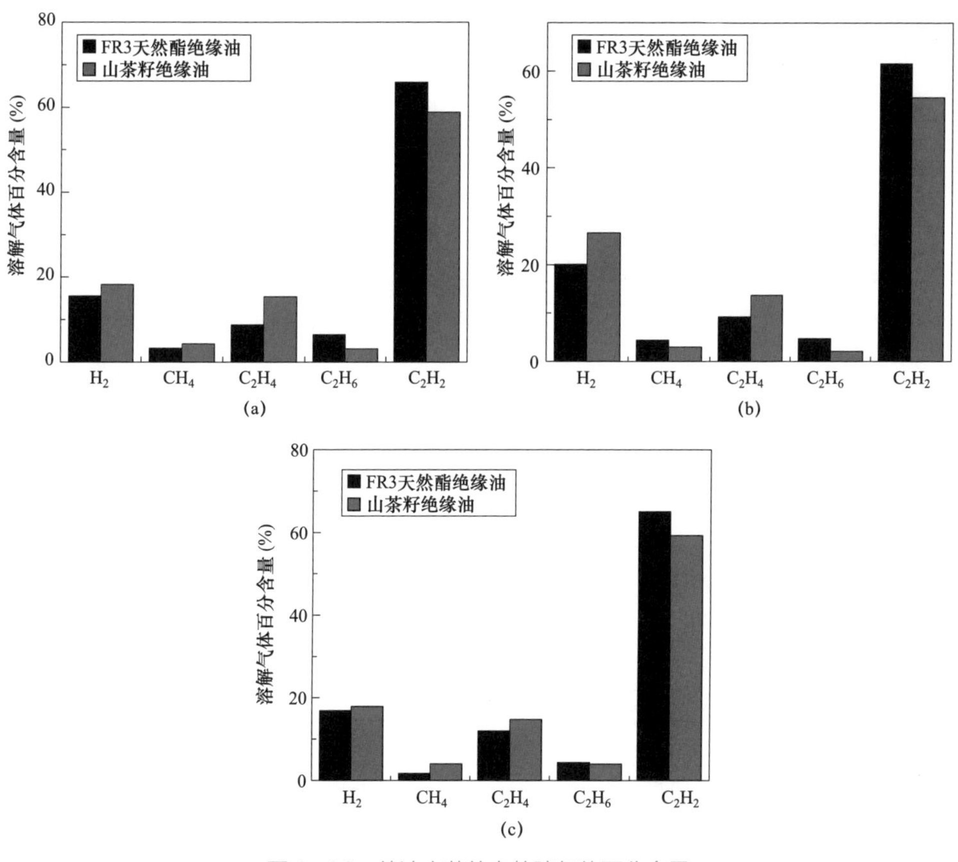

图6-30 纯油火花放电故障气体百分含量

（a）球—板；（b）柱—板；（c）针—板

在相同放电模型情况下，天然酯绝缘油和矿物绝缘油的绝对产气量相差不大。研究表明，绝缘油在高能电故障下容易产生C_2H_2气体：当绝缘油受到能量比较高的电场作用时，键能相对较低的C—H或者C—C键会先断裂，游离出H原子和CH_3原子，并形成游离基，这些游离基经过一系列的反应最终会产生H_2和C_2H_2气体。

因此，C_2H_2 和 H_2 可以当作天然酯绝缘油火花放电故障时的特征气体。

6.3.2.3 电弧放电故障

电弧放电以电力变压器线圈匝间、层间击穿为多见，其次是引线断裂、对地闪络、分接开关飞弧等故障形式，其特点是产气急剧、产气量大，尤其是匝间、层间绝缘故障，因无先兆现象，一般难以预测。

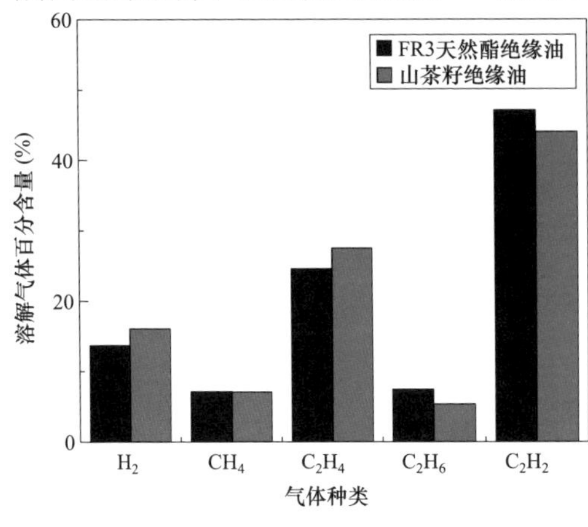

图 6-31 电弧放电气体百分含量

从图 6-31 中可以发现在发生电弧放电故障时，两种绝缘油中的 C_2H_2 气体的百分含量都很高，其次是 C_2H_4 和 H_2 气体。天然酯绝缘油中的 C_2H_6 的含量较高，这是因为电弧放电属于高能放电，天然酯绝缘油在高密度电场能量下分解出 $CH_2=CH_2$，并与油中游离的 H 结合产生较多的 C_2H_6 气体。

对于局部放电、火花放电、击穿放电和电弧放电来说，随着放电能量的不断提高，特征气体总含量相应增加。电弧放电过程产生的七种特征气体产物含量均高于局部放电、火花放电和击穿放电，主要是由于电弧放电过程放电能量很高，绝缘油在电应力和热应力持续作用下分解产生了大量气体。

电弧放电故障下 CO 和 CO_2 含量见表 6-29，CO 和 CO_2 气体的产量都很高，并且与纯油击穿放电相比，CO_2 有了大幅度提高，造成这样的原因是绝缘油中的 C—C 键的键能很低，在强电场下会首先断裂并于油中的 O_2 反应产生大量的 CO_2。

表 6-29 电弧放电故障下 CO 和 CO_2 含量 μL/L

模型	油类别	CO	CO_2
针一板	FR3 天然酯绝缘油	110.36	720.58
	山茶籽绝缘油	86.57	790.83

6.3.2.4 局部放电故障

变压器内部放生局部放电时，油中气体组分含量随放电能量密度的不同存在较大差异。局部放电属于低能量放电故障，试验中对放电模型进行的放电量校正。试验采用针一板电极，针电极曲率半径 $r=3\mu m$，绝缘纸的厚度为 0.5mm，天然酯绝缘油 48h 局部放电模型时油中溶解气体见表 6-30。

表6-30 天然酯绝缘油48h局部放电模型时油中溶解气体 μL/L

试样	H_2	CO	CO_2	CH_4	C_2H_6	C_2H_4	C_2H_2	总烃
0.7mm针一板纯油	204	85	984	8.2	2.5	2.6	0	13.3
0.7mm针一板油纸（0.5mm纸板）	512	324	1323	19.6	4.3	2.3	0.28	26.68

从表6-30可以看出，局部放电时天然酯绝缘油中主要特征气体为CO_2、H_2、CO，总烃含量不高；当油中浸有绝缘纸时有C_2H_2产生，但与击穿放电相比，在局部放电中C_2H_2含量非常小。当为油纸绝缘时，H_2的含量比同条件纯油试验下的含量要高。三种放电模型中故障气体的百分含量见图6-32。

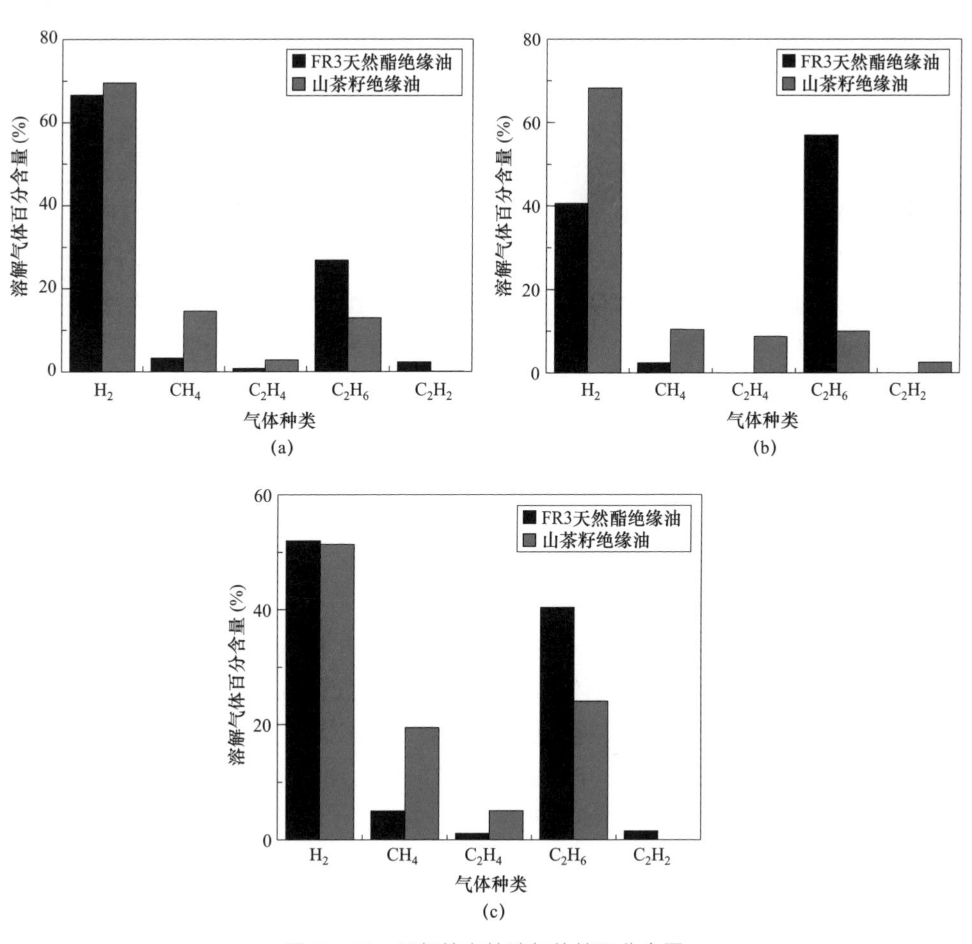

图6-32 局部放电故障气体的百分含量

（a）悬浮放电；（b）沿面放电；（c）电晕放电

从图 6－32 可以看出，产生的 H_2 的含量较多，而烃类气体的含量较少，这是因为局部放电的能量较低，难以击穿油中的 C—H 和 C—C 键。在烃类气体产物中，CH_4 和 C_2H_6 较多，在各放电模型下的局部放电过程中 CH_4 和 C_2H_6 百分含量均高于 C_2H_4。此外，试验过程中产生了很少量的 C_2H_2，说明该局部放电提供的能量达到了生成 C_2H_2 所需的能量。

通过模拟天然酯绝缘油变压器在典型放电性故障时油中溶解气体测试分析可知：

（1）天然酯绝缘油在击穿放电时，主要产生 CO_2、CO 和 C_2H_2；当为油纸绝缘时，无论是矿物绝缘油还是天然酯绝缘油，绝缘油中均产生较多的 CO、CO_2 气体，矿物绝缘油比天然酯绝缘油产生更多的 C_2H_2 气体，但矿物绝缘油中的 CO_2 含量随击穿次数的增加变化不明显，天然酯绝缘油中溶解 CO_2 的浓度随击穿次数增加有明显增加。在电击穿故障下，天然酯绝缘油的特征气体是 C_2H_2。

（2）在火花放电和局部放电故障时，天然酯绝缘油产生的气体种类比矿物绝缘油多。火花放电故障时，天然酯绝缘油主要产生 CO_2、CO 和 H_2，当为油纸绝缘时除 CO_2、CO 和 H_2 外，还有 C_2H_2 产生；当放电量在 2×10^4pC 以下时，放电表现为低能局部放电，此时油中 H_2 浓度随电压作用时间增加而增大，且纯油的 H_2 含量要比油纸绝缘低。除 CO 和 CO_2 外，山茶籽绝缘油局部放电时主要特征气体是 H_2 和 CH_4，FR3 天然酯绝缘油局部放电时主要特征气体是 H_2 和 C_2H_6。

6.4 天然酯绝缘油变压器油中溶解气体分析故障诊断

6.4.1 油中溶解气体检测分析流程

天然酯绝缘油变压器油中溶解气体检测流程如下：

（1）从油中脱出溶解气体，并对气体组分含量检测的方法遵循 GB/T 17623—2017《绝缘油中溶解气体组分含量的气相色谱测定法》的有关规定进行。

（2）气体检测分析之前应当采取以下气体检测流程：

1）取样和处理。根据 GB/T 7597—2007《电力用油（变压器油、汽轮机油）取样方法》严格执行取样和脱气处理，确保样品具有代表性。

2）重复样本分析。根据特征气体典型值，重复检测超过注意值的气体含量，提早识别故障，降低损失。

3）结果诊断。应根据产气含量的绝对值、平均产气增长速率以及设备的运行状况、结构特点、外部环境等因素进行综合判断设备是否存在故障以及故障的严重程度。

4）建议措施。缩短监测周期，增加监控；根据负载变化情况、运行条件及故障判断结果确定是否停运变压器。

当运行变压器绝缘液体中溶解气体含量突然增加，则怀疑出现有效故障，可燃气体生成率正在增加则表明该问题日益严重。因此，建议缩短采样检测周期或采取电气测试、变压器内部检查等处理措施。

典型的天然酯绝缘油油中溶解气体分析诊断流程见图 6－33。

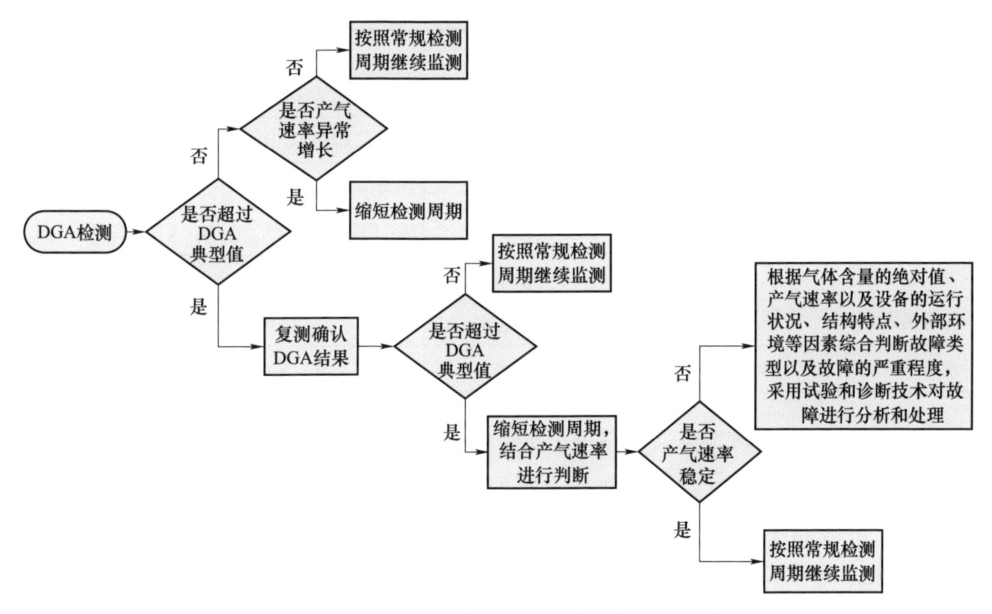

图 6－33　典型的天然酯绝缘油油中溶解气体分析诊断流程

6.4.2　油中溶解气体故障诊断技术

1. 故障特征气体判断

通过开展模拟矿物绝缘油、FR3 天然酯绝缘油和山茶籽绝缘油变压器热故障的试验，结果表明：除 CO 和 CO_2 外，矿物绝缘油在过热性故障下，主要特征气体是 CH_4 和 C_2H_4；FR3 天然酯绝缘油主要特征气体是 C_2H_6；山茶籽绝缘油主要特征气体是 C_2H_6 和 H_2；在过热性故障下，H_2 百分含量随温度升高呈减少趋势；油纸绝缘下 CO、CO_2 含量比纯油时高。

通过开展模拟矿物绝缘油、FR3 天然酯绝缘油和山茶籽绝缘油变压器放电性故障的试验，结果表明：除 CO 和 CO_2 外，矿物绝缘油和山茶籽绝缘油局部放电

时主要特征气体是 H_2 和 CH_4，FR3 天然酯绝缘油局部放电时主要特征气体是 H_2 和 C_2H_6；击穿放电时三种绝缘油的主要特征气体是 C_2H_2；电弧放电时矿物绝缘油主要特征气体是 C_2H_2 和 H_2，而两种天然酯绝缘油的特征气体是 C_2H_2，C_2H_4；随着放电能量的提高，特征气体含量呈增加趋势；油纸绝缘下各种特征气体含量均比纯油时高。FR3 天然酯绝缘油和山茶籽绝缘油在不同故障类型下的特征气体见表 6－31。

表 6－31　　天然酯绝缘油在不同故障类型下的气体组分

故障类型	主要气体		次要气体	
	FR3 天然酯绝缘油	山茶籽绝缘油	FR3 天然酯绝缘油	山茶籽绝缘油
纯油过热	C_2H_6	C_2H_6，H_2	H_2，CH_4，C_2H_4	CH_4，C_2H_4
油纸过热	C_2H_6	C_2H_6，H_2	H_2，CH_4，C_2H_4	CH_4，C_2H_4
纯油击穿放电	C_2H_2	C_2H_2	H_2，CH_4，C_2H_4，C_2H_6	H_2，CH_4，C_2H_4，C_2H_6
油纸击穿放电	C_2H_2	C_2H_2，H_2	H_2，CH_4，C_2H_4，C_2H_6	CH_4，C_2H_4，C_2H_6
电弧放电	C_2H_2，C_2H_4	C_2H_2，C_2H_4	CH_4，H_2，C_2H_6	CH_4，H_2，C_2H_6
油纸局部放电	H_2，C_2H_6	H_2，CH_4	CH_4，C_2H_4，C_2H_2	C_2H_6，C_2H_4，C_2H_2

此外，IEEE C57.155—2014《天然酯和合成酯油浸变压器油中溶解气体分析导则》给出了运行变压器天然酯油中溶解气体典型值，该典型值是根据一些实验室、产品供应商和用户提供的运行变压器中天然酯绝缘油中溶解气体数据库统计分析而来，可作为天然酯变压器投运前、运行中油中溶解气体分析参考，运行中天然酯变压器特征气体典型值见表 6－32。

表 6－32　　运行中天然酯变压器特征气体典型值　　μL/L

油类别	样本数量	H_2	CH_4	C_2H_6	C_2H_4	C_2H_2	CO
大豆基天然酯绝缘油	4378	112	20	232	18	1	161
高油酸葵花基天然酯绝缘油	476	35	25	58	16	0.1	497

2. 特征气体增长率

当检测到高浓度特征气体时，可能无法知道气体是突然产生、间断产生或在一段时间内缓慢产生。为了识别故障的性质和严重程度，应在合适的时间间隔内收集多个 DGA 样品，以确定特征气体是间断生成、稳定生成或者快速生成。

气体的增长率（产气速率）采用以下列两种方式计算：

（1）绝对产气速率。即每运行日产生某种气体的平均值，按式（6-42）计算

$$\gamma_a = \frac{C_{i,2} - C_{i,1}}{\Delta t} \times \frac{m}{\rho} \tag{6-42}$$

式中　γ_a——绝对产气速率，mL/天；

$C_{i,2}$——第二次取样测得油中某气体浓度，μL/L；

$C_{i,1}$——第一次取样测得油中某气体浓度，μL/L；

Δt——两次取样时间间隔的实际运行时间，天；

m——设备总油量，t；

ρ——油的密度，t/m^3。

（2）相对产气速率。即每运行月（或折算到月）某种气体浓度增加值相对于原有值的百分数，按式（6-43）计算

$$\gamma_r = \frac{C_{i,2} - C_{i,1}}{C_{i,1}} \times \frac{1}{\Delta t} \times 100\% \tag{6-43}$$

式中　γ_r——相对产气速率，%/月；

$C_{i,2}$——第二次取样测得油中某气体浓度，μL/L；

$C_{i,1}$——第一次取样测得油中某气体浓度，μL/L；

Δt——两次取样时间间隔的实际运行时间，月。

通过对相似取样周期内的产气速率进行比对来判断气体生成的快慢程度。若产气是间断的，则并不适合利用产气速率判断故障。对气体含量有缓慢增长趋势的天然酯绝缘油变压器，可使用在线DGA监测装置随时监视天然酯绝缘油变压器的气体增长情况。

3. 特征气体典型值和产气速率应用原则

（1）特征气体典型值不是划分设备内部有无故障的唯一判断依据，当气体含量超过典型值时，应缩短检测周期，结合产气速率进行判断。若气体含量超过典型值且长期稳定，可在超过典型值的情况下运行。此外，气体含量低于典型值，但产气速率异常增长，也应缩短检测周期。

（2）当产气速率突然增长或故障性质发生变化时，须视情况采取必要措施。

（3）影响油中H_2含量的因素较多，若仅H_2含量超过典型值，但无明显增长趋势，也可判断为正常。

（4）注意区别非故障情况下的气体来源，尤其是C_2H_6。

第7章　天然酯绝缘油变压器防火性能

7.1　天然酯绝缘油防火性能

燃烧的三要素为燃料、氧气和温度，只要有一个要素不满足，燃烧就不可能发生。在正常情况下，油浸式变压器内部的绝缘油及其他绝缘材料与氧气隔绝，且变压器正常运行时温度一般低于105℃，所以不会燃烧。如果因变压器外部原因造成长时间短路，绕组温度可能上升至数千摄氏度。即使这样，由于没有氧气，变压器内部的绝缘油也不会燃烧。变压器燃烧主要是由变压器内部喷出的高温绝缘油在空气中遇到氧气而燃烧，所以从燃烧和防火角度看，油浸式变压器的燃烧主要是变压器中绝缘油的燃烧。

天然酯绝缘油变压器与矿物绝缘油变压器相比，最大的区别就是将变压器内部矿物绝缘油换成天然酯绝缘油，在绝缘纸、绝缘纸板等绝缘材料相同的条件下，变压器防火性差异主要是由绝缘油的防火性能决定。因此，首先需要对天然酯绝缘油的防火性能进行试验验证，再开展天然酯绝缘油变压器整体的防火性能研究。

通过对天然酯绝缘油的闪点和燃点、爆炸极限、沸点、饱和蒸汽气压、金属热表面、燃烧盘等性能测试，并与矿物绝缘油性能参数对比，得到天然酯绝缘油及天然酯绝缘油变压器的防火性能，对天然酯绝缘油变压器的应用范围（场所）提供科学参考。

7.1.1　天然酯绝缘油闪点、燃点

闪点是指在规定的试验条件下，液体挥发的蒸气与空气形成的混合物，遇引火源能够闪燃的液体最低温度。闪燃是指液体表面产生足够的蒸气与空气混合形

成可燃性气体时，遇火源产生短暂的火光，发生一闪即灭的现象，闪燃的最低温度即为闪点。闪点是用来评价可燃性液体储存、运输和使用是否安全的一个重要指标，同时也是可燃性液体的挥发性指标。

燃点又称着火点，是指在规定的试验条件下，可燃性液体表面的蒸气和空气混合物与火接触而发生火灾，且能持续燃烧不少于 5s 的液体最低温度。燃点用来表征可燃液体表面持续燃烧的最低温度。

根据 GB/T 3536—2008《石油产品闪点和燃点的测定　克利夫兰开口杯法》进行天然酯绝缘油的闪点、燃点试验。采用 SYD—3536 克利夫兰开口闪点测试仪、温度计、秒表、液化石油气、点火棒等对天然酯绝缘油样品和矿物绝缘油样品进行绝缘油的闪点和燃点测试，如图 7–1 所示。

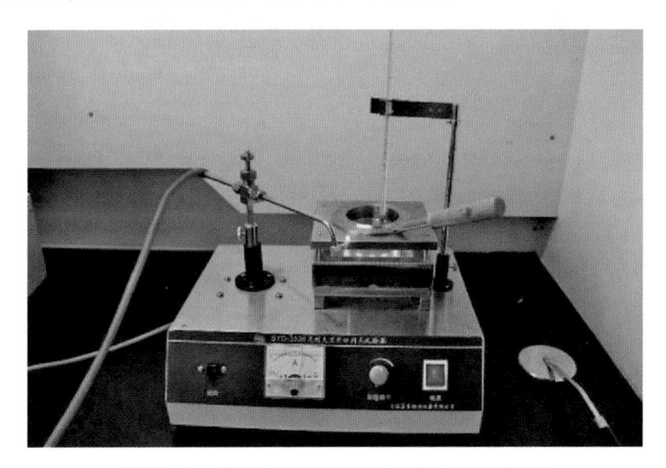

图 7–1　绝缘油克利夫兰开口闪点试验装置

通过试验测定的天然酯绝缘油样品开口杯闪点为 318℃、燃点为 334℃，矿物绝缘油样品开口杯闪点为 150℃、燃点为 168℃。天然酯绝缘油的闪点、燃点约为矿物绝缘油的两倍，在同样的温度、氧气条件下，天然酯绝缘油相对矿物绝缘油更难燃。

7.1.2　天然酯绝缘油爆炸极限特性

可燃物质与空气（或氧气）在一定的浓度范围内均匀混合，遇到火源会发生爆炸，这个浓度范围称为爆炸极限。爆炸极限用来表征可燃物质发生爆炸的浓度范围。

绝缘油爆炸极性测定方法按照 GB/T 12474—2008《空气中可燃气体爆炸极限测定方法》，将天然酯绝缘油样品加热至 50℃，测量 5min 内所挥发出来的气体量占实验反应管体积的比例，点火后看该气体混合物是否发生燃爆现象。

对天然酯绝缘油样品、矿物绝缘油样品进行可燃气体爆炸极限测定，试验装置如图 7-2 所示。

图 7-2　可燃气体爆炸极限试验装置

试验结果为天然酯绝缘油样品挥发的气体量占实验反应管体积的比例为 0.3%，该浓度下不燃不爆；矿物绝缘油样品挥发的气体量占实验反应管体积的比例为 0.7%，该浓度下不燃不爆。即相同温度和时间下，天然酯绝缘油的蒸汽挥发量不到矿物绝缘油的一半，说明天然酯绝缘油具有蒸汽挥发危险性小的优点。

7.1.3　天然酯绝缘油沸点

沸点是指液体的饱和蒸汽气压与外界压强相等时的温度，即液体沸腾时的温度。在火灾状态下，沸点越低的物质越容易迅速形成过大的蒸汽气压而导致容器破裂，造成池漏和扩散，使得火灾事故进一步扩大。

按照 GB/T 616—2006《化学试剂沸点测定通用方法》规定的测定方法对天然酯绝缘油样品、矿物绝缘油样品进行沸点测试，测得天然酯绝缘油样品沸点为 376.3℃、矿物绝缘油样品沸点为 284.6℃，天然酯绝缘油的沸点比矿物绝缘油的沸点约高 100℃，更不容易挥发，发生火灾时安全性更高。

7.1.4　天然酯绝缘油饱和蒸汽气压

饱和蒸汽气压是指在一密封容器中，液体之上为真空，当液体汽化的速率与其产生的气体液化成液体的速率相同时的蒸汽气压。饱和蒸汽气压用来表征液体物质在该温度下挥发性的难易程度，取决于物质的本性和温度。其测定方法参照 GB/T 8017—2012《石油产品蒸气压的测定雷德法》的相关规定。饱和蒸汽气压表明液体中的分子离开液体汽化或蒸发的能力，饱和蒸汽气压越高，说明液体越容易汽化。饱和蒸汽气压的大小主要与系统的温度有关，温度越高，饱和蒸汽气压就越大。采用 HY8017 型饱和蒸汽气压试验装置（见图 7－3）对天然酯绝缘油样品、矿物绝缘油样品进行饱和蒸汽气压测试，测得在 37.8℃下天然酯绝缘油样品饱和蒸汽气压为 0.6kPa、矿物绝缘油样品饱和蒸汽气压为 2.8kPa，说明同样温度下天然酯绝缘油的饱和蒸汽气压远小于矿物绝缘油，即天然酯绝缘油更不容易汽化，火灾时的汽化程度比矿物绝缘油更低。

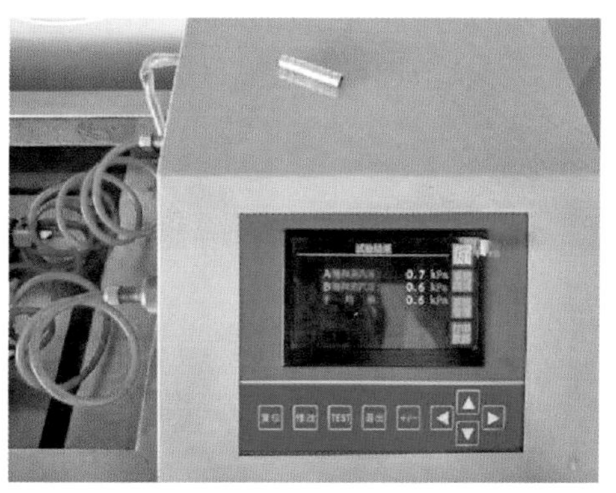

图 7－3　绝缘油饱和蒸汽气压试验装置

7.1.5　天然酯绝缘油金属热表面试验

天然酯绝缘油金属热表面试验将高温金属块分别浸入常温天然酯绝缘油、矿物绝缘油，以测试高温金属块对油品的引燃能力以及由于高温金属浸入油品导致绝缘油的温度分布情况。

（1）试验材料：

1）天然酯绝缘油样品、矿物绝缘油样品各 75L。

2）铁盒 600mm（长）×600mm（宽）×500mm（高），厚度 2mm。

3）金属块 100mm（长）×100mm（宽）×25mm（厚）。

4）热电偶金属支架。

5）马弗炉、长柄钳子一套。

6）录像机一台。

7）带支架的标尺一套。

8）废油盘，直径大于 1.4m，高大于 15cm。

9）汽油 10L，用于点燃废油。

10）安全设施，包括灭火毯、二氧化碳灭火器、个人防护材料等。

（2）试验程序：

1）将铁盒放入大油盘中，防止意外造成流淌火。

2）在铁盒中倒入 75L 的被测试绝缘油。

3）在铁盒内通过热电偶支架（共布置 9 只热电偶）测温。

4）点燃氧乙炔火焰，将金属块加热。

5）待金属块被加热到超过 800℃时，将金属块浸入绝缘油中，观察试验现象。

6）如果起火，10s 内立刻用灭火毯熄灭。

7）试验过程记录温度参数，并对试验进行录像。

天然酯绝缘油和矿物绝缘油金属热表面试验图 7－4 所示。

(a)

(b)

图 7－4　绝缘油金属热表面试验

（a）天然酯绝缘油；（b）矿物绝缘油

通过对整个试验过程温度监控可知，除距离加热的金属块近的热电偶温度略有上升，稍远距离的热电偶显示温度变化不大。在试验条件下，天然酯绝缘油和矿物绝缘油均未被引燃。

当金属块沉没于绝缘油液面以下时，由于与空气隔绝，金属块周围不会发生燃烧现象。发生燃烧现象仅限于：① 金属块浸入液面的过程中，油面、金属块与空气的交界处；② 金属块刚浸入液面以下时，金属块加热表层绝缘油发生燃烧；③ 当金属块从油面下部提出油面的过程中发生如同①的燃烧；④ 当金属块从油内提出后，附着在金属块上的残油受金属块的高温作用发生燃烧。在本实验条件下（约 75L 绝缘油），天然酯绝缘油和矿物绝缘油在过程①和②中均未发生燃烧，说明这两种绝缘油都有一定的抵御高温金属块引燃能力。需说明的是，由于金属热表面的加热没有持续性，当加热后的金属块处于低温绝缘油中时，绝缘油受热迅速流动而使金属块降温，实际变压器内部热故障时，发热点是持续加热的过程。

7.1.6　天然酯绝缘油燃烧盘试验

燃烧盘试验是利用氧乙炔焰对天然酯绝缘油样品和矿物绝缘油样品直接进行加热，以对比研究不同油品在明火作用下燃烧性能。

（1）试验材料：

1）天然酯绝缘油样品、矿物绝缘油样品各 5L。

2）试验用油盘 200mm（长）×200mm（宽）×20mm（高），厚度大于 2mm。

3）氧乙炔焰。

4）热电偶及支架。

5）数据采集系统。

6）防护装备和灭火设施。

（2）试验程序：

1）将燃烧试验油盘固定在大型保护盘内，连接热电偶支架，共设置 9 只热电偶，分三组三层，每组高度分别为 0cm（编号 A1、A2、A3）、15cm（编号 B1、B2、B3）和 45cm（编号 C1、C2、C3）。设置在靠一侧 1/3 处，距离底边分别为 5、10、15cm。

2）向燃烧试验油盘中倒入 5L 被试绝缘油。

3）使用高温燃烧器点火并固定燃烧器位置及开度，观察燃烧情况。

4）记录燃烧过程数据，包括是否引燃、引燃时间、自熄情况、温度分布。

5）燃烧试验全程录像。

天然酯绝缘油和矿物绝缘油分别进行燃烧盘试验，试验全过程采用热电偶对绝缘油的温度进行监测，试验过程见图 7－5，温度监测结果见图 7－6。

图 7-5　绝缘油燃烧盘试验过程图

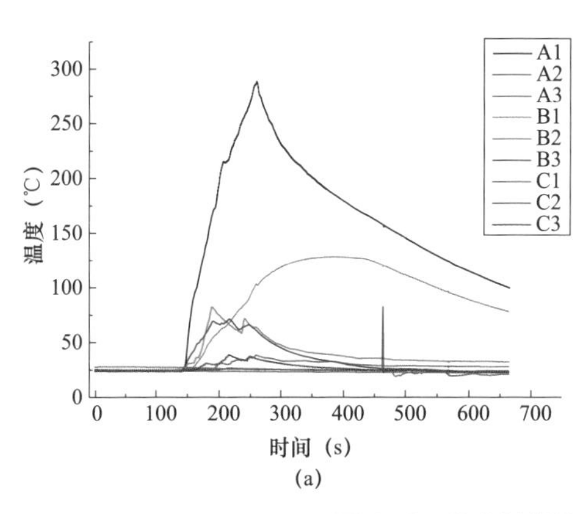

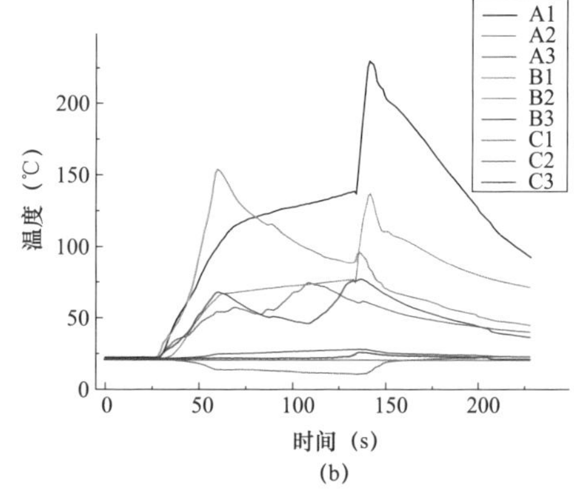

图 7-6　绝缘油燃烧盘试验温度测量结果

（a）天然酯绝缘油；（b）矿物绝缘油

试验结果为矿物绝缘油约在 5s 内即被引燃，被引燃后持续燃烧；天然酯绝缘油在氧乙炔火焰存在时，伴随乙炔焰有较小的局部火焰，当乙炔焰喷射 5min 后停止，天然酯绝缘油随即发生自熄。试验结果说明相对于矿物绝缘油，天然酯绝缘油不易被外界火源引燃，并且天然酯绝缘油具有一定的自熄功能，这与天然酯绝缘油的燃点高、沸点和饱和蒸汽气压低等性能参数一致。

此外，除闪点、燃点、爆炸极限等火灾危险性参数外，发生火灾时，可燃液体的流动性越好、扩散速度越快，其火灾扩大的危险性越大。通过对天然酯绝缘油和矿物绝缘油运动黏度对比试验可知：天然酯绝缘油样品运动黏度 40℃时为 34mm^2/s、100℃时为 8.4mm^2/s；矿物绝缘油样品运动黏度 40℃时为 9.2mm^2/s、100℃时为 2.3mm^2/s。在同样温度下，天然酯绝缘油的运动黏度明显大于矿物绝缘油，说明天然酯绝缘油流动性比矿物绝缘油差、扩散速度更慢，其火灾扩大危险性更小，天然酯绝缘油泄露后不易快速扩散形成大范围火灾，有利于防火控制。

7.2　天然酯绝缘油变压器防火性能试验

7.2.1　天然酯绝缘油变压器防火性能试验设置

为了评估天然酯绝缘油变压器在外部火灾情况下的防火性能，开展了天然酯绝缘油变压器真型样机外部火灾模拟试验。

（1）试验核心区。试验核心区域为 6m（长）×5m（宽），人员活动区域外沿 30m，即试验场地不得小于 36m（长）×35m（宽）。估算当变压器燃烧试验发生油池火灾时，15m 以上距离可以保障人员安全。试验场地中心布置的变压器尺寸为 1.255mm（长）×0.855m（宽）。核心区域包括集油池、方形砌砖墙、变压器燃烧防护房间和房间外环形水沟，核心区域主要构筑物平面布局见图 7－7。

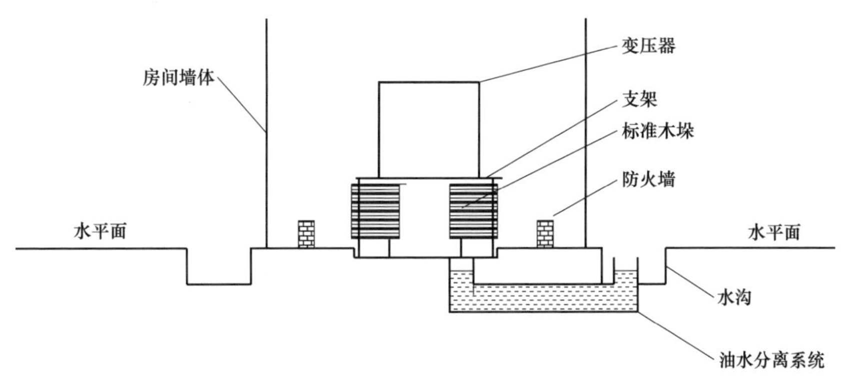

图 7－7　核心区域主要构建物图

1）集油池。在变压器燃烧间正中心地面设置集油池，一旦变压器发生破裂可紧急集油。集油池四周及底部铺设耐火砖。被试变压器中绝缘油约为 145L，集油池的尺寸为 1.8m（长）×1.5m（宽）×10cm（深）。

2）方形砌砖。方形耐火砌砖位于集油池外围，其中心与集油池中心在同一点，长、宽各平行，内部尺寸为2.8×2.5m，砌砖高于地面0.3m。

3）变压器燃烧防护房间。变压器燃烧防护房间尺寸为4m（长）×3m（宽）×2.5m（高），三面封闭，一面敞开作为观察口，顶面敞开。

（2）标准木垛及引燃盘。引燃盘尺寸400mm（长）×400mm（宽）×100mm（高），引燃用汽油量0.2L。试验用燃烧材料采用1A标准木垛，由96根松木质木条组成，木条截面为长方形，边长为40mm×30mm，木条长度为500mm。将96根木条排成12层，每层8根。一层横排、一层竖排，交错排列，并用铁钉固定成型，钉好后木垛长、宽、高尺寸均约500mm分别对称布置于变压器底部，如图7－8所示。

图7－8　燃烧试验用木垛布置图

（3）被试变压器参数。被试变压器为SW11－200/10型天然酯绝缘油变压器，主要参数见表7－1。

表7－1　被试天然酯绝缘油变压器主要参数

项目	参数	项目	参数
产品型号	SW11－200/10	额定频率	50Hz
额定容量	200kVA	绝缘水平	LI（75/kV），AC（35/5/kV）
额定电压	10/0.4kV	冷却方式	KNAN
短路阻抗	4.30%	器身吊重	500kg
联结组标号	Dyn11	绝缘油重	133kg
使用条件	户外	总重	780kg

（4）温度监测。为了监测变压器燃烧试验过程中变压器内部及外部的温度变化，采用热电偶和热补偿线对变压器内外部和变压器正前方温度变化情况进行实时监测，热电偶布置位置见图7－9。

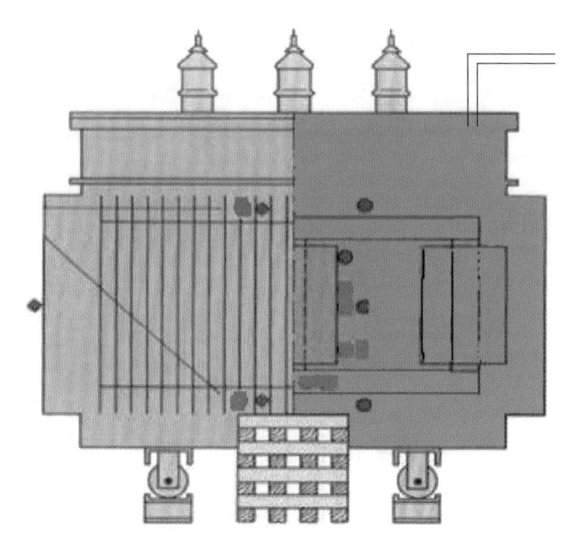

图7－9 被试天然酯绝缘油变压器热电偶布置示意图

（5）热辐射监测。为了定量监测变压器燃烧过程中的热流密度或热通量，评价热辐射性能，在距离变压器1m位置设置两支热辐射传感器，下部热辐射传感器距地面1.5m，上部热辐射传感器距地面2m，热辐射传感器测量线从墙孔穿出与数据采集仪相连，测量线均进行防火包扎处理。

（6）压力监测。为了监测变压器燃烧过程中变压器内部压力变化情况，在变压器油箱顶盖部位设置压力传感器接口，通过引压管把油箱内部压力与高精度数字压力传感器进行连接，对燃烧过程中变压器内部压力进行监测。

考虑到变压器燃烧试验过程中，如果压力释放阀不动作，可能导致变压器爆炸，因此在常规变压器结构设计基础上，增加了一个压力释放阀备用，确保压力释放动作可靠。此外，为了防止压力释放阀动作喷油后引起燃烧，设置了引油导管把压力释放阀喷出的绝缘油喷向地面，防止扩散燃烧，见图7－10。

（7）数据采集系统。变压器内外部测温热电偶、变压器内部压力传感器、热辐射传感器等监测传感器信号线与动态数据采集仪连接示意如图7－11所示。

（8）摄像及云台设置。为了全过程监测变压器燃烧试验情况，设置了摄像云台和无线网络远程监控，摄像云台可上下130°、左右340°旋转不同角度观察试验情况；此外，在燃烧试验防护间正前方4m处设置3m立杆，无线网络远程视频监控设备可在 20m 以外的安全距离与笔记本电脑进行数据连接，在电脑端可对变压器燃烧试验情况进行全程、实时监控和录像，确保人员安全。

图 7－10　被试变压器加装压力释放阀及引油导管

（a）加装压力释放阀；（b）加装引油导管

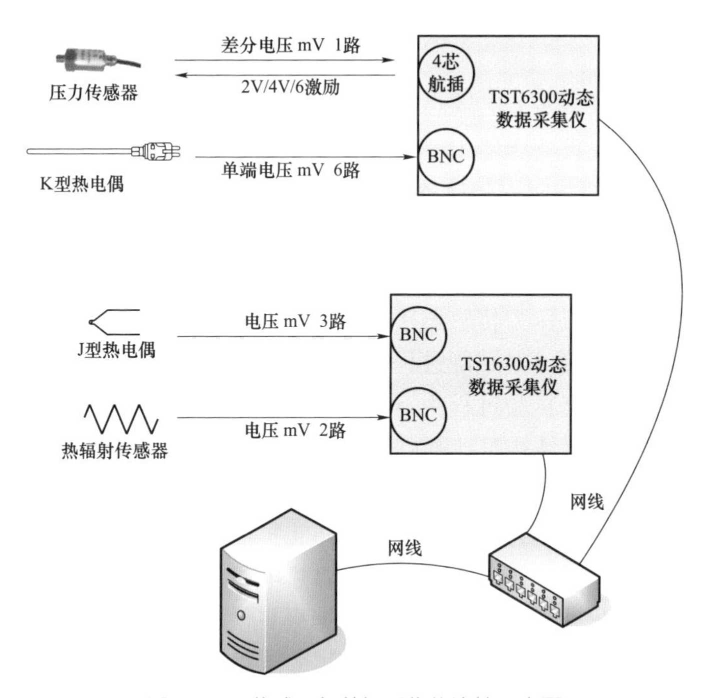

图 7－11　传感器与数据采集仪连接示意图

7.2.2　天然酯绝缘油变压器防火性能试验分析

当现场检查试验平台具备试验条件后，用引火棒点燃放置于木垛下方的汽油来引燃木垛；从木垛点燃到完全燃烧结束的全过程进行状态量监测和视频监控观察，试验现场见图 7－12。

图 7－12　变压器燃烧试验现场布置完成图

通过观察整个火灾过程中，变压器压力释放阀气体逸出情况、天然酯绝缘油溢出情况以及监测变压器内部温升、压力变化等，判断变压器是否有助燃现象并监测变压器燃烧全过程实际状态。天然酯绝缘油变压器底下木垛被点燃持续燃烧 20min 后火势变大；燃烧试验持续 25min 后，四个标准木垛全部引燃。燃烧试验持续约 30min 时，被试变压器油箱顶部压力释放阀动作，变压器内部天然酯绝缘油以 1 次/s 的频率连续泄压喷出，引起剧烈大火燃烧，变压器内部压力释放到 5kPa 以下；约 2min 后油箱顶部的压力释放阀再次动作泄压，天然酯绝缘油以花朵状喷出引起剧烈燃烧。燃烧试验持续约 33min 后，压力释放阀不断冒白色蒸汽，变压器高压套管瓷套被烧损，变压器内部天然酯绝缘油从破损的高压套管处直接喷出引起剧烈燃烧，持续 8min 后火焰逐渐变小。待被试变压器火势几乎熄灭时用干粉灭火器扑灭明火，整个燃烧时间持续约 50min。在燃烧试验约 30min 时热辐射传感器、压力传感器、热电偶补偿导线均烧断，数据采集中断；热电偶树对空气中的温度梯度分布测温正常。天然酯绝缘油变压器燃烧试验过程监控见图 7－13。

图 7-13　变压器燃烧试验监控图

（a）燃烧试验 5min；（b）燃烧试验 20min；（c）燃烧试验 25min；（d）燃烧试验 30min；
（e）燃烧试验 35min；（f）燃烧试验 50min

（1）变压器内部压力分析。燃烧试验过程中变压器内部压力变化情况见图 7-14。由图 7-14 可知，由于压力数据采集在试验开始前约 1.5h 已经打开，计时从 1h 处开始。在点火前，压力已经达到 5kPa 以上，这可能是由于被试变压器在室外高温日晒油温上升导致变压器内部压力上升。在燃烧试验前 15min 内，温度上升较缓慢，约 20min 后火势逐渐变大，变压器内部压力急剧上升。在燃烧试验约 29min 时变压器压力释放阀动作，测得最大压力值 20kPa，压力释放阀动作后压力下降到 5kPa 以下。

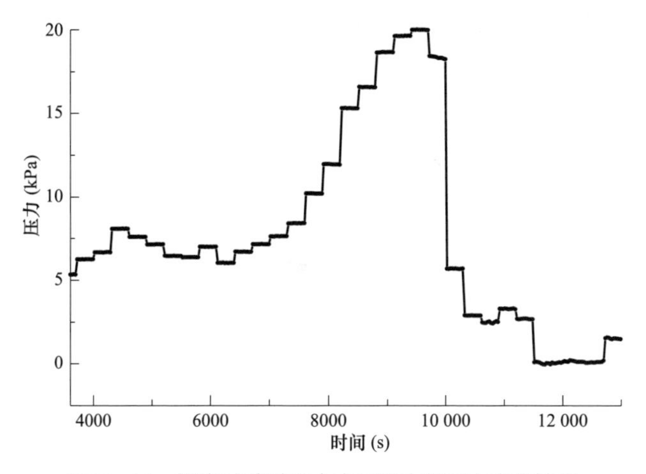

图 7-14　燃烧试验过程中变压器内部压力变化情况

（2）变压器内外部温度分析。燃烧试验过程中变压器内外部温度变化情况见图 7-15～图 7-17。

从图 7-15～图 7-17 可知，天然酯绝缘油变压器燃烧试验中，内部温度上升比较平滑，外部的温度跳动较大。这是由于变压器外部直接受木垛着火烧灼，在自然情况下会发生火焰跳动，导致变压器外部热电偶测得温度波动变化；而变压器内部温度由外部火焰加热变压器外壳传热到绝缘油，因此变压器内部油温变化相对比较平稳。由实际测温结果可知，被试变压器中上部油温最高、下部油温最低，内部油温最高值约为 290℃时，变压器外部最高温度约为 900℃。

（3）热辐射监测。距离变压器 1m 处的热通量情况见图 7-18。

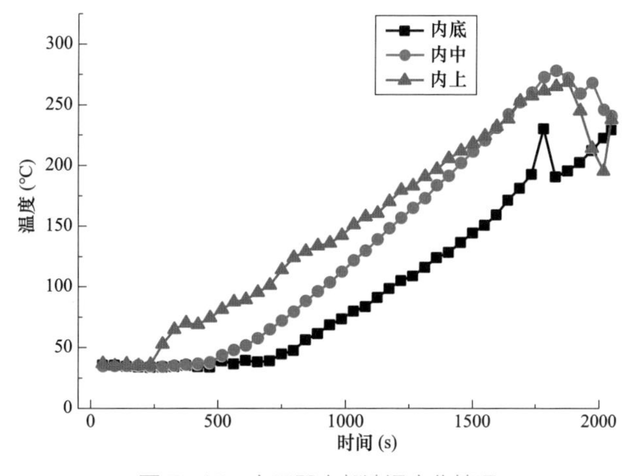

图 7-15　变压器内部油温变化情况

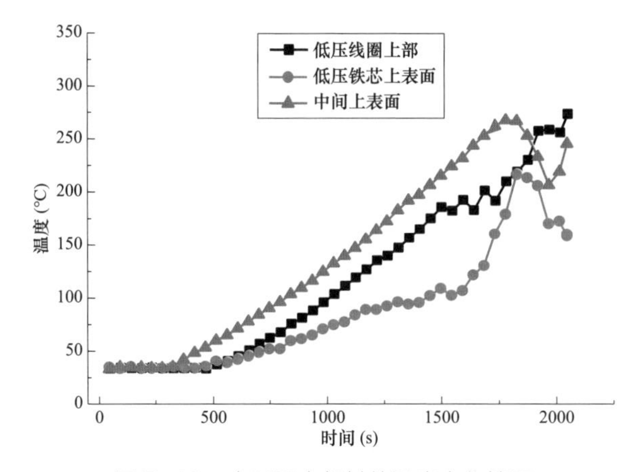

图 7-16　变压器内部其他温度变化情况

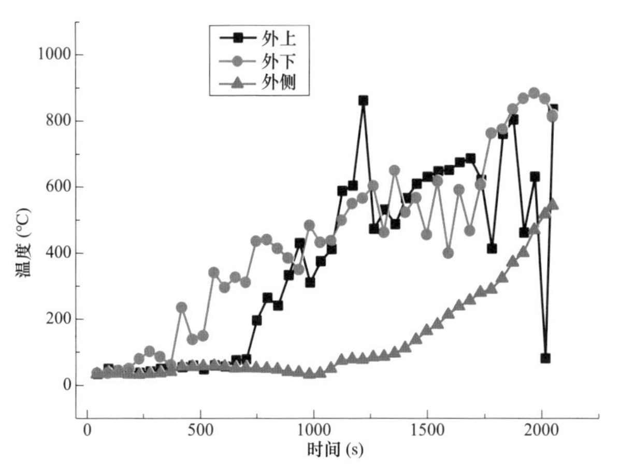

图 7-17　变压器外部温度变化情况

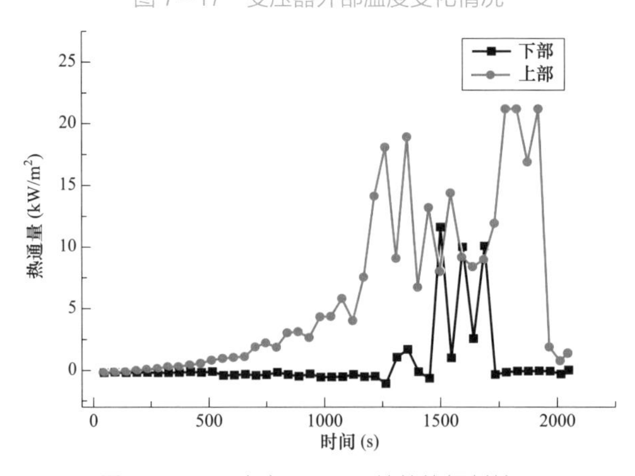

图 7-18　距离变压器 1m 处的热辐射情况

在被试变压器距离 1m 的位置设置两只热辐射传感器，图 7－18 显示上部热辐射较大，下部热辐射较小。因为木垛燃烧火焰以及变压器破裂后在变压器上附着的油火，均可使上部火焰较高导致变压器顶部的火焰范围容易超过变压器底部。此外，由于空气流动使得热量向上传播，导致上部热通量测量值大于下部。上部热辐射峰值出现在第一次压力释放阀动作喷油时，热通量约为 20kW/m^2，第二次峰值出现在天然酯绝缘油变压器第二次压力释放阀时喷油，最大热通量约为 22kW/m^2；下部热流传感器测得的热通量峰值在上部热流传感器测得两个峰值之间，即天然酯绝缘油两次压力释放阀动作喷油之间，压力释放阀喷油后燃烧火焰下沉导致下部热流传感器测得热通量变大，最大值约为 12kW/m^2。

在稳定的火焰下，不同临界热辐射通量的伤害效应见表 7－2。热通量对人身伤害程度见表 7－3。

由表 7－3 可知，在被试天然酯绝缘油变压器 1m 距离、变压器高度位置的热通量最高值达到 22kW/m^2，变压器中部高度位置的热通量最高值达到 12kW/m^2，暴露 10s 后可致人一度烧伤。因此，天然酯绝缘油变压器一旦发生火灾引燃后，同样具有较高危险性。

表 7－2　　稳定火焰下不同临界热辐射通量的伤害效应

临界热通量（kW/m^2）	破坏类型	临界热通量（kW/m^2）	破坏类型
37.5	加工设备破坏	6.4	暴露 8s 的痛阈值，20s 后二度灼伤
25.0	木材燃烧（无引火）	5.0	暴露 15s 的痛阈值
16.0	暴露 5s 后人严重灼伤	4.5	暴露 20s 的痛阈值，一度灼伤
12.5	木材被引燃	1.75	暴露 1min 的痛阈值

表 7－3　　热通量对人身伤害程度

伤害热通量（kW/m^2）	暴露时间（s）		
	10	30	60
死亡热通量	32.73	14.36	8.54
二度烧伤热通量	27.81	12.20	7.25
一度烧伤热通量	12.22	5.36	3.19

（4）热电偶树监测。采用热电偶树测量变压器燃烧过程中变压器周围的温度分布梯度，热电偶树由 3 支测量杆和 9 支热电偶组成，3 支测量杆距离变压器的距离分别为 1、2、3m，每只测量杆上布置 3 支 K 型热电偶，见图 7－19。热电偶

与数据采集仪相连，通过数据采集仪器对空气中的温度梯度分布进行连续测量。

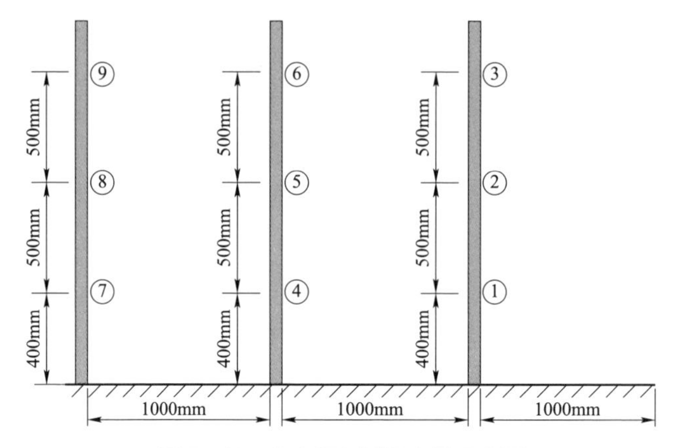

图 7-19　热电偶树测温布置示意图

通过热电偶树监测温度数据可知，在整个燃烧试验约 50min 内，试验进行 15min 后温度开始明显变化，随着木垛燃烧逐渐剧烈，热电偶测的温度逐渐变大，热电偶测温结果见表 7-4。

表 7-4　　热电偶树测温结果　　min

编号	测温时间（取中间段数据）																	
	0	2	4	6	8	10	12	14	16	18	20	22	24	26	28	30	32	34
①	35	36	37	38	40	42	44	58	52	69	90	87	64	61	50	47	45	40
②	34	35	37	37	39	44	47	63	49	62	97	89	56	60	55	52	49	38
③	37	40	43	46	51	59	65	93	87	125	195	182	124	105	82	67	61	42
④	35	36	37	37	38	39	39	49	44	56	75	62	51	48	43	40	42	30
⑤	35	36	36	36	38	39	38	48	42	55	66	54	47	44	38	37	37	30
⑥	35	36	36	36	37	38	37	46	39	50	63	53	43	42	37	36	36	29
⑦	35	35	35	35	36	35	35	39	36	40	50	42	37	37	35	35	35	33
⑧	35	35	35	36	37	37	36	42	38	46	56	47	42	39	36	35	36	29
⑨	35	35	36	36	36	37	36	41	37	41	51	44	39	38	37	35	36	29

由表 7-4 可知，第一个测量杆上的热电偶温度变化最明显，且由于木垛燃烧火焰往上方舞动，③号位的热电偶测量温度最高，②号位次之，①号位最低。第二个测量杆上的热电偶测量温度情况完全相反，即位于最上方的⑥号位温度最

低，位于中间的⑤号位温度较高，位于下方的④号位热电偶测得温度最高。第三个测量杆上的热电偶测量温度变化情况与前两个测量杆上的热电偶情况均不同，位于第三个测量杆上⑧号位热电偶测得温度要高于⑦号位和⑨号位，且位于最上方的⑨号位温度比位于最下方的⑦号位温度略高，但最高温度为 50℃。由此说明，距离变压器越近，上部的温度比下部的温度要大；距离变压器越远，上、下部变压器的温度差异越小，影响温度的主要因素是跟变压器之间的距离。

由表 7–4 还可以看出，第一个测量杆上的①号位温度最大值为 90℃，②号位温度最大值为 97℃，③号位温度最大值为 195℃；第二个测量杆上的④号位温度最大值为 75℃，⑤号位温度最大值为 66℃，⑥号位温度最大值为 63℃；第三个测量杆上的⑦号位温度最大值为 50℃，⑧号位温度最大值为 56℃，⑨号位温度最大值为 51℃。在距离变压器 1m 的距离，变压器燃烧全过程中最大温度可能达到 195℃，而当距离变压器 2m 时，变压器燃烧全过程中最大温度只有 75℃，当距离变压器的距离达到 3m 时，变压器燃烧全过程中最大温度只有 56℃，这就说明在变压器周围设置构筑物时要考虑构筑物本身的耐热性能，当耐热温度低于 100℃时，构筑物离变压器的距离至少要保持 2m，当耐热温度低于 60℃时，构筑物离变压器的距离至少要保持 3m，以防变压器发生火灾对其周围的构筑物造成热损伤。

在整个燃烧试验过程中，热电偶树上 9 个测温点的温度随时间变化总体趋势见图 7–20 所示。木垛火温度随距离的增加而急剧降低，三处高度的温度衰减趋势相似，且从温度衰减速率上看上部（1.4m）温度随距离衰减最大，下部（0.4m）温度衰减最小。

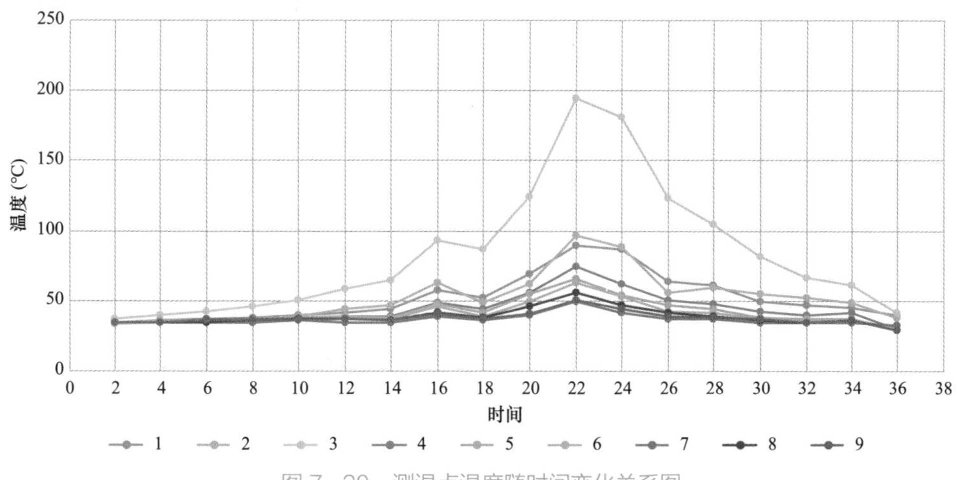

图 7–20　测温点温度随时间变化关系图

通过以上天然酯绝缘油变压器燃烧试验分析可知：

（1）通过对 SW11－200/10 型天然酯绝缘油变压器进行燃烧试验，结果表明天然酯绝缘油变压器在极端的外部火灾情况下，能够保持 30min 不燃不爆，这为消防灭火提供了相对充裕的时间，具有一定的防火性能。

（2）天然酯绝缘油变压器燃烧 30min 之后压力释放阀动作喷油助燃，为了提高防火性能应改进天然酯绝缘油变压器的压力释放阀结构，改向上直喷结构为弯折导油管结构，把压力释放阀喷出的天然酯绝缘油与明火隔绝避免火灾扩大。

（3）天然酯绝缘油变压器燃烧 35min 之后，高压套装的瓷套烧损，导致天然酯绝缘油变压器内部绝缘油喷出燃烧剧烈。因此，为了提高天然酯绝缘油变压器防火性能可采用耐高温套管，避免套管瓷套烧损而导致火灾扩大。

（4）通过对天然酯绝缘油变压器燃烧试验过程中内部温度、压力监测可知，天然酯绝缘油变压器燃烧时内部压力随着温度的增加而变大，现有 35kPa 机械式压力释放阀可以满足火灾情况下的泄压要求，不会造成变压器因为外部火灾油箱无法泄压而爆炸。

（5）通过对天然酯绝缘油变压器燃烧试验过程中外部热辐射、温度梯度分布监测可知，当变压器发生火灾时周围的温度、热通量随着距离和高度的变化而变化，距离越近、位置越高时温度越高、热通量越大，当天然酯绝缘油变压器应用于户内时，其周围的构筑物应该考虑变压器火灾时温度和热通量分布特性，采取相应的防火措施。

7.3 天然酯绝缘油变压器防火性相关标准及加强措施

7.3.1 油浸式变压器防火性相关标准

IEC 61039—2008 *Classification of Insulacting Liquids*（《绝缘液体分类》）按照绝缘液体的燃点划分为 O 级（燃点≤300℃）、K 级（燃点＞300℃）、L 级（燃点不可检测），根据绝缘液体净热值继续细分为 1 级（净热值≥42MJ/kg）、2 级（32MJ/kg≤净热值＜42MJ/kg）、3 级（净热值＜32MJ/kg）。如矿物绝缘油属于 O1 级，天然酯绝缘油属于 K2 级（也称难燃油）。IEC 61936－1—2014 *Power Installations Exceeding 1kV A.C.–Pavt 1:Common Rules*《交流电压大于 1kV 的电力装置　第 1 部分：通用规则》对变压器（电抗器）防火性提出通用要求，并针对户内应用和户外应用时不同绝缘油用量对应的防火间距、防火墙等防火措施提出明确要求，见表 7－5 和表 7－6。

表 7－5　　　　户外变压器防火间距指导值

变压器类型	绝缘油体积（L）	与其他变压器或非燃烧性材料建（构）筑物表面间距（m）	与可燃性建（构）筑物表面间距（m）
矿物绝缘油变压器（O 级）	1000＜V＜2000	3	7.5
	2000≤V＜20 000	5	10
	20 000≤V＜45 000	10	20
	V≥45 000	15	30
没有加强保护的不易燃液体（难燃油）变压器（K 级）	1000＜V＜38 000	1.5	7.5
	V≥38 000	4.5	15
有加强保护的不易燃液体（难燃油）变压器（K 级）	与建筑表面或相邻变压器间距（m）		
	水分方向		垂直方向
	0.9		1.5

表 7－6　　　　户外变压器防火间距指导值

变压器类型	等级		安全保护
矿物油变压器（O 级）	绝缘油体积	≤1000L	EI60、REI60 防火墙
		＞1000L	EI90、REI90 防火墙或 EI60、REI60 防火墙并带自动喷水灭火保护系统
不易燃液体（难燃油）变压器（K 级）	无加强防护	无限制	EI60、REI60 防火墙或自动喷水灭火保护系统
	有加强防护	≤10MVA U_m≤38kV	EI60、REI60 防火墙或间距水平 1.5m、垂直 3.0m

注　1. 加强防护是指变压器油箱强度加强、油箱压力释放、电流故障保护等。

2. EI60、REI60 指能耐受火灾时间 60min 的防火墙，EI90、REI90 指能耐受火灾时间 90min 的防火墙。

IEC 61936－1—2014 针对矿物绝缘油变压器根据绝缘油的体积划分防火间距和安全保护措施；对于难燃油变压器分为无加强保护和有加强保护两类，且分别提出不同的防火要求。因此，国际标准对矿物绝缘油变压器（O 级）和难燃油变压器（K 级）防火措施进行差异化要求，更加科学合理。

GB 50016—2014《建筑设计防火规范》规定闪点不小于 60℃的液体为丙类火灾危险性物质，即矿物绝缘油和天然酯绝缘油火灾危险性均属于丙类，没有像 IEC 61039—2008 进一步区分。该标准规定油浸式变压器宜设置在建筑外的专用房间内；确需贴邻民用建筑布置时，应采用防火墙与所贴邻的建筑分隔，且不应贴邻人员密集场所，该专用房间的耐火等级不应低于二级；确需布置在民用建筑内时，不应布置在人员密集场所的上一层、下一层或贴邻，并从变压器室设置、防火隔墙、事故储油设施、灭火设施等方面提了要求，且规定用于民用建筑内的油浸变压器的总容量不应大于 1260kVA，单台容量不应大于 630kVA。

GB 50016—2014 中只考虑采用矿物绝缘油的油浸式变压器，没有对矿物绝缘油和高燃点油进行区分对待。没有针对天然酯绝缘油的特点提出天然酯绝缘油变压器的安装范围，并减小防火间距，减少防火措施等。

GB 50229—2019《火力发电厂与变电站设计防火规范》规定了油量为 2500kg 及以上的户外油浸式变压器之间的最小间距。当防火间距不满足要求时，应设置防火墙，其高度应高于变压器储油柜，其长度不应小于变压器的储油池两侧各 1m。总油量超过 100kg 的屋内油浸式变压器，应设置单独的变压器室，还应设置挡油设施。

变电站构筑物中油浸式变压器室火灾危险性分类为丙类、耐火等级要求为一级。变电站内各建（构）筑物中油浸式变压器的防火间距不应小于表 7－7 的规定。

表 7－7　变电站内各建（构）筑物中油浸式变压器的防火间距　m

<table>
<tr><th rowspan="2">变压器油量（t）</th><th rowspan="2">丙、丁、戊类生产建筑</th><th colspan="2">生活建筑耐火等级</th><th rowspan="2">可燃介质电容器</th><th rowspan="2">总事故贮油池</th></tr>
<tr><th>一、二级</th><th>三级</th></tr>
<tr><td>5～10</td><td rowspan="3">10</td><td>15</td><td>20</td><td rowspan="3">10</td><td rowspan="3">5</td></tr>
<tr><td>10～50</td><td>20</td><td>25</td></tr>
<tr><td>＞50</td><td>25</td><td>30</td></tr>
</table>

GB 50229—2019 还规定了地下变电站的变压器事故储油池、变压器室门、防火分区、自动灭火系统、防火门、消防给水、灭火设施及火灾自动报警等。

GB 50053—2013《20kV 及以下变电所设计规范》适用于交流电压为 20kV 及以下的新建、扩建和改建工程的变电所设计。该标准对户内和户外油浸式变压器防火要求进行了明确规定：① 户内变电所每台油量大于或等于 100kg 的油浸式三相变压器，应设在单独的变压器室内，变压器室的耐火等级不应低于二级，并应有储油或挡油、排油等防火设施；② 露天或半露天变电所的变压器四周应设高度不低于 1.5m 的固定围栏或围墙，变压器外廓与围栏或围墙的净距不应小于 0.5m，变压器底部距地面不应小于 0.3m，油重小于 1000kg 的相邻油浸式变压器外廓之间的净距不应小于 1.5m，油重 1000～2500kg 的相邻油浸式变压器外廓之间的净距不应小于 3.0m，油重大于 2500kg 的相邻油浸式变压器外廓之间的净距不应小于 5m，当不能满足上述要求时，应设置防火墙；③ 当露天或半露天变压器供给一级负荷用电时，相邻油浸式变压器的净距不应小于 5m，当小于 5m 时，应设置防火墙。

DL 5027—2015《电力设备典型消防规程》对油浸式变压器消防做出了明确规定，主要对固定自动灭火系统、水喷雾灭火系统、排油注氮灭火装置、泡沫喷雾灭火装置以及户外油浸式变压器、户外配电装置之间及与各建（构）筑物的防火间距、防火墙、事故排油、高层建筑内的变压器防火应用要求等进行了规定。

此外，DL 5027—2015 还规定油浸式变压器用房宜独立建造；当确有困难时可贴邻民用建筑布置，但应采用防火墙隔开，且不应贴邻人员密集场所；油浸式变压器受条件限制必须布置在民用建筑内时，不应布置在人员密集场所的上一层、下一层或贴邻，且应符合 GB 50016—2014《建筑设计防火规范》的相关规定。变压器防爆筒出口端应向下，并防止产生阻力，防爆膜宜采用脆性材料。室内油浸式变压器宜设置事故排烟设施。室外变电站和有隔离油源设施的室内油浸设备失火时，可用水灭火，无放油管路时，不应用水灭火。变压器火灾报警探测器两点报警，或一点报警且重瓦斯保护动作，可认为变压器发生火灾，应联动相应灭火设备。

DB 21/965—2002《电气防火技术要求及检测规范》规定室内变电站安装单台总油量 100kg 及以上的油浸式三相变压器应装设在单独的变压器室内，变压器室应满足一级防火等级要求。油浸式变压器下面应设置事故储油或挡油设施。变压器室的门应采用阻燃或不燃材料。

DB 21/965—2002 还规定变压器总额定容量不超过 1260kVA、单台额定容量不超过 630kVA 的油浸式变压器可贴邻民用建筑（除观众厅、教室等人员密集的房间和病房外）布置，但必须采用防火墙隔开。多层或高层主体建筑内变电所，宜选用不燃或难燃型变压器。带有可燃油的高压配电装置，宜装设在单独的高压配电室内。油浸式变压器的夏季室温不宜超过 45℃，变压器室内装饰、装修材料均应采用不燃装修材料。

DB 11/065—2010《电气防火检测技术规范》规定室内安装可燃油浸式变压器时，变压器室通往其他配电装置的电缆贯穿的隔墙、孔洞及开孔部位，均应实施防火封堵；变压器室应设置防止小动物进入室内的设施；变压器室内不应堆放可燃物及杂物。

通过国内外油浸式变压器防火性相关标准的对比可知，国外针对绝缘油的燃点不同进行了火灾危险性分类，对不同的绝缘油提出不同的防火性要求。而我国油浸式变压器相关防火性规定都是针对矿物绝缘油变压器制定，没有体现天然酯绝缘油高燃点的优点。因此，建议国内相关的国家标准、行业标准和地方标准在油浸式变压器防火性规定方面，应对天然酯绝缘油变压器和矿物绝缘油变压器区分对待。

（1）应参照 IEC 61039—2008 对不同燃点矿物绝缘油和天然酯绝缘油进行火灾危险性分类；参照 IEC 61936－1—2014 把矿物绝缘油变压器和天然酯绝缘油变压器防火间距、灭火系统配置等防火性能进行区分规定。

（2）对天然酯绝缘油变压器防火间距要求也可以在矿物绝缘油变压器防火间距要求的基础上适当修改。天然酯绝缘油变压器可参照 IEC 61936－1—2014 的规定，针对不同应用场所、不同绝缘油用量、不同变压器加强措施等提出相应的防火间距、防火墙设置等防火措施要求。

（3）关于储油池的设置。如果天然酯绝缘油变压器安装于户外，变压器底部可以不设置储油池，因为天然酯绝缘油可以完全生物降解，即使泄露对环境不会造成任何危害，且天然酯绝缘油具有自熄功能，流出的天然酯绝缘油不会造成池火。

（4）关于灭火装置。在户内应用或紧挨建筑物安装时，对天然酯绝缘油变压器的灭火系统要求可适当放宽；对于户外应用时，天然酯绝缘油变压器可以简化自动灭火系统，甚至取消自动灭火系统。目前全球已有超过两百万台天然酯绝缘油变压器应用而未见燃爆事故，验证了天然酯绝缘油变压器的防火性能。

7.3.2 天然酯绝缘油变压器防火性加强措施

除采用天然酯绝缘油提高变压器防火性能外，还可采取以下防火加强措施提高天然酯绝缘油变压器的防火性能。

（1）物理防护措施。

1）优化变压器压力释放装置的数量和布置结构。

2）采取合适的变压器油箱机械强度。

3）使用防火墙隔离。

4）在变压器周围和下方区域设置事故储油池。

5）提供自动灭火装置。

6）使用能适应温度上升或产生气体引起膨胀的波纹油箱等。

（2）电气防护措施。

1）变压器内部或外部使用限流熔断器。

2）使用其他过电流限值装置。

（3）装设感应装置。

1）装设带跳闸装置的温度报警系统。

2）装设带跳闸装置的压力报警系统。

3）装设油浸式变压器非电量保护用气体继电器。

（4）维护和检查。

1）加强变压器外观检查。

2）加强变压器和绝缘油性能检测，提前发现故障隐患。

3）进行变压器绝缘油中溶解气体分析。

4）核实变压器防火性能设计（使用中有着火和爆炸倾向）。

通过模拟天然酯绝缘油变压器外部火灾试验可知，天然酯绝缘油变压器在增强防护措施的情况下具有良好的防火性能，不会出现燃爆情况。天然酯绝缘油变压器防火性应用建议如下：

（1）对于防火要求不高的应用场合，直接采用天然酯绝缘油替换矿物绝缘油应用于变压器，可在不改动变压器结构的情况下提高油浸式变压器的防火性能。此外，可根据天然酯绝缘油的特点，适当缩小防火间距，简化储油池的设置，并根据建筑物的需要配置自动灭火装置，从而降低工程造价。

（2）对于邻近建筑物、变电站内、建（构）筑物内、屋顶、林区等对防火要求较高的应用场所，宜采用天然酯绝缘油变压器。可采取加强措施提高其防火性能，如提高变压器油箱的机械强度，安装压力释放装置和电流故障保护装置等。

（3）对用于高层建筑、矿山、军事设施、人员密集场所等防火安全性要求很高的场所时，天然酯绝缘油变压器必须采取防火加强措施。

第 8 章　天然酯绝缘油变压器运维及应用案例

8.1　天然酯绝缘油变压器运输、安装要求

8.1.1　天然酯绝缘油变压器包装要求

小型变压器一般采用整体运输，35kV 及以下的变压器套管采用木箱或铁盒保护好并与变压器主体一起运输。66kV 及以上的变压器套管采用木箱单个包装进行运输，每只套管用螺栓及拉带固定并用橡胶或泡膜卡牢，以便在运输途中不会松动，在包装上标注“向上”“防震”等字样，以便吊装操作。

大型或特大型变压器拆除的组部件需单独包装，变压器本体拆除处应采用临时盖板密封好。在带油运输时，需排出少量绝缘油，使油面距箱顶 100～150mm，以便本体内绝缘油有伸缩空间。排油充氮运输时，只在下节油箱留有少量的余油，用干燥氮气充满变压器主体油箱，油箱内氮气压力一般为 0.02～0.03MPa。此外，变压器主体上应标有起吊部位和运输重心。对于有载调压变压器，有载分接开关油室内要充注合格绝缘油，开关油室内油面距开关顶盖约为 50～80mm；充氮运输时，有载分接开关应同变压器本体连通一起充氮运输。散热器风扇应单独防水包装，散热器进出口法兰应用临时盖板密封好，为防止在运输中磕碰变形，散热器每组之间应用木板隔开并几组一起固定。风冷却器每只单独防水包装，风扇侧朝上，并用方木固定好。储油柜应单独包装，并将所有的安装孔用临时盖板密封好。套管式电流互感器连同升高座用临时盖板封好，并注满合格的变压器油。气体继电器、吸湿器、温度计、管式或指针式油位计、压力释放阀均要用防振材料包装好，并在包装上标注“向上”“易碎”等字样。硅胶等吸附剂是用塑料袋密封包装运输；绝缘油应采用专用油桶装运。

天然酯绝缘油变压器的标志、标签和随行文件应符合 GB/T 6451—2015《油浸式电力变压器技术参数和要求》及 GB/T 25446—2010《油浸式非晶合金铁心配电变压器技术参数和要求》的规定。供油方应提供天然酯绝缘油的有效检测报告、添加剂种类及含量的正常范围。天然酯绝缘油变压器的铭牌、本体油箱、放注油部位、储油柜等应增设醒目的“天然酯”标识，高温绝缘系统天然酯变压器应增加装设“注意高温”警示标志，并在安装、维护使用说明书中说明。

8.1.2 天然酯绝缘油变压器运输要求

变压器可由铁路、公路和水路运输，短途运输可用滚筒拖运，最常见是铁路运输，但铁路运输受到运输尺寸和运输车载重等限制。一般中小型变压器整体运输，大型和特大型变压器拆除组件进行分体运输，变压器超重时还需排油充氮运输，甚至分成小单元进行解体运输。

（1）运输一般要求。

1）当天然酯绝缘油变压器带油运输时，应确保变压器在整个运输过程中的密封性，不得破坏密封导致空气或水分进入变压器内部，以免影响天然酯绝缘油性能。

2）当天然酯绝缘油变压器排油运输时，应对放油后的变压器油箱进行密封处理，充干燥氮气运输，变压器器身与空气接触的时间应严格控制，一般不得超过 4h。运输过程中应监测变压器油箱内部压力，确保运输全过程无泄漏。

3）天然酯绝缘油变压器制造企业有明确要求的按照其要求执行。

4）排油充氮运输时，充氮前将油箱注满油；打开油箱上部氮气阀门，让氮气缓缓地进入变压器油箱内，当油箱上压力表显示油箱内压力为 50kPa 时，关闭各阀门停止进气，静放 2～3h 后，如果油内压力不低于 40kPa，证明变压器密封良好，可以正式充氮。同时打开油箱上部的进气阀门和下部的放油阀门，再打开气瓶上的降压阀，边排油边充氮。直到下部放油阀放不出油，充氮压力保持在 20～30kPa 为止。在充氮过程中，氮气应经过脱水干燥罐再进入变压器主体。另外，运输车上要备有补氮装置，随时补氮，以保证变压器主体内始终保持一定的氮气压力。

（2）铁路运输。大型或特大型变压器的铁路运输，应根据其重量和外形尺寸选择合适的运输平车，应满足铁路货物运输管理规定。

变压器吊装车时，必须以总重吊拌起吊，吊绳与垂直线夹角应小于 30°，并不得碰坏套管等，否则应采用吊梁起吊。变压器的重心位于平车中心线上，单台时位于纵横中心交点上，横向偏移应小于 100mm。变压器放置停当，需用枕木制动，或用角铁、钢板把平车底板与变压器底座焊牢，并用钢丝绳通过吊拌或固定孔将变压器固定在平车上，以防止其移动。变压器在运输时主体倾斜不得超过 15°。

（3）公路运输。当运输沿途桥梁、涵洞路况能够满足变压器运输要求，公路拖运是一种较好的变压器运输方式。变压器可采用吊装或水平、斜面牵引装车，同前所述，用铁丝或钢绳将变压器拉牢固定好。应对拖车平均速度进行控制，完全铺平的公路，最大时速为 40km/h；没有完全铺平的公路，最大时速为 20km/h；未铺砌的公路，最大时速为 10km/h。运输时变压器长轴方向倾斜角不应超过 15°，短轴方向不应超过 10°，雨雪天气不宜拖运。

（4）水路运输。水路运输分为海洋运输和内河运输。变压器出口绝大多数是采用海洋运输，国内南方靠海或大江沿岸城镇所需的变压器，特别是超大型变压器，往往采用水路运输方式。

水路运输的特点是对变压器的外形尺寸及重量几乎没有限制。一般情况下，内河中的风浪较小，运输途中颠簸较轻。但海洋中遇到大风大浪的情况较多。因此，水路运输时，仍需要采取措施对变压器进行固定。

目前，电压 110kV 及以上、容量 10 000kVA 以上的变压器，在运输中均装有冲击记录仪，记录在运输途中的冲击振动情况。设备在运输途中受冲击的轻重程度以重力加速度 g 表示。一般规定变压器在运输途中前后、左右、垂直三个方向的冲击加速度均不应超过 $3g$。

（5）短距离搬运。变压器到达变电站或目的地卸车后，还需要将变压器搬运至变压器基础台上，需要进行短距离搬运。常用方法是将整台变压器用千斤顶徐徐地顶起，在其下面垫上一块较厚的钢板，在钢板下均匀地放置多根圆钢管滚筒，用绞车或液压千斤顶将变压器缓慢地向基础台移动，直至平稳将变压器放置在基础台上为止。搬运速度以 100m/h 为宜。用钢丝绳牵引时，应将钢绳挂在专为牵引设置的挂钩或孔（环）上。搬运时变压器纵向倾角不得超过 15°，横向不得超过 10°。

（6）变压器运到后的检查项目。

1）变压器上的冲撞记录仪记录是否完整。

2）变压器及组部件的外观是否异常。

3）进行开箱检查，检查箱内物件和装箱单是否一致，是否有缺件等情况，变压器的出厂文件是否齐全。

4）根据现场情况进行其他检查项目。

8.1.3 天然酯绝缘油变压器安装要求

天然酯绝缘油变压器现场安装时，应严格按照安装方案实施，对于需要吊盖的天然酯绝缘油变压器应严格控制器身暴露于空气中的时间。天然酯绝缘油变压器现场安装时，注油、热油循环等油务处理工艺应严格按照制造企业工艺要求进行，确保现场安装质量。

器身在空气中的暴露时间，从开启第一个盖板或油塞算起，到变压器完全密封开始抽真空或注油为止。考虑天然酯绝缘油的吸湿性较强，根据不同现场环境湿度，天然酯绝缘油变压器器身暴露空气中的时间限值如表 8－1 所示。

表 8－1　　不同环境湿度下天然酯绝缘油变压器器身暴露时间

相对湿度（%）	允许暴露时间（h）
≤50	7
50～60	6
60～70	5
70～80	4
80 以上	不允许暴露

8.2 天然酯绝缘油变压器运行维护技术

8.2.1 运行维护基本要求

天然酯绝缘油变压器基本运行条件应符合 DL/T 572—2010《电力变压器运行规程》和 DL/T 1102—2009《配电变压器运行规程》的规定，天然酯绝缘油变压器负载分类方法参见 GB/T 1094.7—2008《电力变压器　第 7 部分：油浸式电力变压器负载导则》的相关规定。不同负载状态下天然酯绝缘油变压器的温度最大限值应符合温升设计值要求。天然酯绝缘油变压器的短期急救负载系数可参照 DL/T 572 和 DL/T 1102 的规定，同时应与制造厂协商，适当考虑天然酯绝缘油变压器过载特性。天然酯绝缘油变压器的并列运行应符合 DL/T 572 和 DL/T 1102 的规定。天然酯绝缘油变压器的经济运行应符合 GB/T 13462—2008《电力变压器经济运行》、DL/T 572、DL/T 1102 及 DL/T 985—2012《配电变压器能效技术经济评价导则》的规定。35kV 及以上电压等级天然酯绝缘油变压器的其他运行要求应符合 DL/T 572 的规定；10kV 及以下电压等级天然酯绝缘油变压器的其他运行要求应符合 DL/T 1102 的规定。天然酯绝缘油变压器在额定容量下运行时顶层油温一般不应超过表 8－2 的规定（制造商有规定的除外）。

表 8－2　　天然酯绝缘油变压器额定容量运行时顶层油温限值　　℃

冷却方式	冷却介质最高温度	最高顶层油温				
		常规绝缘系统	混合绝缘系统			高温绝缘系统（130 级）
			半混合绝缘绕组	局部混合绝缘绕组	全混合绝缘绕组	
自然循环自冷、风冷	40	100	100	100	100	125
强迫油循环风冷	40	85	85	85	85	110
强迫油循环水冷	30	70	70	70	70	95

天然酯绝缘油变压器的投运和停运除应符合 DL/T 572、DL/T 1102 和 DL/T 596 的要求外，还应满足以下要求：

（1）天然酯绝缘油变压器在低温地区冷启动运行要求由用户和制造商协商。若油面温度比天然酯绝缘油的倾点加 10℃还低时，禁止泵、调压开关等浸在绝缘油中的机械机构进行操作，天然酯绝缘油变压器应空载运行至油面温度不低于 10℃后方可进行机械操作。在不满足上述操作条件的情况下，可使用外部辅热方式。

（2）现场新装、大修、事故检修或换油后的天然酯绝缘油变压器，在施加电压前的静置时间应不少于以下规定：

1）≤35kV 变压器，24h。

2）110（66）kV 变压器，48h。

3）220kV 变压器，72h。

运行变压器中的天然酯绝缘油性能应满足表 5－3 的要求。运行变压器中的天然酯绝缘油试验周期和试验项目应符合表 8－3 要求；对于不易取样的 20kV 及以下电压等级天然酯变压器，可依据实际情况自行规定。

表 8－3　　运行中天然酯绝缘油试验周期和试验项目（本体）

电压等级	试验周期	试验项目
≤35kV	设备投运前或大修后	1～8
	必要时	自行规定

续表

电压等级	试验周期	试验项目
110（66）kV～220kV	设备投运前或大修后	1～8
	每年至少一次	2、4、6～8
	必要时	1、5 或自行规定

注 “试验项目”栏内的 1、2、3……为表 5-3 的项目序号。

运行中天然酯绝缘油变压器有载分接开关内的天然酯绝缘油质量应符合表 5-3 中 1、4、7 项的要求，试验周期为 3 年。新投入运行、大修后的真空有载分接开关应按照 DL/T 1538 的规定进行油中溶解气体跟踪检测，特征气体组分数值应无明显增加。

天然酯绝缘油变压器不正常运行和处理应按 DL/T 572、DL/T 573、DL/T 1538 和 DL/T 1102 执行。

当运行中的天然酯绝缘油出现性能劣化，如水含量、杂质、酸值、介质损耗因数、击穿电压等性能不符合运行要求时，需对运行中的天然酯绝缘油进行净化或再生处理。

（1）净化处理。净化处理是指仅用物理分离的方法使油中的气体、水分和固体颗粒降低到符合标准要求，主要有以下几种净化处理方法：

1）机械过滤。机械过滤通常是基于在一定压力下绝缘油通过滤纸或其他过滤介质除去油中水分、纤维或其他杂质，以改善绝缘油的电气性能。但是这种方法不能有效除去油中溶解的或呈胶态的杂质，也不能脱除其中气体。

2）离心分离。当处理含有大量水分、固体颗粒、油泥等悬浮物的绝缘油时，机械过滤不能达到高效率净化效果，须采用离心分离式进行净化。离心分离是借助有蝶形金属片的转鼓，在高速旋转下产生离心力将绝缘油和水分、杂质分开从而达到净化的目的。转鼓的转速越高，其分离效果越好，一般要求转速应大于 5000r/min。离心分离能处理有较高浓度的污染物，但是不能除去油中的溶解水分，且不能像过滤法一样完全去除某些固体物质。因此，离心分离只能作为含有高浓度污染油的一种粗滤处理方式，经常在离心机出口连接一个机械过滤器以达到净化绝缘油的目的。

由于分子结构存在明显的差异，天然酯绝缘油主要成分是脂肪酸甘油三酯，其含有羟基和羰基等亲水基团，而矿物绝缘油分子烃为憎水基团，而且天然酯绝缘油中的氢键对水分子的束缚作用远大于矿物绝缘油，所以天然酯绝缘油饱和含水率及吸湿性远大于矿物绝缘油，一些常规的矿物绝缘油处理工艺在一定程度上不适用于天然酯绝缘油。

此外，天然酯绝缘油在常温下运动黏度比较大，净化处理周期长。提高净化处理的温度可以降低天然酯绝缘油的运动黏度，但是同样提高了天然酯绝缘油的饱和含水量和吸湿特性。此外，天然酯绝缘油抗氧化性差，温度过高可能会导致其氧化，不利于天然酯绝缘油的净化处理。可采用高真空过滤脱水系统降低油中溶解水含量。除脱水外，真空脱水系统还可以除去绝缘油中的气体和挥发性酸。但在高真空条件下，有些降凝剂和抗氧化添加剂可能也被过滤掉，应与绝缘油制造商进行确认。

（2）再生处理。绝缘油再生处理是采用物理吸附和化学方法相结合、机械方法协助的处理方法，从绝缘油中除去可溶性和不溶性污染物，尽可能使油的性能恢复到原来的水平或改善油的理化指标。再生处理之前需对绝缘油进行净化处理，特别是含有较多水分和颗粒杂质的绝缘油，应先将绝缘油除去水分、杂质后再进行再生处理，以保证再生处理效果。天然酯绝缘油再生处理主要包括吸附再生和白土—碱炼联合再生。

1）吸附再生。吸附是吸附剂表面的分子或原子相互作用的一种现象，可以分为物理吸附、化学吸附和离子吸附等，天然酯绝缘油吸附再生处理是典型的物理吸附。当吸附剂与天然酯绝缘油充分接触时，吸附剂具有较大的活性表面积，对绝缘油中的酸性组分、水分、树脂、沥青质及氧化产物等具有较强的吸附能力，通过吸附的方式达到净化再生的目的。提高再生温度可以增强吸附剂的活性，有利于提高绝缘油再生效果。但是，提升温度也加快了天然酯绝缘油的氧化速度，因此宜在氮气或是真空保护下进行再生吸附。

2）白土—碱炼联合再生。当天然酯绝缘油氧化程度比较严重，酸值较高，颜色明显变深，杂质含量较大时，采用吸附再生满足不了相关标准或使用要求时，就需要采用化学再生法。

白土—碱炼联合再生是一种典型的化学再生方法，其工艺流程包括过滤、白土吸附处理、碱炼处理、脱水和精密过滤等。活性白土具有较大的活性表面积，能够吸附天然酯绝缘油劣化产生的酸性组分、色素、氧化产物及固体杂质等，不仅降低了绝缘油的色度，还能有效改善劣化绝缘油的理化、电气性能。通常情况下，白土吸附处理宜在真空条件下进行，操作温度一般保持在100～120℃。

碱炼不但可以进一步降低白土吸附处理后天然酯绝缘油的酸值，其生成的皂脚也是一种表面活性物质，吸附能力较强，同样也可以吸附相当数量的杂质，如残留的色素、带有羟基或酚基的氧化物质、固体杂质等，并形成絮状皂脚团将杂质从绝缘油中去除。

白土—碱炼联合再生处理工艺可以有效提升天然酯绝缘油理化、电气性能，再生效果明显。

8.2.2　差异化运行维护要求

天然酯绝缘油变压器与矿物绝缘油变压器运行维护不同之处主要有：

（1）负载运行要求。天然酯绝缘油变压器在不同负载状态下的运行方式、负载状态分为：正常周期性负载、长期急救负载和短期急救负载。分类方法按 DL/T 572 的规定执行，在不同负载状态下运行时，应按 GB/T 1094.7 的规定执行，当超铭牌额定值运行时，可适当高于矿物油温升限定值。

（2）低温环境运行要求。天然酯绝缘油变压器油温低于其最低冷态投运温度时，不应进行机械操作。考虑天然酯绝缘油低温时运动黏度大，不利于变压器散热，建议用户在低负载状态下启动，切不可在高负载时投入运行以避免造成事故。

常见天然酯绝缘油的倾点为－18～－24℃，当变压器所处环境温度低于其倾点时，其内部天然酯绝缘油会由流动液体变为固液两相混合态甚至凝固状态。但与矿物绝缘油不同，天然酯绝缘油在低温甚至凝固态下绝缘性能变化量较小，性能仍满足电气强度要求。

当环境温度较低时，变压器长时间停运或新设备初次启动时，需通过外部加热或变压器自身损耗热量使设备中天然酯绝缘油变成液态后方可投入运行。当天然酯绝缘油变压器在环境温度低于绝缘油倾点启动时，应避免变压器内部与绝缘油接触的有载分接开关、油泵等机械机构操作动作，应在变压器空载运行一段时间，天然酯绝缘油完全转化为液态后，方可进行变压器内部机械机构操作或带负载运行。若投运变压器中包括有载分接开关，开关油室内油温应高于 0℃，同时变压器内天然酯绝缘油应保持液态，方可进行有载分接开关操作。具体空载运行时间由变压器电压等级、容量、冷却方式等因素决定。建议天然酯绝缘油变压器在低温冷启动时空载运行 24h 以上。对于大型变压器联管等油箱外部管路可以采用辅助加热方式把管路内凝固的天然酯绝缘油加热成流动液态。

（3）混油要求。天然酯绝缘油不宜与矿物绝缘油混合使用，不同原料来源的天然酯绝缘油不宜混合使用。如需将不同类型的新油或已使用过的天然酯绝缘油混合使用，应按混合后的绝缘油实测性能确定其适用范围，如天然酯绝缘油的闪点比矿物绝缘油的闪点高 170℃左右，但随着天然酯绝缘油中矿物绝缘油混入比例增加，混合后的天然酯绝缘油的闪点、燃点均逐渐下降。

（4）补油要求。应优先选用与变压器内同一基材、同一添加剂类型的天然酯绝缘油，补加的天然酯绝缘油性能应不低于设备内的原油。

（5）标识。天然酯绝缘油变压器本体应增设醒目的“天然酯”标志以便于维护，并在安装、维护使用说明书中加以说明。

（6）绝缘油分析及其应用。检测变压器的微水、酸值等理化性能和介质损耗因数、工频击穿电压等电气性能，以测试数据实际值和变化量为依据，诊断天然酯绝缘油变压器的运行状态。

（7）油色谱分析。采用油中溶解气体分析技术预测变压器等充油电气设备内部潜伏性故障，是电力变压器等油浸绝缘设备绝缘检测的重要手段。油色谱分析作为一种可靠有效检测矿物油浸变压器早期故障的重要手段已被广泛应用。虽然矿物绝缘油的化学结构与天然酯绝缘油不同，但它们都包含相同的化学键，如C—H键，因此故障气体的类型也是非常相似。对于故障类型，油中故障气体的含量以及比例可能会根据绝缘液体的不同而有所不同，天然酯绝缘油变压器的色谱诊断仍可沿用大卫三角法，但需根据不同的天然酯绝缘油种类修改诊断阈值。

由于天然酯绝缘油和矿物绝缘油性能存在差异，对变压器投运前、运行中绝缘油的性能要求也存在差异。两种绝缘油运行性能要求见表8－4。

表8－4　两种绝缘油变压器运行性能要求

序号	项目	设备电压等级	质量指标				参考标准
			天然酯绝缘油		矿物绝缘油		
			投运前	运行中	投运前	运行中	
1	酸值（以KOH计，mg/g）	各电压等级	≤0.06	≤0.3	≤0.03	≤0.10	IEC 62021－3 或GB/T 264
2	水含量（mg/kg）	≤35kV	≤200	≤300	≤20	≤35	GB/T 7600或NB/T 42140
		110（66）kV	≤150	≤200	≤20	≤35	
		220kV	≤100	≤150	≤15	≤25	
3	介质损耗因数（90℃）	≤35kV	≤0.07	≤0.20	≤0.01	≤0.04	GB/T 5654
		110（66）kV	≤0.05	≤0.15	≤0.01	≤0.04	
		220kV	≤0.05	≤0.15	≤0.01	≤0.04	
4	击穿电压（kV）	≤35kV	≥45	≥40	≥40	≥35	GB/T 507
		110（66）kV	≥55	≥50	≥45	≥40	
		220kV	≥60	≥55	≥45	≥40	
5	界面张力（mN/m）	各电压等级	≥20	≥20	≥35	≥25	GB/T 6541
6	抗氧化剂添加剂含量（质量分数，%）	各电压等级	—	≥70%（相比初始值）	—	≥60%（相比初始值）	IEC 60666或SH/T 0802

此外，天然酯绝缘油变压器的绝缘电阻、介质损耗因数等性能与矿物绝缘油也存在差异，运行维护过程中应进去区别对待。

8.2.3　预防性试验及检修要求

（1）预防性试验要求。天然酯绝缘油变压器预防性试验周期、项目及要求应按 DL/T 596、DL/T 393 和设备运行状态综合确定。天然酯绝缘油的预防性试验项目、试验周期和要求应满足表 5－3、表 8－3 的要求。

（2）检修要求。运行中的天然酯绝缘油变压器是否需要检修、检修项目及要求应在综合分析下列因素的基础上确定：

1）DL/T 573 规定的检修周期和项目。

2）变压器结构特点和制造情况。

3）变压器运行中存在的缺陷及其严重程度。

4）变压器负载情况和绝缘老化情况。

5）变压器历次电气试验和天然酯绝缘油试验结果。

6）与变压器有关的故障和事故情况。

7）变压器的重要性。

由于天然酯绝缘油和矿物绝缘油理化性能、电气性能存在部分差异，使得天然酯绝缘油变压器的检修方法及要求与矿物绝缘油变压器存在部分差异，尤其是天然酯绝缘油的处理工艺方面。天然酯绝缘油变压器的检修除满足 DL/T 573 和 DL/T 574 要求外，还应满足以下要求：

1）检修过程中变压器应充干燥空气或高纯氮气正压或抽真空保存，应减少露空时间。

2）若检修期间需要吊芯检查或更换部分绝缘件，应控制暴露环境下的时间、温度、湿度和风速等，绝缘纸（纸板）和其他材料应采取防止受潮、氧化、污染的措施。

3）110kV（66kV）及以上电压等级天然酯绝缘油变压器浸油后的器身宜采用煤油气相干燥。

4）35kV 及以上天然酯绝缘油变压器应严格按照规定进行真空注油、热油循环；宜在静放期间按照 DL/T 264—2012《油浸式电力变压器（电抗器）现场密封性试验导则》开展正压密封试验，可适当延长正压密封试验时间。

5）天然酯绝缘油绝缘油应使用专用的绝缘油处理装置，使用前应用相同的天然酯绝缘油对设备及管道进行冲洗。天然酯绝缘油变压器滤油宜采用专用滤油机，使用间隔超过 7 天时，应拆除管路并对滤油机出入口进行密封。

天然酯绝缘油绝缘油注入变压器前，宜采用孔径不大于 0.5μm 的微粒过滤器过滤处理。

6）检修拆卸或需返厂与主体分开运输并有部分残留天然酯绝缘油的部件，应密封在干燥的高纯氮气中保存，并配置自动充氮装置，保存时间不应超过 60 天；若保存时间超过 60 天时，部件应浸渍在天然酯绝缘油中。对于金属等表面光滑的部件，也可使用兼容的溶剂（如煤油或矿物绝缘油）进行冲洗，除去可能形成的薄膜。

7）检修过程中，当怀疑变压器绝缘受潮时，可按照 DL/T 580—2013《用露点法测定变压器绝缘低中平均含水量的方法》对器身绝缘水含量测量。

8）天然酯绝缘油变压器内壁漆不应使用富锌漆；当变压器油箱外壁漆使用富锌底漆时，应防止其落入油箱内壁。油箱补漆前宜用脱脂剂清除设备上绝缘油、胶水、灰尘等残留物。

9）进入变压器检修时应确保变压器内部清洁，变压器内部作业完毕后应立即封闭变压器并进行抽真空处理。

10）天然酯绝缘油变压器检修期间的混油和补油应满足 DL/T 1811 的规定。

天然酯绝缘油变压器检修完成后应按以下要求进行验收：

1）天然酯绝缘油变压器检修应提交变压器及附属设备检修前后试验记录、试验报告，变压器及附属设备的检修原因及器身检查，整体密封性试验，干燥记录等检修全过程记录。

2）检修后的天然酯绝缘油变压器应按照 DL/T 573 和 DL/T 596 的规定进行验收，且天然酯绝缘油的验收应满足表 5－3 的技术要求。

天然酯绝缘油变压器有载分接开关检修项目及要求应符合 DL/T 572、DL/T 574 和设备运行状态综合的规定。

8.3 天然酯绝缘油变压器典型应用案例

天然酯绝缘油变压器的选用应根据变压器技术经济性、环保和防火安全性、应用场所需求、配套设施投入、运行维护成本、报废处置等多方面综合评价确定。

三种类型变压器主要性能比较见表 8－5，由表 8－5 综合对比可知，天然酯绝缘油变压器比矿物绝缘油变压器和干式变压器的全寿命周期成本更低，且在环保性、安全性、负载能力、环境适用性等方面具有明显优势。

表 8-5　　三种类型变压器主要性能比较

名称	天然酯绝缘油变压器	矿物绝缘油变压器	干式变压器
环保性	优	一般	一般
安全性	优	一般	优
负载能力	优	一般	一般
噪声特性	良	一般	差
预期寿命	优	良	良
LCC 成本	优	良	良
环境适用性	优	良	差
适用容量	大	大	小
适用范围	不受限	户外	户内

天然酯绝缘油变压器具有优异的环保和防火性能，可应用于环境保护区、水源地、新能源（风电、光伏）、配电网、民用建筑、变电站、工矿企业等，既可替代矿物绝缘油变压器应用于户外，也可替代干式变压器应用于户内、地下变电站等对防火要求高的场所。我国天然酯绝缘油变压器典型应用案例如下：

案例 1：2019 年 7 月，浙江德清莫干山风景区采用 SW（B）13－M－400/10 型天然酯绝缘油变压器，见图 8－1。该变压器带云端智能监控系统，实现了在天然酯绝缘油变压器环保和智能化集成应用，与矿物绝缘油变压器相比，有效提高了景区的环保水平。

案例 2：一体化光伏逆变并网装置是一种集成光伏并网逆变器、油浸式变压器、高（低）压开关柜、智能通信柜等设备于一体，实现光伏电站直流配电、逆变并网、升压、交流配电等功能的光伏并网一体化装置。湖南某水面光伏项目采用 35kV/3125kVA 天然酯绝缘油变压器的一体化光伏逆变并网装置，见图 8－2。

案例 3：延安黄河引水工程是解决延安市及周边地区缺水问题的国家级战略性工程。2017 年 12 月，作为天然酯绝缘油变压器在水源地环保示范应用，该工程采用了 22 台 35kV 天然酯绝缘油变压器，见图 8－3，可避免因矿物绝缘油发生泄漏而污染水源的风险。

案例 4：2017 年 7 月，广州某商业大楼采用天然酯绝缘油变压器替换干式变压器，采用 10kV/2500kVA 天然酯绝缘油变压器替换原来的 10kV/1600kVA 干式变压器，见图 8－4。既满足户内建筑对变压器防火性能要求，又具有足够的负载能力。

图 8-1　莫干山景区 10kV 天然酯绝缘油变压器

图 8-2　采用天然酯绝缘油的 35kV 一体化光伏逆变并网装置

图 8-3　延安黄河引水工程用 35kV 天然酯绝缘油变压器

(a)

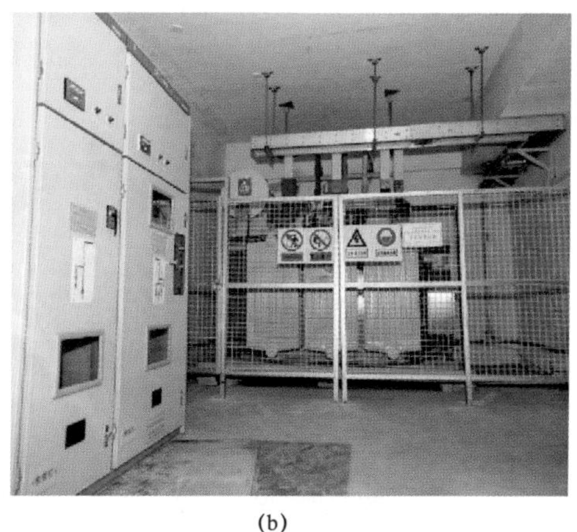
(b)

图 8-4　天然酯变压器替换干式变压器应用于商业大楼

（a）改造前；（b）改造后

案例 5：2020 年 5 月，国内首个采用 110kV/50MVA 天然酯绝缘油变压器的地下变电站在宁波商业中心大河地下变电站成功投运，见图 8-5。该地下变电站的成功投运具有重要示范效应，可替代传统 SF_6 气体绝缘变压器，既解决 SF_6 气体绝缘变压器带来的环保问题，也解决了矿物绝缘油变压器应用于地下变电站防火安全性问题。

图 8-5 宁波大河地下变电站 110kV 天然酯绝缘油变压器

案例 6：柱上式矿物绝缘油变压器起火爆炸会造成严重的人身伤害和财产损失以及恶劣的社会影响，采用天然酯绝缘油变压器替代后可从本质上提高变压器安全水平，西安某柱上 10kV 天然酯绝缘油配电变压器应用见图 8-6。

图 8-6 采用天然酯绝缘油的柱上 10kV 配电变压器

案例 7：采用天然酯绝缘油替代矿物绝缘油应用于箱式变电站，应用于马路边、公园里、居民小区等场所，可提高箱式变电站的环保、安全水平，见图 8-7。

图 8－7　采用天然酯绝缘油变压器的 10kV 箱式变电站

案例 8：车载移动式变电站具有结构紧凑、集成度高、性能可靠、占地面积小、移动灵活、施工安装快捷等特点，主要应用于现有变电站维修、紧急事故抢修供电、临时供电等。采用 110kV/40MVA 天然酯绝缘油变压器的车载移动式变电站见图 8－8。由于天然酯绝缘油是可生物降解，即使移动过程中泄漏也不会污染环境，并且其具有两倍于矿物绝缘油的闪点和燃点，弥补了车载移动式变电站的防火安全性。

图 8－8　采用天然酯绝缘油的 110kV 车载移动式变电站

案例 9：2017 年 12 月，国内首台 110kV 天然酯绝缘油变压器于在广州芙蓉变电站投入运行，提高了变电站的环保和防火水平。变压器型号为 SWFZ11－40000/110，电压组合为（110±8×1.5%）/10.5kV，总油量 18 500kg，变压器外形见图 8－9。

图 8-9　广州芙蓉变电站 110kV 天然酯绝缘油变压器外形

案例 10：2019 年 7 月，国内首台 110kV 三相三绕组天然酯绝缘变压器在山东菏泽南郊变电站投入运行，变压器型号为 SSWZ11-50000/110，电压组合为（110±8×1.25%）/（38.5±2×2.5%）/10.5kV；总油量 22 000kg，该变压器外形见图 8-10。

图 8-10　菏泽南郊变电站 110kV 天然酯绝缘油变压器外形

案例 11：2019 年 5 月，广东某供电公司把一台 1993 年生产的 110kV/40MVA 变压器换油改造成车载移动变电站使用。根据计算核实，该老旧变压器如直接换成天然酯绝缘油后温升会超过标准要求值。对该变压器的散热器进行改造，增加一组散热器提升变压器散热能力，改造后的变压器温升满足标准要求，投入运行后状况良好，见图 8-11。

图 8－11　110kV 矿物绝缘油变压器换油改造应用

案例 12：2017 年，湖北某热能公司 10kV/1600kVA 矿物绝缘油配电变压器将绝缘油更换为天然酯绝缘油，该配电变压器直接换油后的绝缘、散热性能仍满足要求，目前运行情况良好，见图 8－12。

图 8－12　10kV 矿物绝缘油变压器换油改造应用

实践表明，将老旧矿物油变压器更换成天然酯绝缘油继续使用，可延长变压器绝缘寿命，提高老旧变压器的环保和防火水平，具有一定的经济优势和社会效益，可实现老旧变压器延寿、资源再利用。

随着社会发展进步，人们对生态环保、环境安全意识逐渐提高，天然酯绝缘油和天然酯绝缘油变压器技术也在不断发展进步、完善，作为一种新型环保电力设备，将会得到更加广泛的应用和发展。

参 考 文 献

[1] 姚志松，姚磊．变压器油的选择、使用和处理［M］．北京：机械工业出版社，2007.

[2] 温念珠．电力用油实用技术［M］．北京：中国水利水电出版社，1998.

[3] 孙坚明，孟玉婵，刘永洛．电力用油分析及油务管理［M］．北京：中国电力出版社，2009.

[4] 罗竹杰．电力用油与六氟化硫［M］．北京：中国电力出版社，2007.

[5] 杨涛．环保新型变压器油——植物绝缘油应用技术［M］．北京：中国电力出版社，2019.

[6] 谢毓城．电力变压器技术手册［M］．2 版．北京：机械工业出版社，2014.

[7] S. V. 库卡尼．变压器工程：设计、技术与诊断［M］．2 版．北京：机械工业出版社，2016.

[8] 卡罗尼尔·麦克莱曼．变压器与电感器设计手册［M］．北京：中国电力出版社，2014.

[9] 夏泉．地下变电站设计技术［M］．北京：中国电力出版社，2019.

[10] 张华，杨成，朱涛，张鹏，等．电力变压器现场运行与维护［M］．北京：中国电力出版社，2015.

[11] 咸日常．电力变压器运行与维护［M］．北京：中国电力出版社，2014.

[12] 中国南方电网超高压输电公司．大型电力变压器故障诊断及案例［M］．北京：中国电力出版社，2017.

[13] 郭红兵，杨玥，孟建英．电力变压器典型故障案例分析［M］．北京：水利水电出版社，2019.

[14] 肖明，李玉明．变压器的应用［M］．北京：黄河水利出版社，2013.

[15] RAPP K J，MCSHANE C P，VANDERMAAR J，et al. Long gap breakdown of natural ester fluid［C］//2010 International Conference on High Voltage Engineering and Application. New Orleans，LA，USA：IEEE，2010：104－107.

[16] LIU Q，WANG Z D. Breakdown and withstand strengths of ester transformer liquids in a quasiuniform field under impulse voltages［J］. IEEE Transactions on Dielectrics and Electrical Insulation，2013，20（2）：571－579.

[17] VON THIEN Y，AZIS N，JASNI J，et al. Evaluation on the lightning breakdown voltages of palm oil and coconut oil under non-uniform field at small gap distances［J］. Journal of Electrical Engineering and Technology，2016，11（1）：184－191.

[18] BEROUAL A，SITORUS H B H，SETIABUDY R，et al. Comparative study of AC and DC breakdown voltages in Jatropha methyl ester oil，mineral oil，and their mixtures［J］. IEEE Transactions on Dielectrics and Electrical Insulation，2018，25（5）：1831－1836.

［19］ LASHBROOK M，GYORE A，MARTIN R，et al. Design considerations for the use of ester-based dielectric liquids in transmission equipment ［C］//2017 IEEE 19th International Conference on Dielectric Liquids. Manchester，UK：IEEE，2017：1－6.

［20］ FRITSCHE R，RIMMELE U，TRAUTMANN F，et al. Prototype 420kV power transformer using natural ester dielectric fluid ［C］//Proceedings of TechCon，2014.

［21］ MOORE S P，WANGARD W，RAPP K J，*et al*. Cold start of a 240－MVA generator step-up transformer filled with natural ester fluid ［J］. IEEE Transactions on Power Delivery，2015，30（1）：256－263.

［22］ Shengwei Cai，Cheng Chen，Hui Li，*et al*. Research on electrical properties of natural ester-paper insulation after accelerated thermal aging ［C］. 1st International Conference on Electrical Materials and Power Equipment（ICEMPE），2017（5）：432－436.

［23］ Miao Zeng，Shengwei Cai，Cheng Chen，*et al*. Studies on the anti-oxidative ability of quinones in natural ester based insulating liquids for transformers ［C］. 4th International Conference on Energy Engineering and Environmental Protection. 2019（11）：19－21.

［24］ Miao Zeng，Shengwei Cai，Cheng Chen，*et al*. Oxidative stability of soybean oil under accelerated transformer conditions the comprehensive mechanistic studies ［J］. Industrial &Engineering Chemistry，2019（4）：7742－7751.

［25］ Cai Shengwei，Xia Linfeng，Huang Zhiqiang，*et al*. Comparative Study of Lighting Impulse Properties for Mineral Oil and Ester Liquids ［C］. 2019 IEEE Sustainable Power and Energy Conference（iSPEC）. 2019（11）：1135－1139.

［26］ Shengwei Cai，Cheng Chen，Huihao Guo，*et al*. Fire Resistance Test of Transformers Filled with Natural Ester Insulating Liquid ［J］. The Journal of Engineering. 2019，16（3）：1560－1564.

［27］ 李晓虎，李剑，孙才新，等. 天然酯绝缘油－纸绝缘的电老化寿命试验研究 ［J］. 中国电机工程学报，2007，27（9）：18－22.

［28］ 蔡胜伟，陈江波，梁云丹，等. 天然酯绝缘油的性能改进及试验考核研究 ［J］. 变压器，2013，50（12）：58－62.

［29］ 蔡胜伟，陈江波，周翠娟，等. 植物绝缘油－纸复合绝缘热老化特性研究 ［J］. 绝缘材料，2015，48（2）：56－60.

［30］ 蔡胜伟，周翠娟，陈江波，等. 电力变压器用天然酯－纸绝缘热老化电气性能研究［J］. 变压器，2015，51（5）：52－56.

［31］ 蔡胜伟，胡远翔，陈江波，等. 天然酯绝缘油加速热老化时油中溶解气体研究 ［J］. 绝缘材料，2015，48（4）：30－34.

[32] 蔡胜伟，陈江波，尹晶，等. 天然酯绝缘油的氧化安定性试验探讨［J］. 绝缘材料，2016，49（3）：68－71.

[33] 蔡胜伟，陈江波，邵苠峰，李辉，袁帅. 电力变压器用天然酯绝缘油中特征气体溶解特性研究［J］. 高电压技术，2017，43（8）：215－219.

[34] 蔡胜伟，邵苠峰，陈程，等. 天然酯绝缘油变压器防火性能试验［J］. 变压器，2018，55（5）：56－60.

[35] 蔡胜伟，王飞鹏，陈程，等. 植物绝缘油击穿放电故障特征气体分析［J］. 重庆大学学报，2017，40（12）：52－58.

[36] 陈江波，王飞鹏，蔡胜伟，等. 变压器植物、矿物绝缘油的微生物降解机制及差异［J］. 重庆大学学报，2018，41（2）：61－67.

[37] 操敦奎. 变压器油中溶解气体分析诊断与故障检查［M］. 北京：中国电力出版社，2005. 2.

[38] 黄芝强. 110kV 天然酯变压器的油面温升计算与分析［J］. 变压器，2019，56（4）：51－53.

[39] 章文俊，赵启承，童力. 植物与矿物绝缘油变压器的应用情况及运维差异分析［J］. 电力与能源，2020，18（5）：605－609.

[40] 何清，阮羚，罗维，王瑞珍. 配电变压器中植物绝缘油直接替换矿物绝缘油温度场仿真计算及现场温升试验分析［J］. 高压电器，2019，55（09）：200－207.

[41] 王锐锋，汪进锋，林一峰. 植物油替换矿物油配变负载性能研究［J］. 变压器，2019，56（4）：78－80.

[42] 侯贵宏，黄青丹，陈于晴. 计及高过载能力和植物绝缘油的配电变压器全寿命周期成本分析［J］. 南方电网技术，2018，13（07）：60－69.

[43] 朱丽霞，皱志军. 基于有限元法的 630kVA 植物油变压器的优化研究［J］. 自动化应用，2020，60（02）：45－49.

[44] 马伦，寇晓适，王吉，等. 植物绝缘油变压器噪声测量及分析［J］. 变压器，2017，54（05）：48－51.

[45] 蔡胜伟，李华强，黄芝强，等. 天然酯绝缘油变压器技术发展及应用概况［J］. 绝缘材料，2019，52（11）：9－16.

索　引

G

H

J

K

L

M

L

Q

R

S

T

W

X